建筑工程安装职业技能培训教材

管 道 工

建筑工程安装职业技能培训教材编委会　组织编写

高东旭　主编

中国建筑工业出版社

图书在版编目（CIP）数据

管道工/建筑工程安装职业技能培训教材编委会组
织编写，高东旭主编. —北京：中国建筑工业出版社，
2014.12
建筑工程安装职业技能培训教材
ISBN 978-7-112-17267-2

Ⅰ.①管… Ⅱ.①建…②高… Ⅲ.①管道工程-技
术培训-教材 Ⅳ.①TU81

中国版本图书馆 CIP 数据核字（2014）第 215662 号

本书是根据国家有关建筑工程安装职业技能标准，结合全国建设行业全面实行建设职业技能岗位培训的要求编写的。以管道工职业资格三级的要求为基础，兼顾一、二级和四、五级的要求。全书主要分为两大部分，第一部分为理论知识，第二部分为操作技能。第一部分理论知识分为十三章，分别是：识图基础；测绘基础；材料基础；流体力学及热力学基础；起重基础；施工准备；钢管道防腐、预制；支吊架制作安装和管道的强度应力计算；常见的管道系统；设备配管、附件及仪表设置；管道系统试验；质量计划、检验及通病防治；安全生产和文明施工。第二部分操作技能分为六章，分别是：管道及阀门安装；配管、附件及仪表安装；管道试验；管道绝热；质量自检与问题处理；工具设备维护。

本书注重突出职业技能教材的实用性，对基础知识、专业知识和相关知识需要掌握、熟悉、了解的部分都有适当的编写，尽量做到图文结合，简明扼要，通俗易懂，避免教科书式的理论阐述、公式推导和演算。是当前建筑工程安装职业技能鉴定和考核的培训教材，适合建筑工人自学使用，也可供大中专学生参考使用。

责任编辑：刘 江 范业庶 岳建光
责任设计：张 虹
责任校对：李欣慰 赵 颖

建筑工程安装职业技能培训教材
管道工
建筑工程安装职业技能培训教材编委会 组织编写
高东旭 主编

*

中国建筑工业出版社出版、发行（北京西郊百万庄）
各地新华书店、建筑书店经销
霸州市顺浩图文科技发展有限公司制版
北京建筑工业印刷厂印刷

*

开本：787×1092 毫米 1/16 印张：18 字数：437 千字
2015 年 2 月第一版 2015 年 10 月第二次印刷
定价：42.00 元
ISBN 978-7-112-17267-2
（26042）

建筑工程安装职业技能培训教材编委会

（按姓氏笔画排序）

于 权　艾伟杰　龙 跃　付湘炜　付湘婷　朱家春　任俊和
刘 斐　闫留强　李 波　李朋泽　李晓宇　李家木　邹德勇
张晓艳　尚晓东　孟庆礼　赵 艳　赵明朗　徐龙恩　高东旭
曹立钢　曹旭明　阚咏梅　翟羽佳

前　　言

本教材是根据国家有关建筑工程安装职业技能标准，以管道工职业要求三级为基础，兼顾一、二级和四、五级的能力要求而编写。

本教材内容分为两部分，第一部分为理论知识，共十三章；第二部分为操作技能，共六章。本教材根据建设行业的特点，注重突出职业技能教材的实用性，对基础知识、专业知识和相关知识需要掌握、熟悉、了解的部分都有适当的编写，尽量做到图文结合，简明扼要，通俗易懂，避免教科书式的理论阐述、公式推导和演算，是当前职工技能鉴定和考核的培训教材，适合建筑工人自学使用，也可供大中专学校相关专业师生参考使用。

本教材是由高东旭主编，由李波主审，参加编写的人员还有白玉琢、黄冶、吴冬梅、钮占东、王旭、杜立军等。教材编写时还参考了已出版的多种相关培训教材，对这些教材的编著者，一并表示感谢。

在编写过程中，虽经推敲核证，但限于编者的专业水平和实践经验，仍难免有不妥甚至疏漏之处，恳请各位同行、专家和广大读者批评指正。

目　　录

第一部分　理 论 知 识

第二部分　操 作 技 能

第一部分

理 论 知 识

第一章 识图基础

第一节 投影与视图

一、投影的基本概念

1. 投影：用灯光或日光照射物体，在地面或墙面上就会产生影子，这种现象叫投影。
2. 正投影法：指投影线与投影面垂直所得物体的投影，称为物体正投影。

二、投影图

由三个互相垂直的平面组成的投影体系称为三面投影体系。

根据正投影法，对圆柱体分别作出在 V、H、W 三个投影面上的投影，如图 1-1 所示；物体的三面投影图分别画在相互垂直的面上，如图 1-2 所示；为了把三个投影图画在同一平面上，V 面保持不动，将 H 面绕 OX 轴向下旋转 $90°$，W 面绕 OZ 轴向右旋转 $90°$，使 V、H、W 三个投影面都处于同一平面上，如图 1-3（a）所示；三面投影图的位置关系为正面是立面图即主视图，下面是平面图即俯视图，右面是侧面图即左视图，在绘图时，投影面的边框可不画，如图 1-3（b）所示。

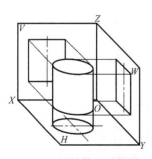

图 1-1 圆柱体三面投影

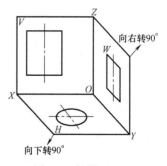

图 1-2 投影面展开

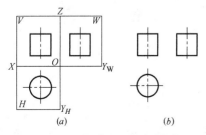

图 1-3 圆柱体的三面投影图

三、三面投影图特点

三面投影图投影尺寸关系：主视图和俯视图，长对正；主视图和左视图，高平齐；俯视图和左视图，宽相等。除主、俯、左视图外，还有右视图、仰视图、后视图；图面放置：主视图在中间，上面为仰视图，下面为俯视图，右面为左视图，左面为右视图。

第二节　管道单双线图

一、管道的单线图和双线图

管道工程双线图是用两条线表示管道、管件、阀门等轮廓，而不表示壁厚，如大多数室外雨污水工程剖面图、水泵配管剖面图用双线图表示。单线图是用一根线条表示管道、管件、阀门等，不再表示轮廓，如给水排水工程、采暖工程的平面图、系统图等都用单线图表示。

二、单线、双线管道转向

单线、双线管道转向画法如图 1-4 所示，单线、双线管道甩口画法如图 1-5 所示。

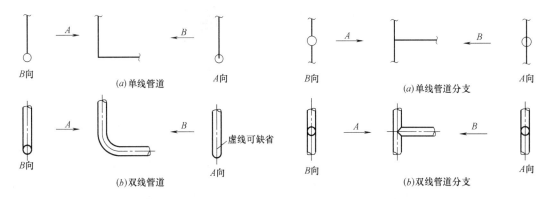

图 1-4　单线、双线管道转向画法　　　　　图 1-5　单线、双线管道甩口画法

三、管道交错布置

交错布置管道低标高断开表示如图 1-6 所示，管道交叉与跨越画法如图 1-7 所示。

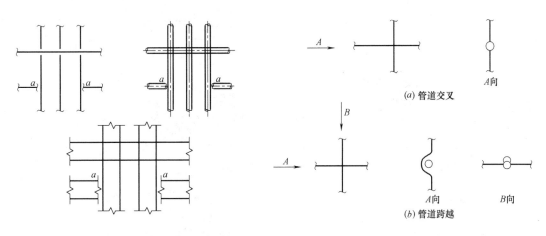

图 1-6　管道低标高断开表示　　　　　图 1-7　管道交叉与跨越画法

第三节　管道剖面图

一、剖面与断面的概念

剖面图，如图 1-8 所示，断面图或截面图，如图 1-9 所示，不同点是断面图内只画出剖切面切到部分的图形，剖面图除画出断面图形外，还画出沿投影方向看到的部分，如图 1-9 所示，剖面图中包含断面图，在画剖面图和断面图时，要画上其材料图例以表示其材质。

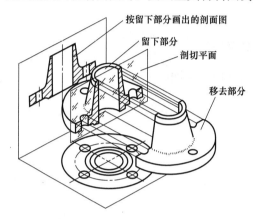

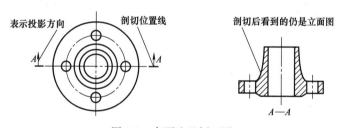

图 1-8　高颈法兰剖面图

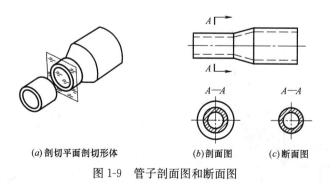

(a) 剖切平面剖切形体　　(b) 剖面图　　(c) 断面图

图 1-9　管子剖面图和断面图

二、管道剖面图

1. 单根管线的剖面图：利用剖切符号表示管线某个投影面，如图 1-10 所示。

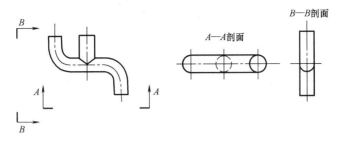

图 1-10　管道剖面图

2. 管线间的剖面图：在管线间剖切，对保留下来的管线重新投影，如图 1-11 所示的 Ⅰ—Ⅰ 剖面图。

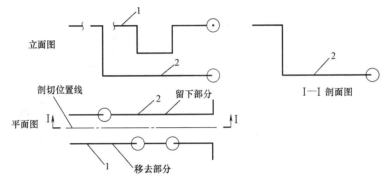

图 1-11　管线间的剖面图（图中 1、2 为管线号）

图 1-11 内有两组管线，相同标高管线重叠，线条较多，不易辨认；通过剖切，就显得清楚了。

图 1-12（a）所示为三路管线，1 号与 3 号管线标高相同，均为 3.0m，而 2 号管线标高为 2.0m；通过画 A—A 剖面图，就能较清楚地反映出 2 号和 3 号管线在高度上的关系，如图 1-12（b）所示。

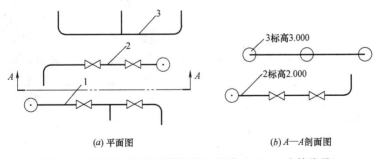

（a）平面图　　　　　　（b）A—A剖面图

图 1-12　管线的平面图和剖面图（图中 1、2、3 为管线号）

3. 管线断面的剖面图：也可以在管子断面上剖切，如图 1-13 所示，管线剖切后得到 A—A 剖面图，如图 1-13（b）所示。

4. 管线间的转折剖切（亦称阶梯剖）：用两个相互平行的剖切平面在管线间剖切，将剩余部分进行投影，称其为转折剖面图；按制图规定管线间只许转折一次。在用剖切符号标注时，转折剖视图还应注明转折，如图 1-14 所示。

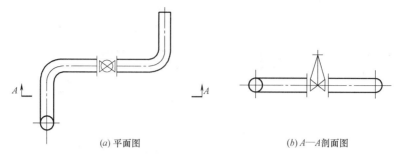

(a) 平面图　　　　　　　　　　(b) A—A剖面图

图 1-13　管线的平面图和剖面图

图 1-14 所示为四路管线的平面图，图 1-15 所示为该四路管线转折剖面图。

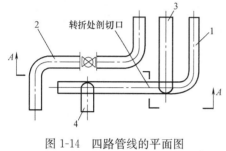

图 1-14　四路管线的平面图
（图中 1、2、3、4 为管线号）

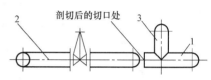

图 1-15　四路管线转折剖面图
（图中 1、2、3 为管线号）

第四节　管道轴测图

一、轴测图的形成和分类

将正方体引入空间直角坐标系，如图 1-16 所示，将物体在轴测投影面上的投影称为轴测图，有三个基本要素，即轴测轴、轴间角、轴向变化率。

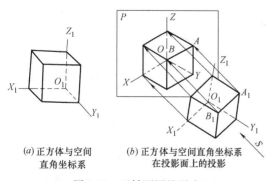

(a) 正方体与空间
直角坐标系

(b) 正方体与空间直角坐标系
在投影面上的投影

图 1-16　正轴测图的形成

1. 轴测轴：空间直角坐标轴 O_1X_1、O_1Y_1、O_1Z_1 在轴测投影面上的投影 OX、OY、OZ 称为轴测轴。

2. 轴间角：轴测轴之间的夹角，$\angle XOZ$、$\angle XOY$、$\angle YOZ$ 称为轴间角。

3. 轴向变化率：轴测轴与空间直角坐标轴单位长度之比，称为轴向变化率。

4. 轴测图分类：分为正轴测图和斜轴测图，管道施工图中常用的是正等测图和斜等测图。

二、轴测图的基本性质

1. 物体上相互平行的线段，在轴测图中仍保持平行。

2. 物体上所有平行于直角坐标轴的线段，在轴测图中也仍然与轴测轴平行，且它们的轴向变化率相等，这种线段在轴测图中可以测量。与坐标轴不平行的线段，其投影变得或长或短，不能在图上测量。

3. 物体上平行于轴测投影面的平面，在轴测投影图中反映实形。

三、管道正等测图

管道系统用正轴测投影法画出的图样，称为管道正等测图，是工艺管道施工图中常用的一种图样，见表1-1。

正轴测图三要素 表 1-1

轴测轴与水平线的夹角			轴间角			轴向 变化率 简化率		
OX	OY	OZ	$\angle XOZ$	$\angle XOY$	$\angle YOZ$	p	g	r
30°	30°	90°	120°	120°	120°	0.82：1	0.82：1	0.82：1
						1：1	1：1	1：1

1. 管道正等测图三要素：轴间角同上；为方便作图轴向变化率取1；在画管道正等测图时，一般 Z 轴定为上下轴（垂直方向），Y 轴定为南北轴（前后走向），X 轴定为东西轴（左右走向），X、Y 轴可以换位，而 Z 轴则始终定为上下轴不变，如图1-17所示。

2. 正等测图画法举例：如图1-18（a）所示选定轴测轴，如图1-18（b）所示，定 X 轴为南北轴、Y 轴为东西轴，Z 轴为上下轴；从平、立面图上量得管段 a 的长度，画在 Y 轴上；量得管段 c 的长度，画在 X 轴上，一端与管段 a 相连；量得管段 b 的长度，画在 Y 轴平行线上，并与管段 c 相连。

图 1-17　正等测图轴测轴的选定　　　　图 1-18　来回弯的轴测图画法

四、管道斜等测图

1. 通常 $\angle XOZ = 90°$、$\angle YOZ = \angle XOY = 135°$，如图1-19所示；轴向变化率均取1；在画管道斜等测图时，一般定 Z 轴为上下轴，X 轴为东西轴，Y 轴为南北轴，如图1-19

所示。

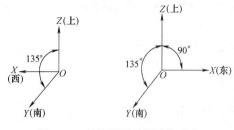

图 1-19　斜等测图轴测轴的选定

2. 斜等测图画法：如图 1-20（b）所示，定 X 轴为东西轴，Y 轴为南北轴、Z 轴为上下轴。

东西走向的管段 a 和 d，原来呈水平走向，在画斜等测图时，仍画成水平走向（与 X 轴重合或平行），南北走向的管段 c 可画在 Y 轴上（或与 Y 轴平行），垂直管段仍画垂直。沿轴及轴向平行线上的长度可根据平、立面图上的每段管子的实际长度直接量取。画轴测图时，管线交叉应注意让标高高的（或前面的）管线显示完整，而标高低的（或后面的）管线则用断开线的形式加以断开，如图 1-20（b）所示，对所画线段加深，并擦去多余线段，即得到管线的斜等测图。

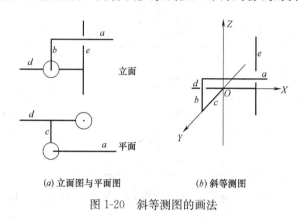

（a）立面图与平面图　　　　（b）斜等测图

图 1-20　斜等测图的画法

第五节　管道施工图基本知识

一、管道施工图的分类

按图形及作用可分为基本图和详图，详图包括节点图、大样图和标准图。

（1）图纸目录：可以查阅到参加设计和建设的单位、工程名称、地点、编号及图样的名称。

（2）设计施工说明：凡在图样上用图例无法表示而又必须让人知道的一些技术和质量方面的要求，一般都用文字形式加以说明。它的内容一般包括工程的主要技术数据、施工和验收要求以及注意事项等。

（3）设备、材料表：指该项工程所需要的各种设备和各类管道、管件、阀门以及防腐、保温材料的名称、规格、型号、数量的明细表。

（4）流程图：流程图是对一个生产系统或一个化工装置的整个工艺变化过程的表示。通过它可以对设备的位号、建（构）筑物的名称及整个系统的仪表控制点（温度、压力、流量及分析的测点）有一个全面的了解。同时，对管道的规格、编号、输送的介质、流向以及主要控制阀门等也有一个确切的了解。

（5）平面图：平面图是施工图中最基本的一种图样，它主要表示建（构）筑物和设备的平面分布、管线的走向、排列和各部分的长宽尺寸，以及每根管子的坡度和坡向、管径和标高等具体数据。

（6）轴测图：轴测图是一种立体图，它能在一个图面上同时反映出管线的空间走向和实际位置，帮助我们想象管线的布置情况，减少看正投影图的困难。它的优点是能弥补平、立面图的不足之处，例如，室内给水排水或室内采暖工程图样主要由平面图和轴测图组成，一般不再绘制立面图和剖面图。

（7）立面图和剖面图：它主要表达建（构）筑物和设备的立面分布，管线垂直方向上的排列和走向，以及每路管线的编号、管径和标高等具体数据。

（8）节点图：能清楚地表示某一部分管道的详细结构尺寸，是对平面图及其他施工图所不能反映清楚的某点图样的放大。节点用代号来表示，例如"A 节点"，那就要在平面图上找到用"A"所表示的部位。

（9）大样图：是表示一组设备的配管或一组管配件组合安装的一种详图，特点是用双线图表示，并对组装体各部位的详细尺寸都作了标记。

（10）标准图：标准图中标有成组管道、设备或部件的具体图形和详细尺寸，它一般不能用来作为单独进行施工的图样，而只能作为某些施工图的一个组成部分，一般由国家或有关部委出版标准图集。

二、管道施工图常用图例及代号

1. 管道图例：该图例根据《建筑给水排水制图标准》GB/T 50106—2010 编制，适用于给水排水工程。如表 1-2 所示，管道类别以汉语拼音首字母表示。

管道图例   表 1-2

序号	名　称	图　例	备　注
1	生活给水管	—— J ——	—
2	热水给水管	—— RJ ——	—
3	热水回水管	—— RH ——	—
4	中水给水管	—— ZJ ——	—
5	循环冷却给水管	—— XJ ——	—
6	循环冷却回水管	—— XH ——	—
7	热媒给水管	—— RM ——	—
8	热媒回水管	—— RMH ——	—
9	蒸汽管	—— Z ——	—
10	凝结水管	—— N ——	—
11	废水管	—— F ——	可与中水原水管合用
12	压力废水管	—— YF ——	—
13	通气管	—— T ——	—

序号	名　称	图　例	备　注
14	污水管	—— W ——	—
15	压力污水管	—— YW ——	—
16	雨水管	—— Y ——	—
17	压力雨水管	—— YY ——	—
18	虹吸雨水管	—— HY ——	—
19	膨胀管	—— PZ ——	—
20	保温管		也可用文字说明保温范围
21	伴热管		也可用文字说明保温范围
22	多孔管		—
23	地沟管		—
24	防护套管		—
25	管道立管	XL-1　　XL-1 平面　　系统	X 为管道类别 L 为立管 1 为编号
26	空调凝结水管	—— KN ——	—
27	排水明沟	坡向——→	—
28	排水暗沟	坡向——→	—

注：1. 分区管道用加注角标方式表示：
　　2. 原有管线可用比同类型的新设管线细一级的线型表示，并加斜线，拆除管线则加叉线。

2. 管道附件图例：如表 1-3 所示。

管道附件图例　　　　　　　　　　　　　表 1-3

序号	名　称	图　例	备　注
1	管道伸缩器		—
2	方形伸缩器		—
3	刚性防水套管		—
4	柔性防水套管		—

序号	名　　称	图　　例	备　　注
5	波纹管		—
6	可曲挠橡胶接头	单球　　　双球	—
7	管道固定支架		—
8	立管检查口		—
9	清扫口	平面　　　系统	—
10	通气帽	成品　　蘑菇形	—
11	雨水斗	YD-　　　　YD- 平面　　　系统	—
12	排水漏斗	平面　　　系统	—
13	圆形地漏	平面　　　系统	通用。如无水封，地漏应加存水弯
14	方形地漏	平面　　　系统	—
15	自动冲洗水箱		—
16	挡墩		—
17	减压孔板		—
18	Y形除污器		—
19	毛发聚集器	平面　　　系统	—

序号	名　　称	图　例	备　注
20	倒流防止器		—
21	吸气阀		—
22	真空破坏器		—
23	防虫网罩		—
24	金属软管		—

3. 管道连接图例：如表 1-4 所示。

管道连接图例   表 1-4

序号	名　　称	图　例	备　注
1	法兰连接		—
2	承插连接		—
3	活接头		—
4	管堵		—
5	法兰堵盖		—
6	盲板		—
7	弯折管	高　低　低　高	—
8	管道丁字上接	高／低	—
9	管道丁字下接	高／低	—
10	管道交叉	低／高	在下面和后面的管道应断开

4. 管件图例：如表 1-5 所示。

管件图例　　　　　　　　　　　　　　　　表 1-5

序号	名　称	图　例	序号	名　称	图　例
1	偏心异径管	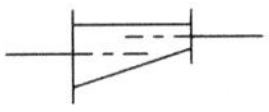	8	90°弯头	
2	同心异径管	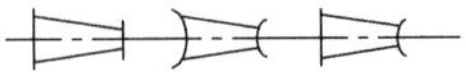	9	正三通	
3	乙字管	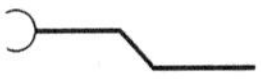	10	TY 三通	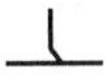
4	喇叭口		11	斜三通	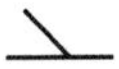
5	转动接头		12	正四通	
6	S形存水弯		13	斜四通	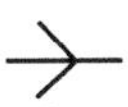
7	P形存水弯		14	浴盆排水管	

5. 阀门图例：如表 1-6 所示。

阀门图例　　　　　　　　　　　　　　　　表 1-6

序号	名　称	图　例	备　注
1	闸阀		—
2	角阀	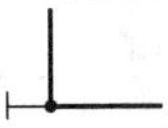	—
3	三通阀	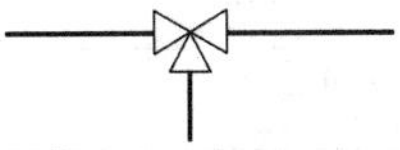	—
4	四通阀	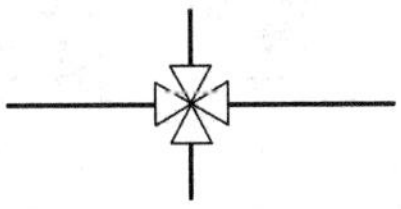	—
5	截止阀		—
6	蝶阀	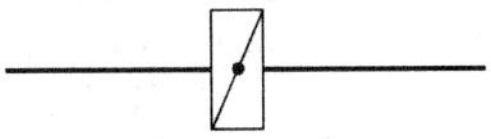	—
7	电动闸阀	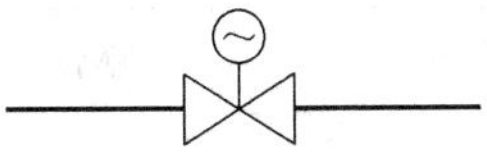	—

序号	名　称	图　例	备　注
8	液动闸阀		—
9	气动闸阀		—
10	电动蝶阀		—
11	液动蝶阀		—
12	气动蝶阀		—
13	减压阀		左侧为高压端
14	旋塞阀	平面　　　系统	—
15	底阀	平面　　　系统	—
16	球阀		—
17	隔膜阀		—
18	气开隔膜阀		—
19	气闭隔膜阀		—
20	电动隔膜阀		—
21	温度调节阀		—
22	压力调节阀		—
23	电磁阀		—

序号	名　称	图　例	备　注
24	止回阀		—
25	消声止回阀		—
26	持压阀		—
27	泄压阀		—
28	弹簧安全阀		左侧为通用
29	平衡锤安全阀		—
30	自动排气阀	平面　　　系统	—
31	浮球阀	平面　　　　系统	—
32	水力液位控制阀	平面　　　　系统	—
33	延时自闭冲洗阀		—
34	感应式冲洗阀		—
35	吸水喇叭口	平面　　　系统	—
36	疏水器		—

6. 给水配件图例：如表 1-7 所示。

给水配件图例　　　　　　　表 1-7

序号	名　　称	图　　例	序号	名　　称	图　　例
1	水嘴	平面　　系统	6	脚踏开关水嘴	
2	皮带水嘴	平面　　系统	7	混合水嘴	
3	洒水(栓)水嘴		8	旋转水嘴	
4	化验水嘴		9	浴盆带喷头混合水嘴	
5	肘式水嘴		10	蹲便器脚踏开关	

三、施工图表示方法

1. 标题栏：用以确定图样名称、图号、张次、更改及有关人员签署等内容的栏目。

2. 比例：绘图时图样上所画尺寸与实物尺寸之比为图样的比例，例如：图形比例为 1∶100，指图形比实物缩小 100 倍；管道施工图常用的比例有 1∶50、1∶100、1∶200、1∶500、1∶1000 等。

3. 标高：当有几条管线在相邻位置时，画出标高符号如图 1-21 所示。剖面图中的管道标高应按图 1-22 所示进行标注。管沟地坪标高应从标注点用引出线引出后再画标高符号，如图 1-23 所示。

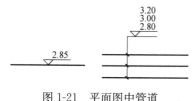

图 1-21　平面图中管道标高标注法

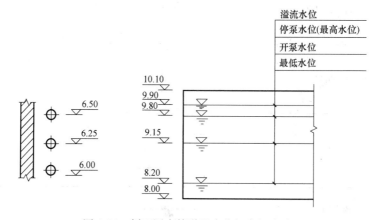

图 1-22　剖面图中管道及水位标高标注法

标高值应以 m 为单位，在一般图样中宜注写到小数点后第二位；地沟宜标注沟底标高；压力管道宜标注管中心标高；室内外重力流管道宜标注管内底标高；必要时，室内架空重力管道可标注管中心标高，但图中应加以说明。绝对标高是将某区平均海平面定为绝对标高零点（我国把青岛黄海平均海平面定为绝对标高零点），其他各地区的标高都以它为基准来推算；远离建筑物室外管道标高，用绝对标高表示。

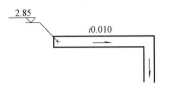

图 1-23　平面图中沟渠标高标注法

管道的相对标高一般以建筑物底层室内地面定为相对标高的零点（±0.00），比地面高的为正数，但一般不注"＋"号，而比地面低的则为负数，用"－"号表示，例如 5.00、－3.00。

4. 坡度：用符号"i"表示，坡向用单面箭头表示，坡向箭头指的方向为由高向低的方向，常用的表示方法如图 1-24 所示。

5. 方位标：是用来确定管道安装方位基准的图标，管道方位标如图 1-25 所示。

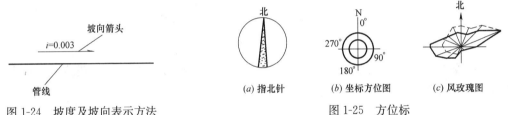

图 1-24　坡度及坡向表示方法　　　　图 1-25　方位标

6. 管径标注：低压流体输送用镀锌钢管、不镀锌焊接钢管、铸铁管等，其管径以公称直径 DN 表示，如 $DN20$、$DN125$ 等；直缝焊接钢管、螺旋缝焊接钢管、无缝钢管、不锈钢管、有色金属管等，其管径应以外径×壁厚表示，如 $\phi108×4$、$\phi57×3$ 等；耐酸陶瓷管、混凝土管、钢筋混凝土管、陶土管等，其管径以内径 d 表示，如 $d380$、$d230$ 等；建筑给水排水塑料管宜以公称外径 De 表示，如 $De110$、$De20$。管径的标注方式与标注位置如图 1-26、图 1-27 所示。管径尺寸标注的位置应符合规定：管径尺寸应注在变径处；水平管道的管径尺寸应注在管道的上方；斜管道（指轴测图中前后走向的管道）的管径尺寸应注在管道的斜上方；竖管道的管径尺寸应注在管道的左侧。当管径尺寸无法按上述位置标注时，可找适当位置标注，但应用引出线示意该尺寸与管段的关系；同一种管径的管道较多时，可不在图上标注管径尺寸，但应在附注中说明。

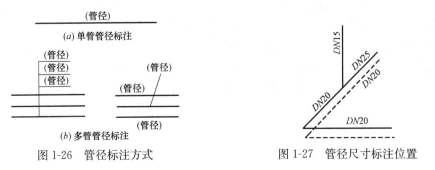

图 1-26　管径标注方式　　　　　图 1-27　管径尺寸标注位置

7. 管线的表示方法：为给水排水进出口编号表示法如图 1-28 所示；立管应进行编号，如图 1-29 所示为采暖立管编号表示法，图 1-30 所示为给水排水立管编号表示法。

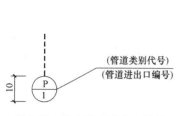

图 1-28　给水排水进出口编号

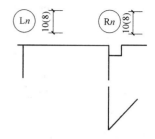

图 1-29　采暖入口与立管编号

L—采暖立管代号；R—采暖入口代号；

n—编号，以阿拉伯数字表示

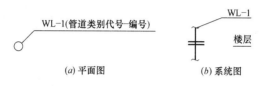

图 1-30　给水排水立管编号

工艺管道图中，标注的内容一般为：管径、材质代号、介质代号、介质流向、管段编号等，图 1-31 所示为管线编号标注的两种形式。

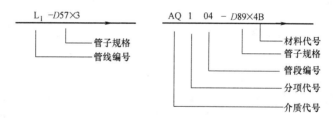

图 1-31　管线编号标注

四、管道施工图识读方法、步骤及内容

首先看图纸目录，其次看施工说明书、材料设备表等文字资料，然后再按照流程图、平面图、立（剖）面图、轴测图及详图的顺序仔细识读；在识读室内排水系统的施工图时，应当按排出管、立管、排水横管、器具排水管、存水弯的顺序进行，而不是相反；弄清管道系统的立体布置情况；对局部细节的了解则要看大样图、节点图、标准图等。

识读施工图要点：即介质、管道材料、连接方式、关键位置标高、坡向及坡度、防腐及绝热要求、阀门型号及规格、系统试验压力等。工艺流程图只表示其是如何通过设备和管道组成的，区分管道的立体走向和长短。

第二章 测 绘 基 础

第一节 管道标高测量

一、室内管道标高测量方法

1. 室内管道标高：单位以 m 计算，但不需标注 m；标高符号及标注见图 2-1，标高符号尖端的水平线即为需要标注部位的引出线。化工管道中，也用局部涂黑三角形符号的办法来表示管中心标高、管底标高和管顶标高。

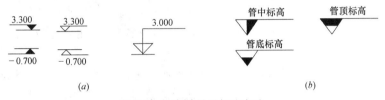

图 2-1 标高符号及标注方法

2. 室内管道标高测量

（1）室内标高的传递

1）由于沉降等原因，首层地面标高可能与设计图纸不符，根据已校核的水准点，测设首层±0.000 标高，并以此标高为基准进行标高的竖向传递。

2）首层的标高控制点至少为三个，以利于闭合校差；传递到各层的三个标高点应先进行校核，校差不得大于 3mm，并取平均点引测水平线。

3）标高的传递方式采用在楼梯间和窗口处进行传递。

（2）管道坡度：$i=0.005$ 即表示坡度为 5/1000，坡度符号及标注方法如图 2-2 所示。

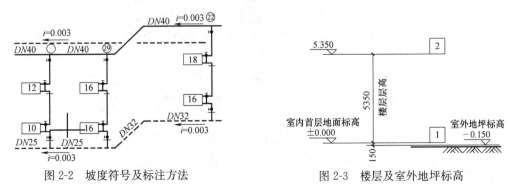

图 2-2 坡度符号及标注方法　　　　图 2-3 楼层及室外地坪标高

（3）将建筑专业室内 50cm 线作为管道安装标高参照线，向上或向下返到管道需要安装的中心标高，并弹线做好标高标记，采用透明塑料管灌满水，一端液面对准临时在墙上做好的标高标记，另一端放在正在安装的管道管口中心或管道侧边，然后调整此管道的中心线标高直至与管口中心或侧边塑料管端液面高度一致为止，此处的管道标高测量完毕，标高位置已经确定。

对于设备层或走廊中的各管道标高测量，根据已弹出的50cm楼层水平控制线，用钢尺量至管道的设计标高，并在四周的墙上弹出水平控制线。应从50cm水平控制线测设管道中心线标高并拉通线，保证所有的管道都在设计要求房间的使用净高控制线或吊顶水平线以上。

（4）使用建筑专业室内50cm线之前，管工应与测量技术主管进行书面交接每层的标高控制线，不宜采用楼层顶板面作为测量的参照标高线，因为施工误差会造成管道标高测量的偏差过大，除标高以"m"计外，施工图中的其他尺寸均以"mm"计。

二、室外管道标高测量方法

1. 绝对标高和相对标高

标高有绝对标高和相对标高两种。

（1）绝对标高也称为海拔标高或海拔高程，是以青岛黄海海平面的平均海拔高度作起点即正负零（±0.000），比它高时，记作"＋"（可以省略）；比它低时，记作"－"（不可以省略）。

（2）相对标高，一般以建筑物底层室内地坪作为正负零（±0.000），比该基准点高时用正号（＋）表示，但也可不写正号；比该基准点低时必须用负号（－）表示。如图2-3所示，室外地坪标高为－0.150。

2. 室外管道标高测量

（1）室外管道的标高用绝对标高表示，每个施工现场都有绝对标高控制点，土建施工单位掌握这方面的资料，也可以找相关勘察单位的地质勘察报告查找。室外管道的绝对标高控制点使用之前应该办理相关的交接并签字，标高经复核合格后即可使用。

（2）测量设备的选择：配备水准仪、塔尺、50m钢卷尺、5m钢卷尺。所配备的测量设备均须保证在检测有效期内。

（3）由测量工将交接方提供的工程原始水准点引测到管道施工流水段相对应的建筑物外墙或墙角，做好标记并进行保护。当室外管道施工时，用水准仪和塔尺设转点进行测设，向下传递标高，作为地下管道及其构筑物施工标高的控制点；分别在各施工流水段设基准点，以基准点为准作为地下管道标高的依据。每个施工流水段引测时都必须从基准点上引，以防止产生累计误差。

（4）室外压力管道一般标注的标高为管道中心标高，室外重力流管道一般标注的标高为管道内底标高，大直径管道有时采用标注管底标高，具体标高类型应该在设计说明中确定。

（5）有的采用"埋深不小于……"的提法，确定管顶的最小埋设深度。管道覆土厚度以管道顶外壁处标高向室外设计地坪处标高量测，室外设计地坪与施工时现场的地坪大部分是不一样的。

（6）进出户管道标注相对标高，在室外与小区主干管道连接时需要对室外管网绝对标高进行核对。

第二节　管道坐标测量

一、室内管道坐标测量方法

1. 管道坐标标注：靠内隔墙标注中心线与建筑内墙所在轴线间距离，单位以 mm 计，但不需标注 mm；管排靠内隔墙标注依据是建筑结构内墙轴线，其他相邻管道标注为管排中心线之间间距；立管标注中心线与其较近建筑结构内墙横轴线、纵轴线两个间距，标注方法如图 2-4 所示。

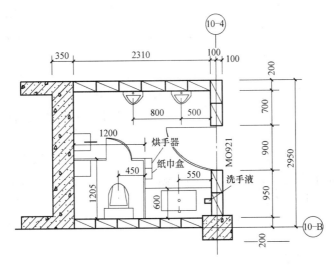

图 2-4　管道坐标位置标注方法

2. 框架结构无内墙处管道坐标位置的标注

（1）单根管道紧靠梁柱设置时一般标注管道中心线与建筑结构梁柱所在轴线之间的距离。

（2）管排紧靠梁柱的管道标注的依据是建筑结构梁柱的轴线。

3. 室内管道坐标的测量

（1）确定好墙体和梁柱所在轴线位置，核实准确内隔墙装修前后的具体尺寸，掌握并核实梁、柱的结构外形尺寸，采用 5m 钢卷尺水平方向量测管道中心线与墙体或梁柱所在轴线的间距。

（2）管道坐标位置特别是在卫生间、开水间、淋浴间等精装修处需要考虑抹灰及面砖粘贴的厚度尺寸；电梯前室、楼梯间处的消防管道坐标测量时同样应该注意与精装修结合。

（3）在楼层顶板上弹出十字直角定位线，其中一条线应确保和墙体轴线平行，以保证美观。并以此为基础在四周墙上的吊顶水平控制线上或设计使用空间净高控制线弹出管道的分布线。

（4）对于喷洒头、风口、灯具、广播、探头、装饰物等较多的复杂房间，在吊顶前将其设计尺寸在铅垂投影的地面上按 1∶1 放出大样，然后投点到顶棚，确保位置正确。

二、室外管道坐标测量方法

1. 市政管道采用坐标系的坐标表示

（1）市政管道的坐标一般采用 X 轴、Y 轴两个方向的数值表示，每个施工现场都有坐标控制点，也可以找相关勘察单位的地质勘察报告查找。市政管道的坐标控制点使用之前应该办理相关的交接并签字，坐标经复核合格后即可使用。

（2）测量设备的选择：配备经纬仪，所配备的测量设备均须保证在检测有效期内。

（3）由测量工将交接方提供的工程原始坐标点引测到管道施工流水段相对应的构筑物附近，做好标记并进行保护。当室外管道施工时，用经纬仪设转点进行测设，向周围传递管道及地下构筑物的坐标位置，作为施工坐标的控制点；分别在各施工流水段设基准点，各施工流水段以基准点为准作为地下管道坐标的依据。每个施工流水段引测时都必须从基准点上引，以防止产生累计误差。

2. 小区室外管道采用管道中心线距外墙皮间距标注

（1）小区室外管道一般标注的位置为管道中心线距离建筑物外墙皮的距离，与其相邻的管道一般采用管道中心线之间间距尺寸标注，可以直接采用钢卷尺测量确定各管道的相应位置。

（2）小区建设单位红线规划图有标注 X 轴、Y 轴坐标这方面数据，也可以找相关勘察单位的地质勘察报告查找。室外管道的坐标控制点使用之前应该办理相关的交接并签字，坐标经复核合格后即可使用。

第三章 材 料 基 础

第一节 管材、管件及阀门

一、钢管及管件

1. 低压流体输送用焊接钢管和镀锌焊接钢管

(1) 低压流体输送用镀锌焊接钢管用于输送水、燃气、空气、油和供热蒸汽等较低压力流体。

(2) 低压流体输送用镀锌焊接钢管常用的规格有 $DN15\sim DN150$；镀锌焊接钢管理论重量按下式计算：

$$W=C[0.02466(\phi-\delta)\delta] \tag{3-1}$$

式中 W——镀锌焊接钢管每米理论重量，kg/m；

C——重量系数；

ϕ——焊接钢管外径，mm；

δ——焊接钢管壁厚，mm。

2. 流体输送用无缝钢管：分为热轧（挤压、挤扩）和冷拔（轧）两种。热轧钢管规格、冷拔钢管规格和理论重量可查五金手册。

3. 低压流体输送用大直径电焊钢管

(1) 低压流体输送用大直径电焊钢管用于水、污水、煤气、空气、供热蒸汽等低压流体输送。

(2) 低压流体输送用大直径电焊钢管规格采用外径 $\phi\times$ 壁厚 δ 表示，理论重量可查五金手册。

(3) 理论重量计算：

$$W=0.02466(\phi-\delta)\delta \tag{3-2}$$

式中 W——大直径电焊钢管每米理论重量，kg/m；

ϕ——钢管公称外径，mm；

δ——钢管公称壁厚，mm。

4. 流体输送用不锈钢焊接钢管：用于输送有腐蚀性的中低压流体，规格采用外径 $\phi\times$ 壁厚 δ 表示。

5. 流体输送用不锈钢无缝钢管

(1) 流体输送用不锈钢无缝钢管用于输送有腐蚀性的流体或其他用途。

(2) 钢管分为热轧（挤压、挤扩）和冷拔（轧）两种。

(3) 热轧、冷拔不锈钢无缝钢管规格采用外径 $\phi\times$ 壁厚 δ 表示。

6. 钢管管件

（1）可锻铸铁管件：又称可锻铸铁连接件和可锻铸铁螺纹管件，俗称马钢件，简称管件。

可锻铸铁管件种类繁多，其形状如图 3-1 所示，其规格采用公称直径 DN 表示。

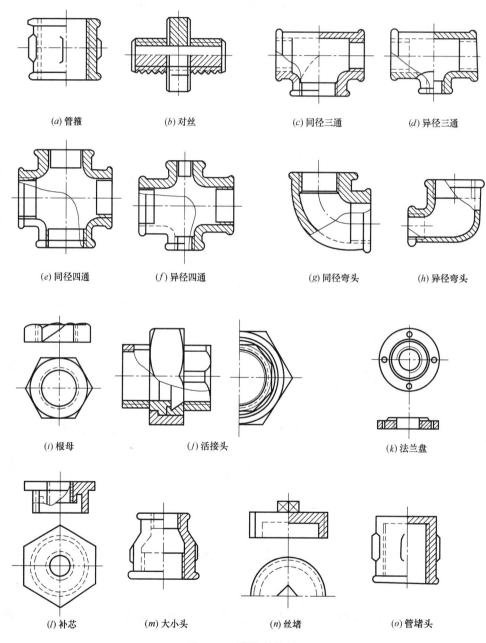

(a) 管箍   (b) 对丝   (c) 同径三通   (d) 异径三通

(e) 同径四通   (f) 异径四通   (g) 同径弯头   (h) 异径弯头

(i) 根母   (j) 活接头   (k) 法兰盘

(l) 补芯   (m) 大小头   (n) 丝堵   (o) 管堵头

图 3-1 可锻铸铁管件

（2）钢制管件

1）钢制管接头如图 3-2 所示，其常用的规格有 $DN15 \sim DN150$；压制弯头如图 3-3 所示。

2）压制异径管如图 3-4 所示。

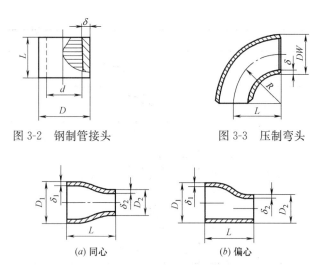

图 3-2　钢制管接头　　　　　　　　图 3-3　压制弯头

图 3-4　压制异径管

(a) 同心　　　　　　　　(b) 偏心

二、铸铁管及管件

1. 砂型离心铸铁管和连续铸铁管

砂型离心铸铁管和连续铸铁管用于输送水和煤气。

（1）砂型离心铸铁管

砂型离心铸铁管按壁厚分为 P 和 G 两级，其他壁厚可协议生产，承插直管如图 3-5 所示。

（2）连续铸铁管

连续铸铁管按壁厚分 LA、A 和 B 三级，其形状如图 3-6 所示。

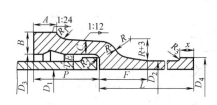

图 3-5　砂型离心铸铁管承插直管

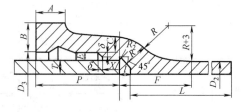

图 3-6　连续铸铁管

（3）灰口铸铁管件

灰口铸铁管件用于连接输送水及煤气的铸铁管道，它具有承插连接和法兰连接两种连接方式。

铸铁管件名称和图形表示方法见表 3-1。

铸铁管件名称和图形表示　　　　　　　　　　　　表 3-1

序号	名　称	图 形 表 示	公称直径(mm)
1	承盘短管	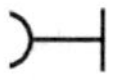	75～1500
2	插盘短管		75～1500

序号	名　称	图形表示	公称直径(mm)
3	套管		75～1500
4	90°双承弯管	90°	75～1500
5	45°双承弯管	45°	75～1500
6	22½°双承弯管	22.5°	75～1500
7	11¼°双承弯管	11.25°	75～1500
8	全承丁字管		75～1500
9	全承十字管		200～1500
10	插堵		75～1500
11	承堵		75～300
12	90°双盘弯管	90°	75～1000
13	45°双盘弯管	45°	75～1000
14	三盘丁字管		75～1000
15	双承丁字管		75～1500
16	承插渐缩管		75～1500
17	插承渐缩管		75～1500
18	90°承插弯管	90°	75～700
19	45°承插弯管	45°	75～700
20	22½°承插弯管	22.5°	75～700
21	11¼°承插弯管	11.25°	75～700
22	乙字管		75～500
23	承插单盘排气管		150～1500
24	承插泄水管		700～1500

2. 柔性机械接口灰口铸铁管

柔性机械接口灰口铸铁管用于输送水和煤气。按壁厚分为 LA、A 和 B 三级。接口形式分为 N（含 N_1）型（见图 3-7 和图 3-8）、X 型（见图 3-9）。

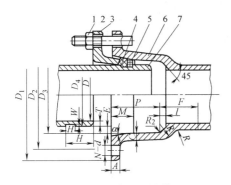

图 3-7　N 型胶圈机械接口

1—螺母；2—螺栓；3—压兰；4—胶圈；
5—支承圈；6—管体承口；7—管体插口

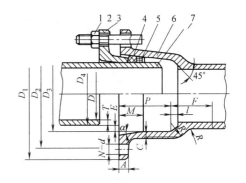

图 3-8　N_1 型胶圈机械接口

1—螺母；2—螺栓；3—压兰；4—胶圈；
5—支承圈；6—管体承口；7—管体插口

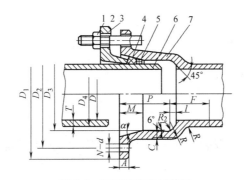

图 3-9　X 型胶圈机械接口

1—螺母；2—螺栓；3—压兰；4—胶圈；5—支承圈；6—管体插口；7—管体承口

3. 排水用柔性接口铸铁管及管件

排水用柔性接口铸铁管用于各类排水工程。按壁厚分为 TA 和 TB 两级。有 A 型和 RK 型两种接口形式，如图 3-10、图 3-11 所示。

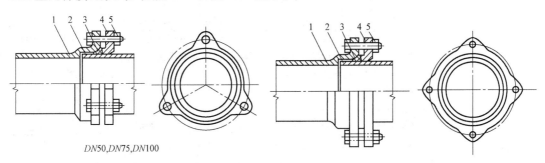

DN50,DN75,DN100

图 3-10　A 型柔性接口安装图

1—承口；2—插口；3—密封胶圈；4—法兰压盖；5—螺栓螺母

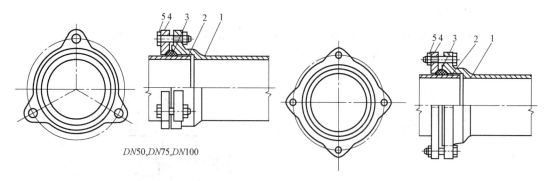

DN50,DN75,DN100

图 3-11 RK 型柔性接口安装图

1—承口；2—插口；3—密封胶圈；4—法兰压盖；5—螺栓螺母

直管如图 3-12 、图 3-13 所示。

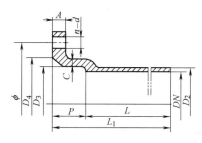

图 3-12 A 型柔性接口直管

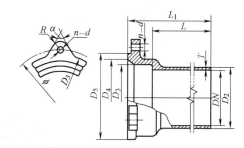

图 3-13 RK 型柔性接口直管

三、铜管及管件

1. 铜管：有拉制铜管、挤制铜管、拉制黄铜管、挤制黄铜管、黄铜薄壁管，铜管的规格采用外径 D_w 表示。

2. 铜管管件

铜管管件如图 3-14 所示，常用品种及用途见表 3-2。

铜管管件常用品种及用途 表 3-2

品　种	其他名称及用途
套管接头	又称：等径接头、承口外接头；用于连接两根公称直径相同的铜管(或插口式管件)
异径接头	又称：承口异径接头；用于连接两根公称直径不同的铜管，并使管路的直径缩小
90°弯头	又称：90°角弯、90°承口弯头(指 A 型)、90°单承口弯头(指 B 型)；A 型用于连接两根公称直径相同的铜管，B 型用于连接公称直径相同，一端为铜管，另一端为承口式管件，使管路作 90°转弯
45°弯头	又称：45°角弯、45°承口弯头(指 A 型)、45°单承口弯头(指 B 型)；A 型、B 型的连接对象与 90°弯头相同，但它使管路作 45°转弯
180°弯头	又称：口型弯头、180°承口弯头(指 A 型)、180°单承口弯头(指 B 型)、180°插口弯头(指 C 型)；A 型、B 型的连接对象与 90°弯头相同，C 型用于连接两个承口式管件，但它使管路作 180°转弯
三通接头	又称：等径三通、承口三通；用于连接三根公称直径相同的铜管，以便从主管路一侧接出一条支管路
异径三通接头	又称：异径三通、承口异径三通、承口中小三通；用途与三通接头相似，但从支管路接出的铜管的公称直径小于从主管路接出的铜管的公称直径
管帽	又称：承口管帽；用于封闭管路

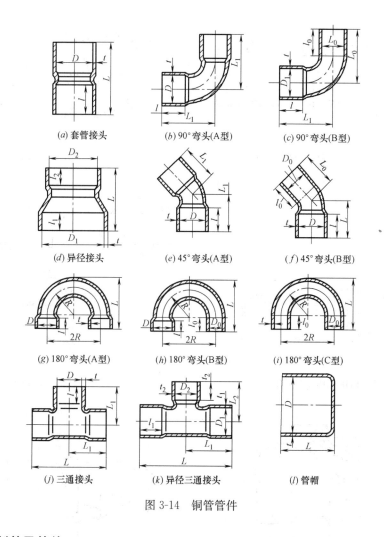

(a) 套管接头　　　(b) 90°弯头(A型)　　　(c) 90°弯头(B型)

(d) 异径接头　　　(e) 45°弯头(A型)　　　(f) 45°弯头(B型)

(g) 180°弯头(A型)　　(h) 180°弯头(B型)　　(i) 180°弯头(C型)

(j) 三通接头　　　(k) 异径三通接头　　　(l) 管帽

图 3-14　铜管管件

四、塑料管及管件

1. 化工用硬聚氯乙烯管

化工用硬聚氯乙烯管按工作压力分为 PN0.4、PN0.6、PN0.8、PN1.0、PN1.6 五个等级，其对应的管系列分别为 S-16.0，S-10.5，S-8.0，S-6.3，S-4.0。管材上应明显标注：产品名称、规格、标准号、生产厂名（或商标）和厂址。管材要平放，堆放高度不得超过 2m，库房温度不得超过 40℃。产品品种规格采用公称外径 $De \times$ 壁厚 δ 表示。

2. 建筑给水用硬聚氯乙烯管及部分管件

（1）建筑给水用硬聚氯乙烯管直管：弹性密封圈连接型和溶剂粘接型，如图 3-15 和图 3-16 所示。规格采用公称外径 De 表示。

（2）粘接和内螺纹变接头如图 3-17 所示，有两种形式；粘接和外螺纹变接头共有三种类型，如图 3-18 所示。

（3）塑料接头端和金属件接头如图 3-19 所示。

（4）塑料接头端和活动金属螺母：塑料接头端分承口和承插口两种类型，如图 3-20 所示。

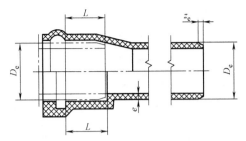

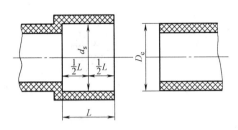

图 3-15 弹性密封圈连接型承插口 　　　　　　　图 3-16 溶剂粘接型承插口

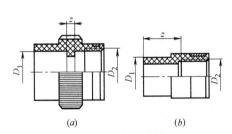

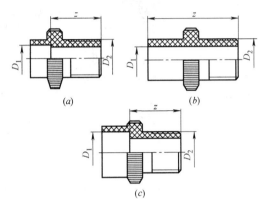

图 3-17 粘接和内螺纹变接头 　　　　　　　图 3-18 粘接和外螺纹变接头

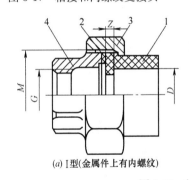

(a) I型(金属件上有内螺纹) 　　　　　　　(b) II型(金属件上有外螺纹)

图 3-19 塑料接头端和金属件接头

1—接头端（塑料）；2—垫圈；3—接头螺母（金属）；4—接头套（金属内螺纹）；5—接头套（金属外螺纹）

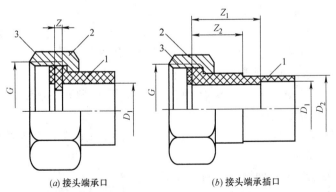

(a) 接头端承口 　　　　　　　　(b) 接头端承插口

图 3-20 塑料接头端和活动金属螺母

1—接头端（塑料）；2—金属螺母；3—平密封垫圈

（5）塑料套管和活动金属螺母盖（特殊结构）如图 3-21 所示。

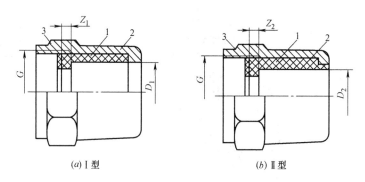

(a) Ⅰ型　　　　　　　　　　(b) Ⅱ型

图 3-21　塑料套管和活动金属螺母盖

1—塑料套管；2—金属螺母；3—平密封垫圈

（6）给水用硬聚氯乙烯弹性密封圈连接型管件：弹性密封圈连接型承口如图 3-22 所示；法兰和承口接头如图 3-23 所示。

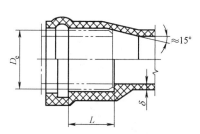

图 3-22　弹性密封圈连接型承口

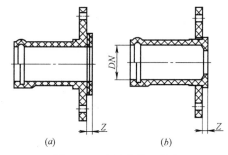

图 3-23　法兰和承口接头

3．建筑排水用硬聚氯乙烯管及管件

（1）建筑排水用硬聚氯乙烯管

该种管材用于民用建筑物内排水，管材规格采用公称外径 De 表示。

（2）建筑排水用硬聚氯乙烯部分管件

1）排水塑料立管检查口 、清扫口和伸缩节如图 3-24 所示。

2）通气帽如图 3-25 所示。

3）大、小便器连接件如图 3-26 所示。

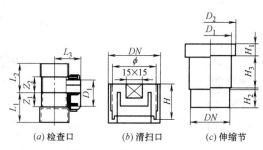

(a) 检查口　　(b) 清扫口　　(c) 伸缩节

图 3-24　排水塑料立管检查口，清扫口和伸缩节

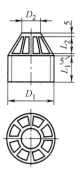

图 3-25　通气帽

4）塑料地漏如图 3-27 所示。

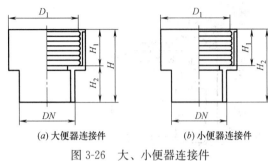

(a) 大便器连接件　　(b) 小便器连接件

图 3-26　大、小便器连接件

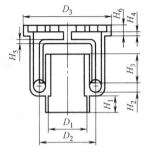

图 3-27　塑料地漏

4. 埋地排污、废水用硬聚氯乙烯管：按连接形式分为弹性密封圈式连接和粘接式连接两种，壁厚按环刚度分为 2kPa、4kPa、8kPa 三级，其对应的管系列分别为 S25，S20，S16.7；管材颜色一般为褐色或灰色，其规格采用公称外径 De 表示。

5. 排水用芯层发泡硬聚氯乙烯管：用于建筑物内外或埋地排水，管材系列有 S_0，S_1，S_2 三个，有弹性密封连接型和溶剂粘接型连接方式，一般为白色或灰色；规格采用外径 $De \times$ 壁厚 δ 表示，结构断面见图 3-28。

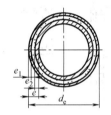

图 3-28　芯层发泡硬聚氯乙烯管结构

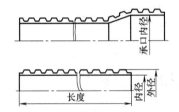

图 3-29　硬聚氯乙烯双壁波纹管结构

6. 硬聚氯乙烯双壁波纹管：适用于建筑物内外排水，如图 3-29 所示。

7. 给水用高密度聚乙烯管（HDPE）：可用于室内外给水管，水温不宜超过 45℃。

8. 给水用低密度聚乙烯管（LDPE 、LLDPE）：用于埋地输水给水管道，水温不宜超过 40℃。

9. 燃气用埋地聚乙烯管：用于输送燃气，一般为黄色或黑色，黑色管上有醒目的黄色线条。

10. 给水用聚丙烯管（PP）：用于输水埋地管材，水温 95℃ 以下，该管颜色一般为黑色。

11. ABS 管材：该管材具有良好的综合性能，在温度为 -40～100℃ 范围内，仍能保持刚性和刚度；质轻、具有较高的耐冲击强度和表面硬度，耐腐蚀、抗蠕变性、耐磨性良好；加工容易，收缩率小，可采用塑料螺纹连接，可实现与传统镀锌管的兼容。

12. 氯化聚氯乙烯管材（CPVC）：用溶剂粘结连接，被广泛地用作各种工业管道、冷热水管道及防火管道；管材阻燃性良好，燃烧能力不高，不会产生火滴，火焰扩散慢，还能限制烟雾产生，CPVC 不论对酸或碱都有较强的防腐性能，耐腐蚀性能好。

13. 玻璃钢夹砂管（RPM）：橡胶圈密封承插连接，全称为玻璃纤维增强热固性树脂夹砂管，如图 3-30 所示。

玻璃钢夹砂管具有质轻、强度高、刚度高等优点；管内壁光滑、耐腐蚀、不易结垢、水头损失小，仅是钢管、铁管、水泥管的 1/3 ～1/2。

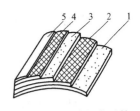

图 3-30　玻璃钢夹砂管
1—内衬层；2—缠绕层；
3—树脂砂浆；4—缠绕层；
5—外防腐层

五、复合管

1. 铝塑复合管（PAP）：管材由五层复合而成，由内而外如图 3-31 所示；PE/AL/PE 复合压力管——内外管壁为聚乙烯，中间层为热熔胶铝合金成型的复合管；PEX/AL/PEX 复合压力管——内外管壁为交联聚乙烯，中间层为热熔胶铝合金成型的复合管；HDPE/AL/PEX 复合压力管——外壁为高密度聚乙烯，内壁为交联聚乙烯，中间层为热熔胶铝合金成型的复合管。

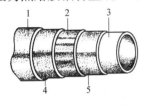

图 3-31　铝塑复合管
1,3—PE 或 PE-X 层；
2—铝管层；4,5—粘合层

铝塑复合管显著的特点：连续长度可达 200m 以上，能长距离（可达数百米）连续敷设，大量减少接头，还能自由弯曲，减少弯头用量。

2. 塑覆铜管：外面包层塑料，用于输送冷热水、纯净水、海水、油类、酚、醇、非氧化性有机流体。

（1）发泡保温塑覆铜管：是三层复合结构，如图 3-32 所示。内层为纯紫铜管。中间是发泡保温塑料层，发泡保温塑料层采用聚乙烯塑料为基材，采用物理发泡方式，泡体具有封闭的气泡，封闭的气泡中填充 N_2，具有良好的隔热效果。外层为保护层，也采用聚乙烯塑料为基材，它具有一定的强度，除保护发泡体不易受损坏外，还有防腐、抗光热老化、防火阻燃作用。

（2）具有特殊造型保温层的塑覆铜管：外层用聚乙烯塑料为基材的保温层，它的断面有齿形和平环形两种，如图 3-33 所示。

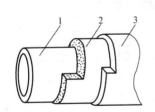

图 3-32　发泡保温塑覆铜管结构
1—铜金属管；2—发泡体；3—外保护层

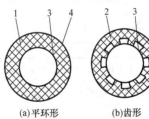

(a)平环形　　(b)齿形

图 3-33　塑覆铜管断面
1—平环形保温层；2—齿形保温层；
3—铜管；4—保护层

（3）塑覆铜管规格：宜用公称外径 D_w 厚表示，建筑用铜管规格系列为 DN15～54。

3. 预应力钢筒混凝土管（PCCP）：由钢板、钢丝和混凝土构成的复合管，分为内衬式预应力钢筒混凝土管（PCCP-L）和埋置式预应力钢筒混凝土管（PCCP-E）两种。

4. 钢塑复合管（PSP）：在钢管内、外涂敷 PE 或 PVC 塑料而成，具有钢管的机械强度和塑料管的耐腐蚀等优点，主要用于石油、化工、通信、城市给水排水等领域。

5. 薄壁不锈钢塑料复合管：具有金属和塑料双重优异特性，应用在自来水、纯净水、太阳能热水器等供水管道方面，以及食用油、桑拿蒸汽、水景、石油、天然气等管道方面；规格有 $\phi16\sim110$ 各种。

六、阀门

1. 阀门型号解析

（1）阀门型号构成

阀门型号由 7 个单元组成，每个单元所代表的意义如下所示：

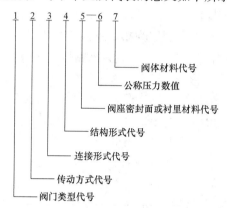

图中，阀门类型代号用汉语拼音首字母表示，见表 3-3；阀门传动方式代号用阿拉伯数字表示，见表 3-4。

（2）阀门类型代号见表 3-3。

阀门类型代号 表 3-3

阀门类型	代 号	阀门类型	代 号
安全阀	A	隔膜阀	G
蝶阀	D	止回阀	H
截止阀	J	柱塞阀	U
节流阀	L	旋塞阀	X
排污阀	P	减压阀	Y
球阀	Q	闸阀	Z
疏水阀	S		

注：低温（低于 $-40℃$）、保温（带加热套）和带波纹管的阀门，在阀门类型代号前面分别加上"D""B""W"。

（3）阀门传动方式代号见表 3-4。

阀门传动方式代号 表 3-4

传动方式	代 号	传动方式	代 号
电磁动	0	锥齿轮	5
电磁-液动	1	气动	6
电-液动	2	液动	7
蜗轮	3	气-液动	8
正齿轮	4	电动	9

注：1. 手轮、手柄和扳手驱动以及安全阀、减压阀、疏水器等自动阀门，均省略代号。

2. 对于气动或液动阀门：常开式用 6K、7K 表示，常闭式用 6B、7B 表示，气动带手动用 6S 表示，防爆电动用 9B 表示。

（4）阀门连接形式代号，见表 3-5。

（5）阀门结构形式代号见表 3-6。

连接形式	代号	连接形式	代号
内螺纹	1	对夹	7
外螺纹	2	卡箍	8
法兰	4	卡套	9
焊接	6		

阀门结构形式代号　　　　　　表 3-6

名称	结构形式				代号
闸阀	明杆	楔式		弹性闸板	0
				单闸板	1
				双闸板	2
		平行式	刚性	单闸板	3
				双闸板	4
	暗杆	楔式		单闸板	5
				双闸板	6
		平行式		单闸板	7
				双闸板	8
截止阀、柱塞阀、节流阀		直通式			1
		Z形直通式			2
		三通式			3
		角式			4
		直流式			5
	平衡	直通式			6
		角式			7
蝶阀		杠杆式			0
		垂直板式			1
		斜板式			3
疏水阀		浮球式			1
		迷宫或孔板式			2
		浮桶式			3
		液体或固体膨胀式			4
		钟形浮子式			5
		蒸汽压力式			6
		双金属片或弹性式			7
		脉冲式			8
		圆盘式			9
止回阀	升降	直通式			1
		立式			2
		角式			3
	旋启	单瓣式			4
		多瓣式			5
		双瓣式			6
		回转蝶形止回阀			7
		截止止回阀			8
减压阀		薄膜式			1
		弹簧薄膜式			2
		活塞式			3
		波纹管式			4
		杠杆式			5

名称	结构形式				代号
隔膜阀		屋脊式			1
		截止式			3
		直流板式			5
		直通式			6
		闸板式			7
		角式π形			8
		角式丁形			9
旋塞阀	填料密封		L形		2
			直通		3
			T形三通		4
			四通		5
	油封密封		L形		6
			直通		7
			T形三通		8
	静配		直通		9
			T形三通		0
安全阀		带散热片		全启式	0
	弹簧	封闭		微启式	1
				全启式	2
		不封闭	带扳手	全启式	4
				双联弹簧、微启式	3
				微启式	7
				全启式	8
		带控制机构		全启式	6
		脉冲式			9
		杠杆式			5
球阀	浮动阀		直通式		1
			Y形	三通式	2
			L形		4
			T形		5
	固定球		直通式		7
			四通式		6
			T形	三通	8
			L形		9
			半球直通		0
排污阀	液面连续		截止型直通式		0
			截止型角式		1
	液底间断		截止型直流式		2
			截止型角式		5
			截止型直通式		7
			浮动闸板型直通式		8

（6）阀座密封面或衬里材料代号，用汉语拼音首字母表示，详见表3-7。

阀座密封面或衬里材料代号 表 3-7

材 料	代 号	材 料	代 号
铜合金	T	渗氮钢	D
橡胶	X	硬质合金	Y
尼龙塑料	N	衬胶	J
锡基轴承合金（巴氏合金）	B	衬铅	Q
		搪瓷	C
合金钢	H	渗硼钢	P
氟塑料	F	塑料	S
玻璃	G	18-8 系不锈钢	E
蒙乃尔合金	M	Mo2Ti 系不锈钢	R

注：在阀体上直接加工的阀座密封面材料代号用"W"表示；当阀座与启闭件密封面材料不同时，用低硬度材料代号表示（隔膜阀除外）。

（7）阀体材料代号见表3-8。

阀体材料代号 表 3-8

阀体材料	代 号	阀体材料	代 号
钛及钛合金	A	球墨铸铁	Q
碳钢	C	Mo2Ti 系不锈钢	R
Crl13 系不锈钢	H	塑料	S
铬钼钢	I	铜及铜合金	T
可锻铸铁	K	铬钼钒钢	V
铝合金	L	灰铸铁	Z
18-8 系不锈钢	P		

注：公称压力 $PN \leqslant 1.6MPa$ 的灰铸铁阀和公称压力 $PN \geqslant 2.5MPa$ 的碳钢阀及工作温度 $>530℃$ 的电站阀，均省略本代号。

2. 阀门识别：阀体和密封面材料依靠阀体各部位和密封面所涂油漆的颜色识别，分别见表3-9和表3-10。

阀体材料涂漆识别 表 3-9

阀体材料	识别涂漆颜色	阀体材料	识别涂漆颜色
灰铸铁，可锻铸铁	黑色	耐酸钢，不锈钢	天蓝色
球墨铸铁	银色	合金钢	中蓝色
碳素钢	中灰色		

注：1. 耐酸钢、不锈钢允许不涂漆。

2. 铜合金不涂漆。

密封面材料	识别涂漆颜色	密封面材料	识别涂漆颜色
铜合金	大红色	蒙乃尔合金	深黄色
锡基轴承合金(巴氏合金)	淡黄色	塑料	紫红色
耐酸钢,不锈钢	天蓝色	橡胶	中绿色
渗氮钢,渗硼钢	天蓝色	铸铁	黑色
硬质合金	天蓝色		

注：1. 阀座和启闭件密封面材料不同时，按低硬度材料涂色。

　　2. 止回阀涂在阀盖顶部；安全阀、减压阀、疏水器涂在阀罩或阀帽上。

第二节　管道安装辅助材料

一、型材

1. 型钢断面形状和尺寸代号如图 3-34 所示。

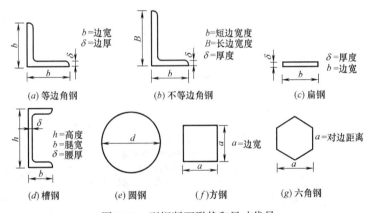

图 3-34　型钢断面形状和尺寸代号

2. 铝及铝合金直角型材（角铝）（XC111）断面形状及尺寸代号如图 3-35 所示。

二、板材

有冷轧钢板和钢带以及热轧钢板和钢带，其品种规格见五金手册。

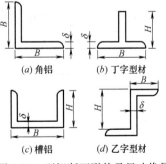

图 3-35　型铝断面形状及尺寸代号

三、线材

1. 钢丝：常用钢丝有低碳钢丝和镀锌低碳钢丝。

2. 钢丝绳：如单股钢丝绳 1×7、1×37，多股钢丝绳 6×19。

四、常用紧固件

1. 紧固件产品等级：分 A、B、C 三级，其中 A 级最精确，C 级最不精确。

2. 普通螺纹规格表示法：例如 M24 表示公称直径为 24mm 的粗牙普通螺纹；M24×

1.5 表示公称直径为 24mm，螺距为 1.5mm 的细牙普通螺纹；M24×1.5 左，表示公称直径为 24mm，螺距为 1.5mm 的左旋细牙普通螺纹。

3. 常用紧固件

（1）六角头螺栓：确定螺栓规格、螺杆长度以及螺纹长度首先应计算其所要紧固的法兰厚度、卡架钢板厚度、螺母高度、垫圈厚度以及密封垫的厚度，然后确定其螺杆长度，例如 M12×55、M16×70 等。

（2）镀锌半圆头螺栓：提料时需要考虑品种规格参数，有螺栓的规格和螺栓的公称长度，例如：M5×30、M6×45 等。

（3）常用六角螺母：种类很多，其中 I 型六角螺母应用最为广泛，有 I 型 C 级六角螺母（粗制六角螺母）和 A、B 级六角螺母（精制六角螺母）。

（4）垫圈：有平垫圈、弹簧垫圈，弹簧垫圈有标准、轻型和重型弹簧垫圈三种。

（5）膨胀螺栓品种规格参数中需要考虑螺栓规格、螺纹长度、胀管直径和长度、被连接件最大厚度、允许静荷以及公称长度，例如：M8×80 膨胀螺栓抗拉力为 4310N，抗剪力为 3240N，被连接件最大厚度为 L-65，螺纹长度为 40mm。

五、焊接材料

1. 电焊条

（1）电焊条牌号表示法

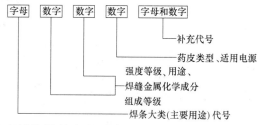

（2）电焊条牌号中字母代号的意义见表 3-11。

表 3-11

电焊条牌号中字母代号的意义

代 号	电焊条大类名称	代 号	电焊条大类名称
J（结）	结构钢焊条	Z（铸）	铸铁焊条
R（热）	钼和铬钼耐热钢焊条	Ni（镍）	镍及其合金焊条
G（铬）	铬不锈钢焊条	T 或 Cu（铜）	铜及其合金焊条
A（奥）	奥氏体不锈钢焊条	L 或 Al（铝）	铝及其合金焊条
W（温）	低温钢焊条	TS（特殊）	特殊用途焊条

2. 实芯焊丝

（1）实芯焊丝牌号表示方法

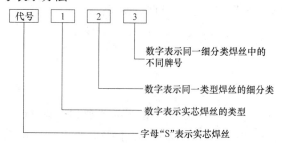

（2）实芯焊丝牌号中第1位数字的意义见表3-12。

实芯焊丝牌号中第1位数字的意义　　　　　　　　　　　表3-12

牌　　号	焊丝类型	牌　　号	焊丝类型
S1XX	硬质合金焊丝	S6XX	铬钼耐热钢焊丝
S2XX	铜及铜合金焊丝	S7XX	铬不锈钢焊丝
S3XX	铝及铝合金焊丝	S8XX	铬镍不锈钢焊丝
S4XX	待发展	S9XX	待发展
S5XX	低碳及低合金钢焊丝	S0XX	其他类型焊丝

六、保温材料

保温材料的种类很多，常用的有矿渣棉制品、玻璃纤维制品、泡沫塑料制品、膨胀珍珠岩制品、膨胀蛭石制品、软木制品及石棉制品。

1. 矿渣棉制品

矿渣棉制品，毡规格采用长×宽×厚表示，例如沥青矿渣棉毡 1000×750×40、矿渣棉板 1200×600×30 等，注意岩棉及其制品属淘汰产品；矿渣棉管壳采用内径×厚×长表示，例如 25×30×500。

2. 玻璃纤维制品

（1）玻璃棉毡，用长×宽×厚表示，例如沥青玻璃棉毡、酚醛树脂有碱超细玻璃棉毡等。

（2）玻璃棉板，用长×宽×厚表示，如沥青玻璃纤维板、中级玻璃纤维保温板、防潮超细玻璃棉板。

（3）玻璃棉管套，例如中级玻璃纤维保温管套、酚醛树脂有碱超细玻璃棉管套，采用内径×厚×长表示。

3. 泡沫塑料制品

（1）有可发性聚苯乙烯泡沫塑料板材、硬质 PB 型聚苯乙烯泡沫塑料板材，规格用长×宽×厚表示；还有可发性聚苯乙烯泡沫塑料管套，用内径×厚×长表示；性能指标需考虑密度、导热率、使用温度、抗压强度。

（2）有硬质聚氯乙烯泡沫塑料板材、软质聚氯乙烯泡沫塑料，性能指标需考虑密度、导热率、使用温度、抗压强度、吸水性。

（3）脲-甲醛泡沫塑料，其性能指标需考虑密度、导热率、使用温度、耐燃性、弹性、水分。

七、防腐涂料

防腐涂料包括红丹防锈漆、铁红防锈漆、特种带锈防锈除锈底漆、铁黑防锈漆、锌黄铁红过氯乙烯底漆、铝粉铁红酚醛防锈漆、油性调和漆、酯胶调和漆、过氧乙烯防腐清漆、锌黄酚醛防锈漆、酚醛防火漆、乙烯磷化底漆、铁红、铁黑、锌黄环氧酯底漆、红丹醇酸防锈漆、锌黄醇酸防锈漆、铁红醇酸底漆、环氧沥青漆、醇酸树脂漆、环氧树脂漆、环氧防腐漆、沥青耐酸漆、黑酚醛烟囱漆、醇酸磁漆等。

第三节 金属材料的性能

一、金属材料的物理性能

金属材料的物理性能是指金属材料的密度、热膨胀性、可熔性、导热性、导电性及磁性等性能。

二、金属材料的力学性能

金属材料的力学性能是指金属材料在外力作用下表现出来的特性，如弹性、强度、硬度、冲击韧性和塑性。

1. 强度和塑性

（1）强度：材料在外力作用下抵抗破坏的能力称为强度。

（2）塑性：金属材料在外力作用下发生塑性变形而不破坏的能力叫塑性。

2. 硬度：硬度是衡量材料软硬的一个指标。硬度的物理意义随着试验方法不同而不同。

常用的硬度试验指标有布氏硬度和洛氏硬度两种。

（1）布氏硬度：是在一定载荷的作用下，将一定直径（一般为 10.5mm 或 2.5mm）的淬火钢球（或硬质合金圆球）压入材料表面，并保持载荷至规定的时间后卸荷，然后测得压痕（凹印）的直径，根据所用载荷的大小和所得压痕面积，算出压痕表面所承受的平均应力值。这个应力值就是布氏硬度。布氏硬度用符号 HBS（或 HBW）表示。

（2）洛氏硬度：是以顶角为 120°的金刚石圆锥体或直径为 1.588mm 的钢球作为压头，载荷分两次施加（初载荷为 100N）的硬度的试验方法。其硬度值以压痕深度 h 来衡量，洛氏硬度用 HR 表示。

3. 冲击韧性：以很快的速度作用于零件上的载荷称为冲击载荷。材料抵抗冲击载荷而不被破坏的能力称为冲击韧性。

第四章　流体力学及热力学基础

第一节　流体力学基本知识

流体包括液体和气体。

一、流体的力学性质

1. 密度和重力密度

（1）质量和重力：质量常用 m 表示，单位为：g（克）、kg（千克）；物体的重力具有方向性，总是垂直地指向地心，常用 G 表示，单位为：N（牛）。质量和重力是两个完全不同的概念，二者的关系为：

$$G=mg \tag{4-1}$$

式中　G——流体的重力，N；

m——流体的质量，kg；

g——重力加速度，一般取 $9.81 \mathrm{m/s^2}$。

（2）密度：对于均质流体，单位体积所具有的质量称为密度。常用 ρ 表示，其计算式为：

$$\rho=\frac{m}{V} \tag{4-2}$$

式中　ρ——流体的密度，$\mathrm{kg/m^3}$；

m——流体的质量，kg；

V——流体的体积，$\mathrm{m^3}$。

（3）重力密度：对于均质流体，单位体积所具有的重力称为重力密度，简称重度，用 γ 表示。其计算式为：

$$\gamma=\frac{G}{V} \tag{4-3}$$

式中　γ——流体的重度，$\mathrm{N/m^3}$；

G——流体的重力，N；

V——流体的体积，$\mathrm{m^3}$。

密度是相对质量而言的，而重度是相对重力而言的。均质流体的重度等于其密度与重力加速度的乘积，即：

$$\gamma=\rho g \tag{4-4}$$

（4）压力、压强和应力

压强和应力的单位是帕斯卡，简称帕，符号是 Pa；1Pa 是在 $1\mathrm{m^2}$ 面积上均匀的垂直作用 1N 的力所产生的压力，即：$1Pa=1N/m^2$；$1MPa=1000kPa$，$1N/mm^2=1MPa$。

（5）标准大气压、工程大气压、毫米水柱和米水柱、毫米汞柱

工程大气压的单位是 kgf/cm^2；米水柱的符号是 mH_2O，是指 1m 高的水柱所产生的压力；毫米汞柱是指 1mm 高的汞（水银）柱所产生的压力，符号是 mmHg。

（6）绝对压力和相对压力

大气对地面产生的压力称为大气压力；大气压力随着海拔高度的增加而减小，通常以空气温度为 0℃时，北纬 45°海平面上的平均压力 760mmHg，作为一个标准大气压。

各种管道、容器上压力表指示的压力是相对压力，也称表压力。相对压力加上外部的大气压力（一般取标准大气压，大约相当于 0.1MPa），即为绝对压力。因此可以说，相对压力就是绝对压力减去大气压力。

当管道或容器内的绝对压力小于周围环境的大气压力时，称为真空状态。

（7）温度和热量

1）温度：温度表示物体冷热的程度。温度有不同的标准，称为温标。

摄氏温标是把一个标准大气压下的冰点作为 0℃，把水的沸点作为 100℃，摄氏度用符号℃表示。热力学温度过去也称为绝对温标或国际温标，单位为开尔文，简称开，用 K 表示。它以宇宙间的最低温度作为 0K（相当于−273℃），其分度值与摄氏度是一样的，这样 0℃便相当于 273K，100℃便相当于 373K，也就是说：开尔文＝摄氏度＋273。此外，在英、美等国还使用华氏度，符号是℉。摄氏度、华氏度及开尔文的换算关系如下。

$$华氏度(℉)=\frac{9}{5}\cdot 摄氏度(℃)+32 \tag{4-5}$$

2）热量

热量的法定计量单位是焦耳，简称焦，符号用 J 表示。由实验可以知道，1kg 水温度升高或降低 1K 时，吸收或放出的热量是 4.18×10^3 J。

单位质量的某种物质，温度升高或降低 1K（也可以理解为 1℃）时，吸收或放出的热量，称为这种物质的比热容，比热容的单位是 $J/(kg\cdot K)$。表 4-1 为 10 种常见物质的比热容，从中可以知道，水的比热容最大，是很好的载热体。

常用物质的比热容　　　　　　　　　　　表 4-1

名　称	比热容[$J/(kg\cdot K)$]	名　称	比热容[$J/(kg\cdot K)$]
水	4.18×10^3	砂石	9.2×10^2
冰	2.09×10^3	钢铁	4.6×10^2
酒精	2.42×10^3	铜	3.89×10^2
煤油	2.13×10^3	铝	8.78×10^2
干泥土	8.37×10^2	铅	1.3×10^2

2. 流体的压缩性和膨胀性

流体的压缩性是指当温度不变，流体所受的外界压强增大时，体积缩小的性质。

流体的膨胀性则是指当外界压强不变，流体的温度升高时，体积增大的性质。

当外界压强变化或温度变化时，气体的体积都会有明显的改变，气体的密度和重度也有较大变化，表现出显著的压缩性和膨胀性。而液体的压缩性和膨胀性较小，但在某些特

殊情况下，仍然应考虑水的压缩性和膨胀性，尤其是比较大的密闭容器内的液体，往往会由于体积的膨胀造成容器的破裂、泄漏，酿成安全事故。

3. 流体的黏滞性：是指流体内部质点间或层流间因相对运动产生内摩擦力，阻碍相对运动的性质。没有黏滞性的流体叫理想流体。不同种类的流体都有着不同的黏滞性，如水和油的黏滞性不同。流体的黏滞性受压力影响很小，受温度影响较大。在不同温度下，液体的黏滞性随温度升高而减弱，气体的黏滞性则随温度升高反而增强。

4. 流体的浮力：是指置于液体里的物体所受到向上的托力。根据阿基米德定律，浸在液体里的物体受到向上的浮力的大小等于被物体排开的液体的重量。即：

$$F = \gamma V \tag{4-6}$$

式中 F——浸在液体中物体受到的浮力，N；

γ——液体的重度，N/m^3；

V——物体浸入液体中的体积，m^3。

若物体的重力为 G，浮力为 F，那么决定物体在液体中沉浮的条件是：

（1）当 $F < G$ 时，物体下沉至液体底部；

（2）当 $F = G$ 时，物体悬浮在液体中的任意位置，甚至底部；

（3）当 $F > G$ 时，物体浮在水面，此时物体保持平衡，物体的重力等于该物体所排开的液体的重量。

二、流体力学基础知识

1. 流体的静压力、静压强

静止流体内有压力，这种压力称为流体静压力；作用在整个物体上的流体静压力，叫做流体的总静压力；作用在单位面积上流体的静压力就是流体的静压强，用符号 p 表示，单位是 Pa（帕）。绝对压强（即以绝对真空为零点算起的压强）和相对压强（即以大气压强为零点算起的压强）为度量压强的两种基准。

$$p = \frac{F}{S} \tag{4-7}$$

式中 p——流体的静压强，Pa；

F——流体在面积 S 上产生的静压力，N；

S——流体产生静压力的面积，m^2。

流体静压强有两个基本特性：静压强的方向垂直于作用面，并指向作用面；流体中任意一点各方向的静压强均相等。

2. 液体静压强基本方程

在静止液体内任一点的压强为加在液面上的压强和该点的深度与液体重度的乘积之和。这就是液体静压强基本方程。即：

$$p = p_0 + \gamma h \tag{4-8}$$

式中 p——液体内部某处的静压强，Pa；

p_0——液体表面的压强，Pa；

γ——液体的重度，N/m^3；

h——液体内部某处距液面的高度，m。

由上式可知：液体的压强与容器的形状无关。在不考虑液面压强时，液体的深度和重度决定液体的压强。容器内各点的压强随着该点到液面的距离的增大而增大，各点压强呈直角三角形分布。若容器内各点到液面的深度相同，则压强也相同，这些压强相同的各点构成的面叫做等压面。

三、运动流体的几个基本概念及其关系

1. 流速：运动流体单位时间内通过的距离是流速，常用 v 表示。

2. 过流断面：与流体运动方向垂直的流体横断面是过流断面，也称有效断面，常用 S 表示。

3. 体积流量：流体在单位时间内通过任一过流断面的体积叫做体积流量，常用 Q 表示。

4. 流速、过流断面、体积流量之间的关系为：

$$Q=vS \tag{4-9}$$

式中　Q——流体流经某一过流断面的流量，m^3/s；

　　　v——流体在某一过流断面的平均流速，m/s；

　　　S——某一过流断面的面积，m^2。

5. 运动流体的分类

(1) 有压流、无压流、射流

有压流是指流体运动时承受一定压力，整个边界与固体壁相接触，没有自由表面的流体。若流体运动时，部分边界与固体壁接触，有自由面的流体就是无压流。射流是指流体运动时，整个边界不与固体壁接触，而被包围在其他流体中的流体。

(2) 稳定流和非稳定流

稳定流是指在运动流体的任一空间点处，不同时刻所通过的流体质点的流速、压强等运动要素不变的流体。若这些运动要素随时间变化而变化，则是非稳定流，即是在运动流体的任一空间点处，不同时刻所通过的流体质点的流速、压强等运动要素是变化的流体。

6. 运动流体的连续性方程：无压缩性流体，在稳定流的条件下，同一流段上通过各过流断面的流量相等，这是运动流体的连续性方程。即：

$$Q_1=Q_2 \quad 或 \quad S_1v_1=S_2v_2 \tag{4-10}$$

式中　Q_1、Q_2——任意两个过流断面的流量，m^3/s；

　　　S_1、S_2——任意两个过流断面的面积，m^2；

　　　v_1、v_2——任意两个过流断面的流速，m/s。由连续性方程可知：在通过流量相同的前提下，断面面积大，流速小；反之，断面面积小，流速大。

四、流体的流动阻力与水头损失

1. 基本概念

流体在运动过程中因克服内部黏滞力和外部阻力等的作用将发生能量损耗，克服各种流动阻力所消耗的能量叫做水头损失，分为沿程水头损失和局部水头损失两种。

当流体流过各直管段时，流体与管道内表面之间，流速大小不同的相邻流层之间，由于相对运动而产生摩擦阻力，这种摩擦阻力引起的能耗叫做沿程水头损失。常用 h_f 表示。

当流体流经管路系统中的阀门、突然扩大、突然缩小等管配件时，由于边界条件发生变化，流体的流速也相应发生突然变化，并伴随产生局部旋涡流动及质点间的互相碰撞，在局部地区形成局部阻力而消耗的能量叫做局部水头损失。常用 h_m 表示。

沿程水头损失与局部水头损失之和称为总水头损失。常用 h_w 表示。即：

$$h_w = h_f + h_m \qquad (4\text{-}11)$$

当流体流动时，各质点的迹线相互平行，保持束状或层状的运动状态叫做层流；当流体流动时，各质点的迹线形状很复杂，互相交错，流束互相混杂的运动状态叫做紊流。

2. 水头损失的计算

在管道设计和安装中为经济合理地选择管道，须根据不同形式的水头损失计算总的水头损失。对于圆管沿程水头损失可按达西公式计算。

$$h_f = \lambda \cdot \frac{l}{d} \cdot \frac{v^2}{2g} \qquad (4\text{-}12)$$

式中　h_f——圆管沿程水头损失，m（水柱）；

　　　l——流体流段的长度，m；

　　　λ——沿程阻力系数；

　　　d——管道的直径，m；

　　　v——断面的平均流速，m/s；

　　　g——重力加速度，m/s^2。

对管道变化和管道附件引起的局部水头损失，由实验测定：

$$h_m = \zeta \frac{v^2}{2g} \qquad (4\text{-}13)$$

式中　h_m——局部水头损失，m；

　　　ζ——局部阻力系数；

　　　v——断面的平均流速，m/s；

　　　g——重力加速度，m/s^2。

局部水头损失一般不作计算，其大小可以按管路中零部件的多少，根据沿程水头损失来估算；而沿程水头损失可以按每米管长的沿程阻力数值由下式简化计算。

$$h_f = il \times \frac{1}{1000} \qquad (4\text{-}14)$$

式中　h_f——沿程水头损失，m（水柱）；

　　　i——每米管长的沿程水头损失，其值查表可得，m（水柱）；

　　　l——管路长度，m。

减少水头损失的主要途径是：改进流体外部的边界，向流体内部投入少量的添加剂减阻，用柔性边壁代替刚性边壁。

第二节　蒸汽及理想气体状态方程

一、液体的汽化、蒸发和沸腾

物质由液态变成气态的过程叫汽化；从物质的气态变成液态的过程叫液化或冷凝；汽

化是一个吸热过程，而冷凝则是一个放热过程。

蒸发是指液体表面附近动能较大的分子克服表面张力飞散到空间去的汽化过程。与此相反，液体蒸发的同时，空气中的蒸汽分子被碰撞回到液面，变成液体，这是蒸汽的凝结过程。对液体加热，温度升高，蒸发加快，若液体的表面空间没有限制，过一段时间，液体就会全部蒸发掉，这时，蒸发的速度大于冷凝的速度。在密闭的容器中，蒸发和冷凝同时进行，经过一段时间，空间的蒸汽分子数基本不变，蒸发的速度与冷凝的速度基本相等。气体和液体处于动态平衡中，这种状态叫饱和状态，此时的蒸汽叫饱和蒸汽；液体叫饱和液体；气体和液体的温度叫饱和温度；蒸汽的压力叫饱和压力。饱和状态下，饱和压力随着温度升高而升高，饱和温度也随着压力的增大而增大；反之亦然。

在一定压力下，对液体进行加热，随温度的升高，液体内部出现的小气泡变大冲出液面，释放大量蒸汽，这种在液体内部和表面同时进行汽化的过程就是沸腾。沸腾时的温度叫沸点，或称该压力下的饱和温度。任何一种液体在给定压力下，达到相应的饱和温度时就会出现沸腾。当然，如果将液体压力降到对应温度的饱和压力或之下时，也会出现沸腾。

蒸发是任何温度下都可发生于液体表面的现象；而沸腾是必须在液体温度达到对应压力下的沸点时才会发生于液体内部和表面的现象。

二、水蒸气的形成

在常温下，水分子克服水的表面张力而蒸发，变成蒸汽分子。对处于密封容器内的水加热，使其温度升到饱和温度，并持续加热，水便开始沸腾，逐渐变成蒸汽，水汽共存时蒸汽叫湿蒸汽或饱和蒸汽。随着加热过程的继续，水不断地减少，水蒸气不断增多，直至水全部变成蒸汽，此时的蒸汽叫干饱和蒸汽。在保持压力不变的情况下，对干饱和蒸汽继续加热，蒸汽的温度升高，体积增大，这种状态的蒸汽叫过热蒸汽。对容器中的水加热，水经预热、饱和定压汽化、干饱和蒸汽的定压过热三个过程形成水蒸气。

三、水蒸气的比焓

焓是物质的内能和压力能之和。单位质量的焓称为比焓，用 h 表示，单位为 J/kg。定压下把 1 kg 的水从 0℃加热到任意状态的水或水蒸气所需要加入的热量，叫该状态下的水或水蒸气的比焓。蒸汽的比焓分为干饱和蒸汽、湿蒸汽和过热蒸汽的比焓，其值大小有公式和查表计算两种方法，工程中多用查表计算法。

四、理想气体的状态方程

理想气体是指分子间完全没有吸引力和排斥力的气体。自然界实际上不存在真正的理想气体，但根据工程的需要，实际气体在压力不太高、温度不太低时，一般都可视为理想气体。在任何状态下，当一定质量的理想气体由一种状态变为另一种状态时，其压强和体积的乘积与绝对温度的比值不变，这就是一定质量理想气体的状态方程。即：

$$\frac{p_1 V_1}{T_1} = \frac{p_2 V_2}{T_2}$$

(4-15)

式中　p_1——理想气体在状态 1 时的压强，Pa；

V_1——理想气体在状态 1 时的体积，m^3；

T_1——理想气体在状态 1 时的温度，K；

p_2——理想气体在状态 2 时的压强，Pa；

V_2——理想气体在状态 2 时的体积，m^3；

T_2——理想气体在状态 2 时的温度，K。

由此可知：

1. 玻意尔—马略特定律：一定质量的理想气体，当温度不变时，压强变化与体积变化成反比。即：

$$p_1V_1 = p_2V_2 \tag{4-16}$$

2. 盖·吕萨克定律：一定质量的理想气体，当压强不变时，体积变化与温度变化成正比。即：

$$\frac{V_1}{T_1} = \frac{V_2}{T_2} \tag{4-17}$$

3. 查理定律：一定质量的理想气体，当体积不变时，压强变化与温度变化成正比。即：

$$\frac{p_1}{p_2} = \frac{T_1}{T_2} \tag{4-18}$$

注：三式中的 p_1、p_2、T_1、T_2、V_1、V_2 的意义同式（4-15）。

第三节　热传递方式及热量换算

一、热力学基本概念和定律

热力学是研究物质热现象和热运动规律的科学。

由于某一系统与外界之间存在温差，通过温度高的系统的边界面传递给另一温度低的系统的热能叫热量。常用 Q 表示，单位为 J（焦耳）。

在热量的传递过程中，单位质量的物质在温度升高（或降低）1K（开尔文）时，吸收（或放出）的热量叫比热容。常用 C 表示，单位为 $J/(kg \cdot K)$。

热力学第一定律就是包括热量在内的能量转化和守恒定律。它说明：外界对系统所传递的热量，一部分使系统的内能增加，另一部分用于系统对外所做的功。即：

$$Q = W + \Delta U \tag{4-19}$$

式中　Q——外界传递的热量，J；

W——系统对外作功，J；

ΔU——系统内能的增量，J。

根据热力学第一定律，能量不能创造，也不能消失，但在一定的条件下，可以从一种形式转换成另一种形式，从一个物体转移到另一个物体，转换或转移过程中总能量不变。等压过程、等温过程、等容过程和绝热过程的确立是热力学第一定律能量转换在工程中的应用。

等压过程是指系统在保持压力不变状态下的变化过程；等温过程是指系统在保持温度

不变状态下的变化过程；等容过程是指系统在保持容积不变状态下的变化过程；绝热过程是指在不与外界作热量交换的条件下，系统状态变化的过程。

热力学第二定律主要解决热力过程进行的方向、限度和条件问题，揭示了其客观规律。它说明：在自然界的热现象中，热量不能自动地从低温物体转向高温物体。自然界涉及的热现象的一切过程都是单向进行的、自发的过程，是不可逆的。要实现反向过程，必须有另外的补偿过程。

二、热传递的基本方式

热量由高温物体传递给低温物体的现象叫热传递。尽管传递过程十分复杂，但基本可以看作导热、对流和热辐射三种基本方式的综合。

1. 导热

导热是指当热由物体的一部分传给另一部分或两物体接触时，热由一物体传给另一物体没有发生相对位移的热传递过程。如在铁棒一端加热时可把热传到另一端。

物体的导热能力用导热系数来表示，导热系数值越大，物体的导热能力越强。导热系数与物质的种类有关，液体的导热系数大于气体，固体的导热系数大于液体和气体，金属的导热系数大于非金属。

2. 对流

对流是指依靠流体的运动把热由高温物体传向低温物体的过程。如冬季室内的散热器可以通过空气受热形成对流而提高室温。

对流换热过程的强弱用放热系数来表示。影响对流的因素很多，起主要作用的是流体的流速和物理性质。由于流速越大，对流换热越强，流体在紊流状态下的流速大于层流状态下的流速。所以流体在紊流状态时的对流换热比层流状态时强。

3. 热辐射

热辐射是指热射线在物体表面依靠电磁波来传递热量的过程。在辐射换热过程中，物体对辐射热吸收的百分数叫吸收率；被物体反射的百分数叫反射率；穿过物体的百分数叫透射率。若辐射能完全被物体吸收，这种物体称为黑体，如煤、雪等；辐射能完全被物体反射出去的物体称为白体，如磨光的金属表面等；辐射能完全透过的物体叫透热体，如空气等。理想状态的物体对辐射到本身表面上各种不同波长的热射线表现出同样的吸收率。

在传热的三种基本形式中，导热和对流都必须依靠物体或流体作为中间媒体实现传热，而热辐射则无需媒体只通过电磁波辐射传热。实际传热中，三种形式不是孤立存在的，而是相互渗透的综合过程。对流和导热同时存在的过程称为对流换热过程，简称放热。对流、导热和热辐射三种基本传热同时进行的热量传递叫复合换热。

三、热传递的计算

热传递的三种基本形式中，我们仅考虑稳定传热时的热传递计算。稳定传热是指物体温度随位置变化而不随时间变化的传热过程。

1. 单层平壁导热量

$$Q = \lambda \cdot \frac{t_1 - t_2}{\delta} \cdot S \qquad (4\text{-}20)$$

式中　Q——热流量，W；

　　　　λ——导热系数，W/(m·℃)；

t_1、t_2——高、低温侧壁面的温度，℃；

　　　　δ——平壁的厚度，m；

　　　　S——平壁的面积，m^2。

　　2. 对流换热量的计算

$$Q=\alpha(t_1-t_2)S \tag{4-21}$$

式中　Q——对流换热的热流量，W；

　　　t_1——固体壁面的温度，℃；

　　　t_2——流体温度，℃；

　　　α——传热系数，W/(m^2·℃)；

　　　S——换热面积，m^2。

第五章 起重基础

第一节 常用绳索类型

一、麻绳

麻绳用大麻、线麻、棕麻等拧成，有干麻绳和油麻绳两种。油麻绳耐湿性好，但强度不如干麻绳。干麻绳轻而柔软，使用灵便，易于捆绑和打绳结，但机械强度低，易磨损，适用于扛、抬、拖、拉、起重较轻的物体。

二、尼龙绳

尼龙绳用尼龙纤维捻制而成，它的耐湿性、使用耐久性较好，强度也较高，表面较光滑，但有打结时易脱扣、易着火燃烧的缺点。

三、钢丝绳

钢丝绳是由高强度的钢丝捻制而成的，其强度高，工作安全可靠，与其附件绳夹、吊索、吊具等配合使用，是管道起重吊装常用的绳索。钢丝绳通常由几股子绳和一根植物纤维绳芯捻成，每根子绳又由许多钢丝捻成，钢丝强度为 $1400\sim2000\text{N/mm}^2$，直径有 $0.4\sim3\text{mm}$ 等不同规格。常用的普通式钢丝绳有 $6\times19+1$，$6\times37+1$，$6\times61+1$ 等几种，其结构为 6 股钢丝绳中间夹 1 根含油绳芯组成，每股钢丝绳的根数为 19 根、37 根、61 根。

第二节 绳索的计算与选用

一、绳索破断拉力的计算

计算公式如下：

$$S \geqslant 9.8K \cdot M \tag{5-1}$$

式中 S——绳索的破断拉力，N；

M——牵引或吊装物体的质量，kg；

K——安全系数，对于麻绳：吊重时 $K \geqslant 6$，捆绑时 $K \geqslant 12$；对于钢丝绳，见表 5-1。

二、绳索的选用

1. 绳索的选用是根据其牵引或起吊物体的质量，考虑绳索工作的安全系数，经计算绳索的破断拉力，最后对照绳索的性能选定其规格。

工作条件		安全系数 K	滑轮及卷筒最小直径 D
缆风绳		3.0～3.5	
人力驱动		4.5	$\geqslant 16d$
机械驱动	工作条件较轻	5.0	$\geqslant 20d$
	工作条件中等	5.5	$\geqslant 25d$
	工作条件繁重	6.0	$\geqslant 30d$
起重吊装		5～10	
载人电梯		15	$\geqslant 30d$

注：d 为钢丝绳直径。

2. 选用绳索直径时，计算所得破断拉力值应小于绳索中的破断拉力值。钢丝绳性能参数给出的是钢丝绳破断拉力的总和值，它和绳索破断拉力之间的关系是：

$$S \geqslant S' \psi \tag{5-2}$$

式中　S'——钢丝绳破断拉力总和，N，其值查相关参数表；

　　　ψ——折算系数，考虑钢丝绳受力时各股子绳之间相互挤压摩擦造成受力不均匀而使强度降低的系数。

对 $6 \times 19 + 1$：$\psi = 0.85$；

$6 \times 37 + 1$：$\psi = 0.82$；

$6 \times 61 + 1$：$\psi = 0.80$。

第三节　常用的起重工具

一、滑轮

分为定滑轮、动滑轮、滑轮组，其作用原理是通过滑轮自由旋转的轮子，改变起吊和牵引绳索的方向，达到使用方便、高效地升降或移动物体的目的。

1. 定滑轮：安装在固定位置的滑轮，绳索受力时，轮轴位置不变，定滑轮只能改变受力方向，不能改变牵引绳的速度，也不省力。

2. 动滑轮：安装在能移动的轴上和被牵引物体一起升降，能省一半的力，但不能改变绳和受力的方向。

3. 滑轮组：指一定数量的定滑轮和动滑轮组成的轮系，既可省力又可改变绳和受力的方向。

二、千斤顶

用于顶升或移动较重的设备，或者进行设备位置的校正，液压千斤顶顶升能力为90～200mm，手柄操作力为27～44N，起重范围为1.5～500t。

三、手动葫芦

又名倒链，主要由手拉链条、手链轮、制动器、长短齿轴、起重链条和起重链轮等组成，直接起重高度可达 2.5～5.0m；常见的规格有 1t、3t、5t、10t。利用手动葫芦起吊时，应选择稳固的受力点，倒链需要定期保养、维护，使各部件保持正常的工况。

四、卷扬机

卷扬机分为手摇和电动两种，通常作为牵引工具，与滑轮绳索配套使用时可作为起吊工具；手摇卷扬机又名绞磨、绞车，由手柄、卷筒、钢丝绳、摩擦制动器、止动棘轮装置、小齿轮、大齿轮、变速器等组成；在缺电源，无法使用大型起重机械的情况下使用。

电动卷扬机一般作为升降平台的牵引机械，主要由机架座、蜗轮减速箱、卷筒、刹车装置、电动机及配电装置等部件组成。具有起重能力大、速度任意调节、操作方便、安全等特点。

五、抱杆

又名桅杆、扒杆，是一种简单组合的起吊工具，主要由钢管桅杆、缆风绳、手拉葫芦等组成起吊工具；也可以由钢管桅杆、缆风绳、滑轮组等组成起吊工具。主要用于无法使用大型起重机械，又无合适的起吊支撑点的情况。

第四节　绳索吊装受力工况

绳索吊装最理想的状态是使绳索垂直，一般与垂直线的夹角不宜大于 60°，吊装时每根绳索的受力按下式计算：

$$P = 9.8\beta \frac{m}{n} \tag{5-3}$$

式中　P——绳索实际受力，N；

　　　m——吊装物件的质量，kg；

　　　n——动、定滑轮总数，个；

　　　β——系数，和吊索与垂直线夹角 α 有关，见表 5-2。

α 与 β 的关系　　　　　　　　　　　　　　　　　　　表 5-2

夹角 α	0	15°	30°	45°	60°
系数 β	1.00	1.04	1.15	1.41	2.00

第五节　管道起重吊装的基本操作

一、吊装工具的选用

1. 吊装形式选择

在管道安装工程中，室外露天起吊架空管道，起重机械受场地条件限制不能作业时，一般选择抱杆和葫芦配套的吊装形式。

室内架空管道吊装，必须具有牢固的支撑受力点，起吊高度过高、重量较小时可采用绳索和滑轮组合的吊装形式。

2. 滑轮、葫芦、抱杆的选用

在选用起吊工具时，应根据选择的吊装形式、起吊物体的重量和形状，合理确定数量和规格，满足单个工具的实际承受拉力不大于额定承受拉力的要求，同时，应考虑附件的重量。在多个葫芦或滑轮同时工作时，应使其同时启动，均匀受力。

二、绳索的系结

俗称打绳扣，图 5-1 所示为麻绳的各种绳扣的形式。

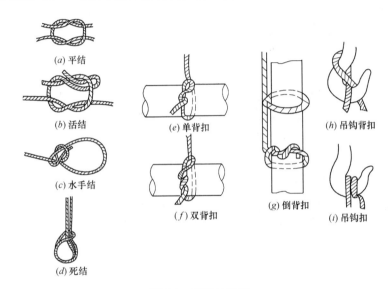

图 5-1　麻绳的结扣

三、吊装搬运的基本方法

管道、设备搬运和吊装的方法有滑动、滚动、抬运、推运、撬别、点移、卷拉、顶重和吊重等几种，其具体操作方法如下：

1. 滑动是将重物放在水平面或斜面滑道上，用卷扬机或人力拖或推重物移动，用于短距离移动重物。

2. 滚动就是在重物下面垫滚杠，使重物在滚杠上移动，如掌握好滚杠方向还可使重物作转向移动。

3. 抬运：当运输重量在 4900～9800N 以下的小型轻便的附件、设备和较细的管子时，往往由于通道线路的狭窄或有障碍物等不便使用机械的场所，可用肩扛人抬的方法。

4. 推运就是用手推车运输重物的方法，装车时应注意车前面要稍重一些，卸车时要防止重物突然从前边滑下，而使车把翘起伤人。

5. 撬别是用撬棍把重物撬起来，或者别在支点上使重物左右移动，适用于物体重量在 19.6～29.4kN 以下，升起高度不大或短距离移动的地方。

6. 点移就是利用撬棍撬起重物后，向前或向左右，使重物移动的方法。

7. 卷拉就是把两根绳子分别缠绕在管子两端，绳一端固定，另一端由操作人员拉动，使管子在绳套里滚动，使其上卷或下放的方法，多用于地沟或直埋敷设的管道。

8. 顶重就是利用千斤顶将重物顶起来。

9. 吊重方法有两种：一种是用绳子通过高于安装高度的固定点（滑轮），把管子吊到高处，此种方法适用于管径较小的管道和重量较轻的设备、附件的吊装。另一种方法是利用人字架、三脚架、桅杆，通过倒链、滑轮和卷扬机把设备和管道吊到安装高度。

四、吊装作业的安全注意事项

1. 吊装作业前应编制吊装方案，制定安全技术措施，其中劳动力安排、施工方法的确定、机具设备的选用均必须符合安全要求，并应对操作人员进行安全技术交底。

2. 检查工具、绳索等是否满足吊装重量、几何尺寸等要求，并进行核算验证。

3. 操作人员应经专门培训的起重工种和相关工种，卷扬机操作人员一定要熟悉机械性能、操作方法。

4. 吊装时，应注意保护设备安全，避免接近各种架空电线、灯具等设施。

5. 配合吊装进行高空操作的人员应注意防滑、防拌、防坠落，采取必要的安全措施。

6. 管子就位后应安装支架固定，不许浮放在支架上，以防滚下伤人。

7. 吊装区域内，应划分施工警戒区，并设标志，非施工人员不得入内，施工人员应熟悉指挥信号，不得擅离职守。

8. 起吊物体下不得有人行走或停留，重物不能在空中停留过久。

9. 采用抱杆时，缆风绳和地锚必须牢固；雷雨季节，露天施工的桅杆应装设避雷装置。

第六章　施 工 准 备

第一节　技 术 准 备

一、资料准备

领取施工设计图纸，施工合同，以及相关的施工验收规范和地方标准图集，建立管道工程设备安装项目的专用台账。

二、熟悉图纸和施工验收规范

图纸、规范是施工的依据，开工前必须认真审核设备布置平面图、安装图、系统图、施工说明以及标准大样图，并结合施工验收规范及其他必要的技术文件，做到熟悉工程内容、了解设计意图、明确施工操作的要点。

三、接受施工组织设计交底

施工组织设计是指导施工的法规，开工前必须接受施工组织设计交底，否则就不能开工。施工组织设计主要内容包括施工部署、施工方案、施工计划（进度计划、材料计划、人力计划等）、现场平面设计、安全技术措施等。

四、收集设备、材料技术资料

包括设备材料合格证、使用说明指导书等，例如：管材及附件出厂合格证、出厂检验报告；PP-R、PVC-U 等管材厂方所提供的技术资料（管材规格、性能、适用范围、施工方法、专用工具的种类和使用方法说明书等）；生产厂出具的同批产品检验报告与合格证。

五、试验及施工人员技术培训

试验及施工人员技术培训，新材料、新设备、新技术、新工艺的试验以及施工人员技术培训等也是技术准备的重要内容。

六、施工现场踏勘

施工现场踏勘目的在于掌握现场有关情况和施工条件等资料。

第二节　设备物资准备

一、管材、管件外观检查

主要查看表面有无裂纹、缩孔、夹渣、折叠和重皮；螺纹密封面是否完整、有无损伤、有无毛刺；镀锌钢管内外表面的镀锌层是否有脱落、锈蚀现象；非金属密封垫片是否质地柔韧、有无老化变质或分层现象，表面是否有折损、皱纹等缺陷；法兰密封面是否完整光洁，是否有毛刺及径向沟槽；螺纹法兰的螺纹是否完整、有无损伤。

二、阀门及其附件的现场检查

主要查看阀门的型号、规格是否符合设计要求；阀门及其附件是否配备齐全，是否有加工缺陷和机械损伤；操作机构是否动作灵活，有无卡涩现象；阀体内是否清洁，有无异物堵塞。

第三节　工具、机具准备

一、工具、机具检查

工机具准备的任务就是根据需要配置足量、性能良好的工机具，例如：红外线测温仪、噪声测试仪、超声波流量计、游标卡尺、千分尺、塞尺、钢卷尺、水平尺、压力表、氧气表、乙炔表、水准仪等。

二、试验用仪器仪表检测

施工过程中使用的各种计量器具按检测周期及时送交所属省市检测部门检测，经检测合格后方可使用，登记台账设置责任人管理。

三、配备常用工程软件

配置 Project 工程管理软件、PKPM 技术资料管理软件、AutoCAD 绘图软件等。

四、接入网络

设置管工办公区的公司局域网络，联网办公。

五、办公设备配置

台式电脑，数码相机，传真扫描复印等多功能打印机，彩色打印机，投影机（交底教育用）。

第四节　现场准备

建筑工程的现场准备主要指"三通一平"，即通水、通电、通路；"一平"则是场地平整。

一、临时设施搭设

包括临时用水的设置、临时用电的设置、现场操作人员食堂设置、现场管工施工队组值班室的设置、现场管工施工队组人员隔离室的设置、施工现场工具库房的设置、施工现场材料堆放场地设置、管工施工操作人员生活区的确定、管工施工现场材料库房的确定、施工现场加工场地的确定、管道施工废弃物及办公生活垃圾的堆放、管工施工现场消防设备及工具的布置。

二、预埋件和预留孔洞

室内管道安装工程施工前，应对预埋件和预留孔洞的位置、大小、数量等进行检查和处理。

三、施工测量

室外管道施工前建设单位应组织有关单位向施工单位进行现场交桩；临时水准点和管道轴线控制桩的设置应便于观测且必须牢固，并应采取保护措施；开槽铺设管道的沿线临时水准点、管道轴线控制桩、高程桩，应经过复核方可使用，并应经常校核；已建管道、构筑物等与本工程衔接的平面位置和高程，开工前应校测。

第五节 操作人员的准备

一、操作人员培训和考试

考试包括理论考试和实际操作考试，各工种必须持证上岗。

二、操作人员配置

在管工操作技术工人配置方面，应加派安装操作管工技师，其他选用具有多年安装经验的优秀管工施工操作技术人员进行施工。

三、操作人员配置比例

管工技师与管工其余各级之间的比例严格控制在 1：3：9：27 之内，以确保给水排水及采暖和空调水等管道工程各项质量目标的实现。

四、储备管道工程设备安装技工的劳动力资源

1. 可待上岗的管工高级技师和技师的人数。

2. 可待上岗的管工高级和中级工，操作技术工人的能力达到参加并完成与本管道工程项目两个同等类型的综合性建筑给水排水及采暖和空调水管道及其设备安装经验以上；待用人数可调节到本管道工程的有多少人。

3. 可待上岗的初级工，配合操作技术工人的施工现场经验达到 3 年经验以上；待用人数可调节到本管道工程的有多少人。

第七章 钢管道防腐、预制

第一节 钢管道腐蚀与防腐蚀措施

一、金属材料的腐蚀

钢管道由钢铁材料制成，化学腐蚀和电化学腐蚀均有发生。

二、管道防腐措施

管道防腐采取金属镀层（镀锌、镀铬）、金属钝化、阴极保护及涂刷涂料等方法。但使用最多的是涂刷涂料和阴极保护。一般地面上管道，以化学腐蚀为主，多采用涂刷油漆防腐涂料防腐。而埋设在地下的管道，化学腐蚀和电化学腐蚀兼有，多采用绝缘防腐层防腐和阴极保护防腐等方法。

三、绝缘防腐层防腐

埋地管道防腐常采用绝缘层防腐法即在管道外包扎绝缘层，将其与作为电解质的土壤隔开，增大管道与土壤间的电阻，从而减小腐蚀电流，达到防腐目的。

目前，常用的有石油沥青防腐层、环氧煤沥青防腐层、煤焦油磁漆防腐层、聚乙烯防腐胶带防腐层、聚乙烯热塑涂层防腐层等。

四、管道阴极保护防腐

金属管道阴极保护是电化学防腐方法，常见阴极保护的方法有牺牲阳极法和强制电流阴极保护法及排流保护法；对于长距离输送管道等大型管道工程，一般要将绝缘防腐层防腐与电化学保护同时使用，称为联合保护，如输油管道、燃气管道。

第二节 钢管道表面处理

机械除锈分为人工除锈和喷砂除锈；化学除锈可采用酸洗除锈。

一、表面锈蚀程度区分

1. 微锈：氧化皮完全紧附，仅有少量锈点为微锈。
2. 轻锈：部分氧化皮开始破裂脱落，红锈开始发生为轻锈。
3. 中锈：部分氧化皮破裂脱落，呈堆粉状，除锈后肉眼可见腐蚀小凹点为中锈。
4. 重锈：大部分氧化皮破裂脱落，呈片状锈层或凸起的锈斑，除锈后可见麻点或麻坑者为重锈。

二、工具除锈

1. 手工工具除锈：用榔头敲击钢表面的厚锈和焊接飞溅，用钢丝刷、铲刀、砂布等刮或打磨，直至露出金属光泽。

2. 手提式动力除锈：是由动力驱动的旋转式或冲击式除锈工具，常用手提式电动钢丝刷。

3. 电动除锈机除锈

固定工作式除锈机适用于 $DN200\sim400$ 管子除锈，一般钢管锈蚀，除锈小车走两遍即可。对于比较严重的锈蚀除锈小车可走 $3\sim4$ 遍。

移动工作式除锈机是将除锈机套在钢管上除锈的机具，刷环的钢丝刷用弹簧紧压在钢管表面上以后，再开动行走轮，则一边前进一边除锈，这种除锈机行进速度可达 $300m/h$ 左右。

三、喷或抛射除锈

此法能使管子表面变得粗糙而均匀，增强防腐层对金属表面的附着力，并且能将钢管表面凹处的锈污除掉，除锈速度快，故实际施工中应用较广。

1. 敞开式干喷射：采用压缩空气通过喷嘴喷射清洁干燥的金属或非金属磨料，现场喷砂方向尽量与风向一致，喷嘴与钢管表面呈 $70°$ 夹角，并距离管子表面约 $10\sim15cm$。

2. 封闭式循环喷射：采用封闭式循环磨料系统，用压缩空气通过喷嘴喷射金属或非金属磨料，开动压缩空气机喷砂，钢管一边前进一边除锈。

3. 封闭式循环抛射：用离心式叶轮抛射金属磨料与非金属磨料。

四、管道酸洗配方和步骤

将管子完全或不完全浸入盛有酸溶液的槽中，钢管表面的铁锈便和酸溶液发生化学反应，生成溶于水的盐类。然后，将管子取出，置于碱溶液中和。再用水把管子表面洗净，并烘干，涂底漆。酸洗槽用耐酸水泥砂浆和砖砌成，表面涂 2mm 厚的沥青保护层。也可以用混凝土浇筑而成。混凝土表面用耐酸砂浆砌一层釉面砖。

实际操作中，酸溶液的浓度为 $5\%\sim10\%$（按质量分数），盐酸的温度不高于 $30\sim40℃$，硫酸的温度不高于 $50\sim60℃$。酸洗操作时，操作人员应戴好防护用品。酸洗后必须用碱中和并用水清洗干净，否则将产生相反的效果。

第三节 钢管道调直与整圆

一、管道调直

管子调直分冷调和热调。一般情况下，小于 $DN100$ 的管子用冷调，大于 $DN100$ 的管子用热调。

小于 $DN25$ 的管子可在普通平台上用木槌敲击管子凸出部位进行冷调。调直时先从大弯调起，继而再调小弯，直至调直为止。

对于大于 $DN25$ 的管子，要在特制工作台上调直，如图 7-1 所示。操作时摇转丝杠，将压块提高到适当高度，放入待调直的管子。把管子凸出部位朝上放置，担于两个支块之间，并调整支块间距离，然后旋转丝杠使压块下压，把凸出的部位压下去。经过反复数次，即可将管子调直。

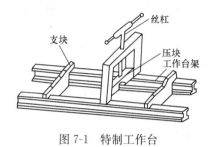
图 7-1　特制工作台

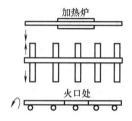
图 7-2　弯管热调直示意图

大口径管（DN100 以上）一般采用加热调直。即将管子弯曲部分放于烘炉上加热到 600～800℃以后，平放在用多根管子组成的滚动支承架上滚动，依靠管子自身的重量将管子滚直。如图 7-2 所示。热调直管子时，所有支承管必须放在同一平面上。管子滚直后必须用水或油进行冷却定型，以防再次弯曲。

二、管道整圆

管子不圆，校正方法有锤击校圆、特制对口器校圆和内校圆器校圆等。

1. 锤击校圆：如图 7-3 所示，用锤均匀敲击椭圆的长轴两端附近，并用样板检验校圆效果。

2. 特制对口器校圆：特制对口器如图 7-4 所示，适用于大口径且椭圆度较轻的管子。把圆箍套进圆口管的端部，并使管口露出约 30mm，使之与椭圆管口相对。在圆箍的缺口内打入锲铁，通过锲铁的挤压使管口变圆。

3. 内校圆器校圆：如果管口变形较大，可用内校圆器校圆，如图 7-5 所示。

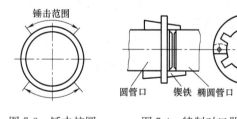
图 7-3　锤击校圆

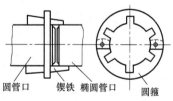
图 7-4　特制对口器校圆

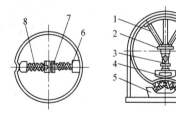
图 7-5　内校圆器校圆示意图
1—支柱；2—垫板；3—千斤顶；4—压块；
5—火盆；6—螺母；7—板把轴；8—螺纹

第四节　管道量尺与下料

一、管道量尺

通常说的管段是指两管件（或阀件）之间，由管子和管件组成的一段管道。两管件

（或阀件）的中心线之间的长度称为构造长度，管段中管子的实际长度称为展开长度或下料长度。量尺的目的就是要得到管段的构造长度，进而确定管子加工的下料长度。如图7-6所示。

1. 直线管道的量尺：直线管道，只需用钢尺或皮尺准确丈量实地距离即可得到管段的构造长度，如图7-7所示，对直管段 CD 量尺时，使尺头对准前方管件的中心，就后方管件中心点的尺位置读数，得 L_1 为直管段 CD 的构造长度。

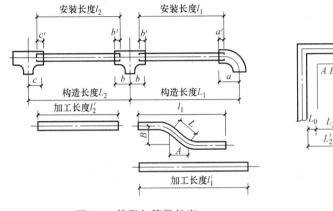

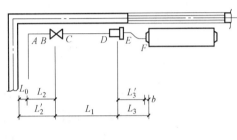

图 7-6　管段与管段长度

图 7-7　量尺方法示意图

2. 穿越基础洞的垂直管道量尺：使尺头对准基础预留孔洞的中心，读取尺面与一层地坪面接合点读数，再加上一层上第一个管件（或阀件）的设计安装高度，则得到该穿越管段的构造长度。

3. 跨越两个楼层的立管量尺：首先确定各楼层管段的安装标高并在墙上画出定位点，用线锤吊线画出立管安装的垂直中心线，再将皮尺穿过楼板洞，在中心线上测量两定位点之间的距离，即可得到该跨越楼层管段的构造长度。

4. 沿墙、梁、柱等建筑物实体安装的管道量尺如图7-7所示，量管段 AB 的尺寸时，使尺头顶住建筑物的表面，在另一侧管件的中心位置进行读数为 L_2'，那么，从读数中减去管道安装中心线与建筑物实体的距离 L_0（L_0 为规范规定的数值）即可得到管段 AB 的构造长度。

5. 与设备连接的管段量尺如图7-7所示，对管段 EF 量尺时，使尺头顶住设备的接管边缘，在另一侧管件的中心位置进行读数，L_3' 为管段 EF 的构造长度；若管道和设备采用螺纹连接时，还应加上螺纹拧入管件的深度。此时，管段 EF 的构造长度为 L_3。管螺纹拧入深度的要求见表7-1。

管螺纹拧入深度						表 7-1
公称直径(mm)	15	20	25	32	40	50
螺纹旋入长度(mm)	11	13	15	17	18	20

二、管道切割下料

1. 管道切割下料长度

管段的构造长度包括该管段的管子长度加上阀件或管件的长度，因而，要计算管子的下料长度，就要除去管件或阀件占有的长度，同时再加上丝扣旋入配件内或管子插入法兰内的长度。

常用的下料长度计算方法有计算法和比量法两种。计算法需要了解各种不同材质、不同管件的结构数值，因此，在实际安装施工过程中很少采用，常用的是比量法。

比量法是在地面上将各种配件按实际安装位置的距离排列好，然后用管子比量，从而定出管子的实际切割线。具体方法是：先在钢管一端套丝、加填料、拧紧安装前方的管件，在管子的另一端用连接此管后方的管件进行比量，使两管件之间的中心距离等于构造长度，再从管件边缘向里量螺纹拧入深度后，即可得到实际的切割线。

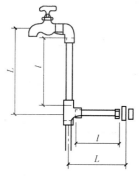

图7-8 比量法下料

如图7-8所示，三通至活接头的构造长度为 L，按图中比量法在地面上进行实际比量，可量得实际下料时管子的长度为 l。

法兰连接的管道，也可以采用比量法下料，只是螺纹拧入的长度，改为管子插入法兰的长度及管件加工的长度。

2. 管道切割：有锯割、磨割、管子割刀切割、砂轮切割机切割、切管机切割等多种方法；切口平面倾斜偏差应不大于管子直径的1%，且不得超过3mm。高压管或不锈钢管切断后应及时标上原有标记。

（1）锯割：手工锯割，多用手切断 $DN50$ 以下的各种金属管和非金属管（塑料管、胶管等），锯床锯割用于切割成批量的和直径较大的各种金属管、非金属管。锯割时始终保持锯条与管中心线垂直，壁厚不同应选用不同规格的锯条。薄壁管应选用细牙锯条，厚壁管应选用粗牙锯条。安装锯条时，锯齿应前倾，锯条要上紧、上直。锯口要锯到底，不能采用不锯完而掰料的方法，以免切口残缺不齐。

（2）管子割刀切割：用于切割 $DN100$ 以下的薄壁管，不适用于铸铁管和铝管。一号割刀适用于 $DN25$ 以下、二号割刀适用于 $DN50$ 以下、三号割刀适用于 $DN75$ 以下、四号割刀适用于 $DN100$ 以下的管子。其操作方法和步骤如下：

1）在被切割的管子上划上切割线，放在龙门压力钳上夹紧。

2）将管子放在割刀滚轮和刀片之间，刀刃对准管子上的切割线，旋动螺杆手柄夹紧管子，并扳动螺杆手柄绕管子转动，边转动边拧紧，滚刀即逐步切入管壁，直至切断为止。

3）管子割刀切割管子会造成管径不同程度的缩小，须用绞刀插入管口，刮去管口收缩部分。

（3）砂轮切割机切割：用于切割碳钢管、合金钢管、不锈钢管；切割时，首先检查砂轮片是否完好无裂纹，并在被切管上划上切割线，将其置于夹持器中，找正、垫平稳后，摇动手轮夹紧管子，然后右手握手柄，并打开电源开关，待轮速正常后，右手下压使砂轮片接近管子对正切割线并轻轻下压，管子即将断时，应减小压力，直至切断。管断后，断开电源，旋转手轮将管取出；切管时，旋压不得过大，以免砂轮片崩破伤人。管子切断后，应及时清理管口的毛刺和铁屑。

（4）切管机切割：用于大直径管及合金钢管的切割，切管前应熟悉切管机操作使用说明书，了解其性能，严格按规程操作。切割不锈钢管时，切割速度应控制在碳钢管的50%以下。

（5）氧乙炔焰切割：又称气割，主要用于大直径碳素钢管及异形复杂切口的切割。

1）割嘴应保持垂直于管子表面，待割透后将割嘴逐渐前倾，倾斜到与割点的切线呈70°~80°角。

2）气割固定管时，一般从管子下部开始。

3）气割应根据管子壁厚选择割嘴和调整氧气、乙炔压力。割嘴号码、氧气压力与割件厚度相对应。

（6）等离子切割：用于切割不锈钢管、有色金属管。镍铬不锈钢管若用等离子切割，切割后应用铲、砂轮将切口上熔瘤、过热层及热影响区（一般为2~3mm）除去。

第五节　钢管道加工

一、管道坡口

坡口的形式和尺寸当设计无规定时，按表7-2中规定执行，在施工工地上，小管径管道坡口多用錾削、锉削方法加工，大管径管道坡口多用气割方法加工。

坡口形式和尺寸　表7-2

坡口名称	坡口形式	坡口尺寸(mm)			
1型坡口		单面焊	壁厚 S	≥1.5~2	≥2~3
			间隙 c	0~0.5	0~10
		双面焊	壁厚 S	≥3~3.5	3.6~6
			间隙 c	0~1.0	0.9~2.5
V型坡口		壁厚 S		≥3~9	≥3~26
		坡口角度 a		(70±5)°	(60±5)°
		间隙 c		1±1	0~3
		钝边 P		1±1	0~3

二、管道缩口

又称摔管，是指缩小较大直径管子的管端直径，使之成为同心大小头或偏心大小头的加工过程。

1. 操作方法：可采用烘炉或气焊燎烤的方法将欲加工的管端进行预热，边加热边转动管子，以使管子预热均匀；当管子加热端呈橘红色时，取出管子放在铁砧上，用手锤对其外表面从后向前进行锻打，边打边转动管子，直至使小头部分加工成均匀收缩状，如图7-9所示。

2. 操作要领及注意事项：锻打时应保持锤面与管面垂直，管口要求收缩较大时，可分多次加工成形。

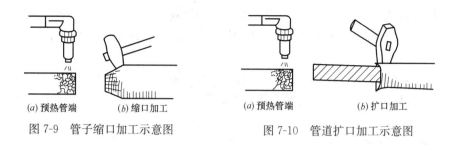

(a)预热管端　(b)缩口加工

图 7-9　管子缩口加工示意图

(a)预热管端　(b)扩口加工

图 7-10　管道扩口加工示意图

三、管道扩口

管子扩口加工是指将管子端部口径扩大的操作过程。

1. 操作方法：采用烘炉或气焊燎烤的方法对管端进行预热；管子扩口加热端呈橘红色时取出管子，并将加热端套在圆钢柱上，用手锤对其外表面进行锻打，直至使管端处的管口扩大到要求尺寸，如图 7-10 所示。

2. 操作要领及注意事项：扩口时，只允许扩大一级管径，以免管壁过薄。扩口后的管端不应有皱折、裂纹和管壁厚薄不均等缺陷，管口应圆正、平直，不得出现凸凹不平的现象。

四、钢管螺纹制作

也称套螺纹，是指在管子端头加工管螺纹的操作，有手工加工和机械加工两种方法。

1. 手工制作螺纹的工具

手工加工管螺纹所使用的主要工具是板牙架。板牙架又称铰板、套丝板、套螺纹板。有普通式、轻便式和电动式 3 种。这里重点介绍普通式。

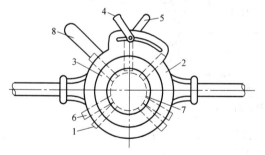

图 7-11　普通式板牙架

1—牙体；2—前挡板；3—本体；4—带柄螺母；5—松扣柄；
6—顶杆；7—管子外壁；8—后挡板手柄

普通式板牙架如图 7-11 所示，由下列构件组成：

（1）板牙：不同规格的板牙架都配有不同数量（副）的板牙，例如，2″、(11/4)″的板牙架均配有 3 副板牙，每副板牙都有一定的适用范围。每副板牙由 4 个牙体组成，每个牙体都开有斜槽，通过斜槽与前挡板的螺旋线相配合。

（2）前挡板：前挡板通过弧形槽与紧固螺丝连接，通过螺旋线梢（位于前挡板背面）与板牙的斜槽配合，以控制板牙。当前挡板逆时针转动时，4 个牙体同时向本体中心聚拢，顺时针转动时，则同时向本体边缘离去。前挡板内缘刻有管径标识字样和 A 字标记，外缘刻有①、②、③、④四个序号。

（3）本体：本体与前挡板连接，前挡板可沿弧形槽在本体上转动。本体平面外缘刻有三个"0"和 A 字标记，分别与前挡板上的字样和标记相对应。本体侧面，每隔 90°有一个长方形牙体槽（共四个），当本体 A 与前挡板 A 标记转到一条线上时，前挡板上①、②、③、④序号正对本体上的牙槽，此时可将牙体从本体上退出或装入。

（4）紧固螺丝：紧固螺丝是由一个带柄螺母和螺栓组成。螺栓与松扣柄相连，并插在前挡板的弧形槽内，前挡板转到需要的位置时，旋紧带柄螺母，可以将前挡板固定在本体上，不再转动，以保证套丝工作能顺利进行。

（5）松扣柄：螺纹套好以后，把松扣柄顺时针旋转，即能使板牙与螺纹间离开一段距离，以便将套丝板顺利从管头上取出；松扣柄另一用途是当螺纹接近套完时，在扳转套丝板的同时，用手慢慢松开松扣柄，可使套出的螺纹带有锥度，从而提高螺纹连接紧密性。

（6）后挡板和顶杆：后挡板朝里的一面也有螺旋线梢（表面看不见）与顶杆相配合。顶杆共3个，向后挡板的一面有螺纹槽沟，与后挡板配合。转动后挡板手柄，3个顶杆就能同时向中心聚拢或离开，借助3个顶杆，将套丝板固定在管头上。

（7）板把：即手柄。扳动板把完成螺纹制作。

2. 管螺纹加工要求

（1）管螺纹加工长度：管螺纹加工长度应符合表7-3中要求。

管螺纹的加工尺寸

表7-3

公称直径(mm)	短螺纹		长螺纹		连接阀门螺
	长度(mm)	螺纹数(牙)	长度(mm)	螺纹数(牙)	纹长度(mm)
15	14	8	50	28	12
20	16	9	55	30	12.5
25	18	8	60	26	15
32	20	9	65	28	17
40	22	10	70	30	19
50	24	11	75	33	21
65	27	12	85	37	23.5
80	30	13	100	44	26

（2）质量要求：加工好的管螺纹应端正，断牙和缺牙的总长度不超过螺纹全长的10%，且各断缺处不得纵向贯通；螺纹要有一定的锥度，松紧适当。

3. 手工制作管螺纹方法步骤及操作要点

（1）装板牙：根据管径选用相应的板牙，旋转前挡板，使前挡板上和本体上的"A"对齐，按序号将板牙装进套丝板的板牙槽内（注意要按照标盘的刻度依次序安装，绝对不能调换任意两副板牙的位置，也绝对不能将一副板牙和另一副板牙混用，否则会造成乱丝现象）；再转动前挡板，使前挡板上与管子直径对应的刻度线对准本体上的"0"刻度线，旋紧紧固螺丝，板牙安装完毕。

（2）固定管子：将管子水平固定在管子压力钳上，加工端伸出150mm左右。

（3）上套丝板：松开套丝板顶杆，将套丝板套在管口上，转动后挡板手柄，使套丝板固定在管子端上。

（4）套丝：开始套丝时，应面向板牙架，双手握住板把两侧，一边用力顺时针旋转板牙架把手，一边用力向前推进，直至板牙架在管端带上扣（感觉到吃劲且进入两扣时）。然后站在管端的侧面，一手压住板牙架面，一手顺时针方向转动板牙架。当套进2～3扣丝时，应在管头上加润滑油以冷却润滑板牙。

$DN25$ 以下的管螺纹加工时，可一次套成；$DN25\sim40$ 以内的管螺纹加工时，宜分两次套成；$DN50$ 以上的管螺纹加工时，应分三次套成。分几次套制螺纹时，前一次或两次板牙架活动标盘对准固定标盘上的刻度时，应略大于相应的刻度。

套制短螺纹（长度小于 100mm 且两端带螺纹的短管）时，可先在长管一端套制螺纹，后切断所需长度的管子，将螺纹端与接有管箍的管子相连并固定在管子钳上，然后再按上述方法套制另一端的管螺纹。

（5）退板牙架：待螺纹加工到接近规定长度时即可开始退出板牙架。为了保证加工出的螺纹有一定的锥度，退板牙架时要边转动板牙架，边顺时针方向旋松板牙松紧把手到最大位置，保证在 $2\sim3$ 扣内松完。然后调节顶杆，将板牙架从管子上卸下。

（6）卸板牙：板牙架不用时，松动板牙松紧把手和标盘固定把手，旋转活动标盘到极限位置，即可取下板牙。

4. 机械制作螺纹

是采用电动套丝机制作螺纹，不仅可以制作管螺纹，同时具备切断管子的功能，故又名切管套丝机，其外形结构如图 7-12 所示。常用套丝机规格见表 7-4。

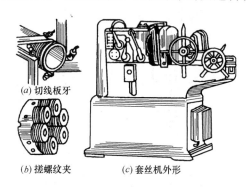

(a) 切线板牙
(b) 搓螺纹夹　　(c) 套丝机外形

图 7-12　电动套丝机

电动套丝机规格　　　　　　　　　　表 7-4

型号	规格(mm)	适用范围	电源电压(V)	电机功率(W)	转速(r/min)	重量(kg)
Z1T-50	50	$DN15\sim50$	220	≥600	≥16	71
Z3T-50			380			
Z1T-80	80	$DN15\sim75$	220	≥750	≥10	105
Z3T-80			380			
Z1T-100	100	$DN15\sim100$	220	≥750	≥8	153
Z3T-100			380			
Z1T-150	150	$DN65\sim150$	220	≥750	≥5	260
Z3T-150			380			

套丝机制作螺纹操作方法如下：

（1）安装套丝机：将套丝机安放平稳，接通电源，检查设备操作、运转是否正常；喷油管是否顺畅喷油，运转方向是否正确；运动部件有无卡阻现象。并根据管径选择合适的板牙且安装到位。

（2）装管：拉开套丝机支架板，旋开前后卡盘，将管子插入套丝机，旋动前后卡盘将管子卡紧。

（3）套螺纹：根据管径调整好铰板，放下铰板和油管，并调整喷油管使其对准板牙喷油。启动套丝机，移动进给把手，即可进行套丝。待达到螺纹长度时，扳动铰板上的手把，退出铰板，关闭套丝机，旋动卡盘，即可取出管子。

（4）切管：如需切断管子，则应掀起扩孔锥和铰板，放下切管器，移动进给手把，调节使切管刀对准切割线，旋转切管器手柄，夹紧管子，并使油管对准刀口，启动套丝机，即可进行切管，边切割，边拧动割管刀的手柄进刀，直至切断管子。

五、管子煨弯

常用弯管形式如图 7-13 所示，制作弯管角度一般要比所需弯曲角度大 3°～5°，以防钢管卸压后回弹造成弯管弯曲角度不足。煨制焊接钢管时，应注意使焊缝位于不受压区域，即在距中心轴线 45°的区域内，置于弯曲平面的上方或下方，不得置于弯曲部分的内侧或外侧。

1. 当管子≤DN25 时，可用携带式手动弯管器制作弯管（需要配备几对与管子外径相适应的胎轮）。

（1）确定管子的起弯、终弯点：根据要求的弯曲角度在弯管胎轮上画出所弯管段的起弯和终弯点。

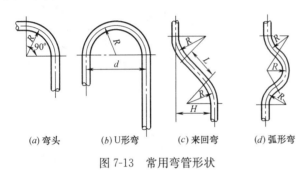

(a) 弯头　　(b) U形弯　　(c) 来回弯　　(d) 弧形弯

图 7-13　常用弯管形状　　　　图 7-14　用手动弯管器弯管操作示意图

（2）弯管：将被弯管段放入弯管胎槽内，使管子一端固定在活动挡板上，慢慢推动手柄，直至将管子弯曲到所要求的角度，最后松开手柄，取出弯制好的管段。如图 7-14 所示。

2. 液压弯管机弯管

液压弯管机由顶胎、管托、液压缸、回液阀组成，如图 7-15 所示。

（1）安装顶胎和管托：首先选取并安装与所弯管子直径一致的顶胎，根据弯曲半径将管托安放在合理的位置。安放管托时，要使两个管托位置对称，并调整两个管托间的距离至刚好使顶胎通过。否则会将托板拉偏或拉坏。

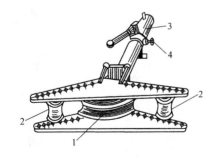

图 7-15　手动液压弯管机
1—顶胎；2—管托；3—液压缸；4—回液阀

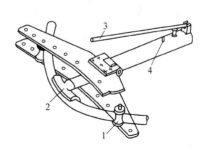

图 7-16　手动液压弯管机操作示意图
1—管托；2—顶胎；3—手柄；4—回液阀

(2) 弯管：将需弯曲的管子放在顶胎与管托的弧形槽中，并使其弯曲部分的中心与顶胎的中点对齐。关闭回液阀，上下要扳动手柄，直至将管子弯成所需的角度，如图 7-16 所示。在扳动手柄的过程中要用力均匀，注意停顿。注意随时检查弯曲角度（用样板测试），不得超过管子要求的弯曲角度，以保弯管质量。

(3) 卸管：打开回液阀，此时顶胎会自动复位，取出弯好的管子。检查角度是否合适。若仍未达到所需的角度，可重新放入，继续按照上述方法进行弯制。

3. 电动弯管机：由电动机通过传动装置，带动主轴及固定在主轴上的弯管模具，一起转动进行弯管。

(1) 安装弯管模、导向模和压紧模：根据管子的弯曲半径和管子外径选取合适的弯管模、导向模和压紧模，并安装在操作平台上，如图 7-17 所示。

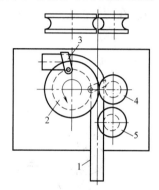

图 7-17　电动弯管机弯管示意图
1—管子；2—弯管模；3—U 型管卡；4—导向模；5—压紧模

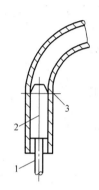

图 7-18　弯曲心棒的放置
1—拉杆；2—心棒；3—管子起弯点

(2) 弯管：将需要弯曲的管子沿导向模放入弯管模和压紧模之间，并调整导向模，使起弯点处于切点位置，再用 U 型管卡将管端卡在弯管模上。启动电动机，当终弯点接近弯管模和导向模公切点位置时停车。

(3) 卸管：拆除 U 型管卡，松开压紧模，取出弯管；当被弯曲管子外径大于 65mm 时，必须在管内放置心棒。心棒的外径比管子内径小 1～1.5mm，置于管子起弯点的前方一点儿，如图 7-18 所示。放置心棒之前在管子内壁或心棒表面涂少许润滑油，以减小心棒与管子内壁的摩擦。

4. 钢管热弯：一般用于煨制 DN75 以上，管壁较厚，弯曲角度大或弯曲半径小的管子。

(1) 备砂：将其筛选、洗净、烘干。

(2) 灌砂、打砂：装满后将管口堵死。

(3) 确定起弯点和加热长度：首先计算钢管加热长度，然后再根据加热长度，用白漆在钢管上划出起弯点和终弯点。加热长度按下式计算：

$$L = \alpha \pi R / 180 \tag{7-1}$$

式中　L——加热长度，mm；

　　　α——弯曲角度，(°)；

　　　R——弯曲半径，mm。

(4) 当管子加热到 850～950℃（颜色呈白亮的火红色）后，即可将钢管抬到弯管台

（可用厚钢板制作，也可用混凝土浇筑而成）上，进行煨弯。

（5）煨弯：将管子弯至所需角度时应用样板检查，达到要求后用冷水将弯曲部分冷却定型即可。

（6）清砂：弯管冷却后，去掉管端木塞，倒出管中砂子，并用压缩空气将管内吹净。

六、管件制作

常需制作的管件有焊接弯头、三通、大小头等。管件的加工制作，首先要在油毡纸上画出管件展开图（放样图），然后再划线、下料、开坡口、组对拼制、焊接。焊接弯头的种类及节数如图7-19所示，其最少的节数见图7-19。

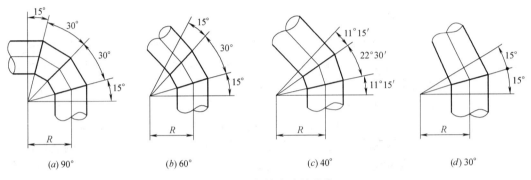

(a) 90°   (b) 60°   (c) 40°   (d) 30°

图 7-19　焊接弯头的种类

第八章　支吊架制作安装和管道的强度应力计算

第一节　管道支吊架类型及其型钢的确定

一、管道支吊架类型

管道支吊架包括用以承受管道荷载，限制管道位移，控制管道振动，并将荷载传递至承载结构上的各类组件或装置（简称"支吊架"）；支吊架在许多情况下，支架或吊架的构件同时承受拉伸和压缩荷载。

1. 承受管道荷载：分为恒力支吊架、变力弹簧支吊架。

2. 限制管道位移：导向装置是用以引导管道沿预定方向位移而限制其他方向位移的装置；限位装置是用以约束或部分限制管系在支吊点处某一（几）个方向位移的装置，它通常不承受管道的自重荷载；固定支架是将管系在支吊点处完全约束而不产生任何线位移和角位移的刚性装置。

3. 控制管道振动：减振装置是用以控制管道低频高幅晃动或高频低幅振动，但对管系的热胀或冷缩有一定约束的装置；阻尼装置：用以承受管道地震荷载或冲击荷载，控制管系高速振动位移，同时允许管系自由地热胀冷缩的装置

二、支吊架使用型钢类型的确定

1. 管道支吊架常用 Q235 钢的型钢或圆钢进行制作；决定支吊架结构形式的主要因素有：管道的强度及总荷载；输送介质的温度、工作压力；管材的线膨胀系数；管道运行后的受力状态；管道安装的实际位置状况。

2. 支吊架的选择，应满足下列要求：满足管道的承重要求，主要为垂直方向的荷载；满足管道位移的控制要求，主要为膨胀或振动产生的移动；满足空间的使用要求，主要为不影响管道的维修及房屋空间的使用；满足成排或多根管道的排列位置要求。

3. 支吊架型钢等的规格型号可通过受力荷载计算和查相应的国家标准图集确定。

三、配套用螺栓、螺母的确定

满足管道的承重要求，根据管径的大小查标准图集确定其规格。

第二节　管道支吊架位置的确定

一、水平管道支吊架位置的确定

1. 水平管道支吊架一般先从距离大管径端 50～80cm 处定位第一个支吊架的位置，然

后按照此管道支吊架最大间距等分同一管径管道的总长度，确定其他部位的支吊架位置，其中，管道变径点两侧50～80cm处需设置两个支吊架；管道穿墙和穿楼板时绝对不能认为墙或楼板可以作为支吊架使用。

2. 支吊架的设置除满足施工规范中要求的直线管道安装时间隔间距规定外，还应在管道穿墙处，上返的水平管或下返的水平管加设支架。还应该根据不同用途的管道，在其使用功能的末端位置设置固定支架，以确保其使用功能的正常发挥。例如在消防喷淋系统中的末端喷头前大于300mm和小于750mm处的管道上，必须设置一个固定的防晃支架。在空调系统中，风机盘管的进出口冷媒水管和凝结水管连接处均应设置支吊架。在给水系统中，在明装水表的前后和水嘴附近应设置固定支架。通过这些支吊架的设置，来保证管道不受各系统使用时所引起的管道振动与变形的影响。

3. 管道支吊架间距应根据管道、附件、保温结构、管内介质的重量对管道造成的应力和应变不超过允许范围进行确定，例如排水塑料管道支吊架最大间距应符合表8-1的规定，金属排水管道上的吊钩或卡箍应固定在承重结构上，固定件间距横管不大于2m。气体管道应将水压试验时管内水的重量作为介质重量。

排水塑料管道支吊架最大间距（单位：m） 表8-1

管径 De(mm)	50	75	110	125	160
立管	1.2	1.5	2.0	2.0	2.0
横管	0.50	0.75	1.10	1.30	1.60

4. 施工中根据管子规格的不同常用1.5m、3m、6m三种间距，以满足美观及符合建筑模数的要求。

5. 在管系中，大于DN50的截止阀、闸阀、单向阀、减压阀、过滤器、电动阀等阀体两边150mm处水平管道下应各设一个支吊架，便于今后管道使用和维修的需要。对大于DN100的管道阀体，除在两边250mm处水平管道下设置支吊架外，还应在这些阀体下设置专用的支架（支座）。

6. 管道与设备及水泵的进出管连接时，应按设计和施工规范要求设置橡胶（金属）软接头，在离软接头100mm处的水平管道处设置一个防晃固定支吊架，以免设备或水泵启动、关停和运行时影响管道的固定或由此产生噪声。

7. 当安装PP-R、PE和UPVC塑料管道时，除按有关规定使用专门的塑料抱箍支吊架外，如采用扁铁、角钢制作的支吊架时，应用橡胶板将管子与支架隔离，以免支吊架固定时破坏塑料管表面。当大于等于DN100的塑料管在角钢支架上水平敷设时，在塑料管的下部应设置半圆形的扁钢支座，不得将塑料管直接固定在角钢上，以免日久塑料管产生变形。

8. 水平管道支吊架定位图，如图8-1所示。

二、沿墙敷设立管支吊架位置的确定

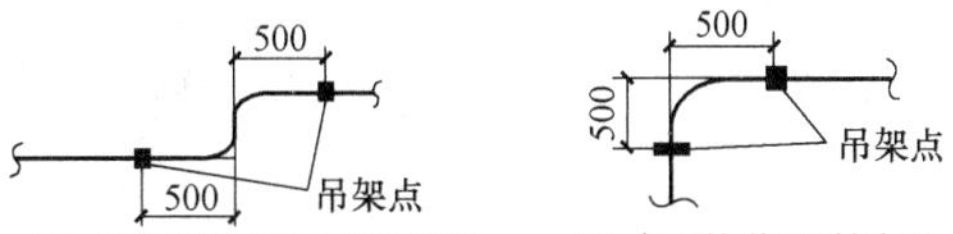

1. 在竖向的管道上设置支架，国家施工规范要求层高不大于5m的钢管每层设置一个支架，支架的高度应在1.5～1.8m

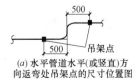

(a) 水平管道水平（或竖直）方向返弯处吊架点的尺寸位置图　　(b) 水平管90°转弯处吊架点的尺寸位置

图8-1　水平管道支吊架定位

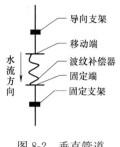

图 8-2 垂直管道
支吊架定位

处，要求同一个建筑物内支架的高度基本一致，如是塑料管竖管，每层应设置两个支架；当层高大于 5m 时，钢管竖管应每层设置两个支架，塑料管竖管的支架也应根据施工规范要求相应增加，这时支架设置及标高应统一。

2. 垂直管道支吊架定位图，如图 8-2 所示。

三、管井内管道支架位置的确定

1. 在管道井内安装管道时，应在进入管道井内时的管道弯管下设置牢固的管支墩，并按施工规范的要求，每隔一定的距离设置一个固定支架，当钢制竖管管径大于 $DN150$ 时，应在每隔三层处的钢管上设置一个承重固定支架。

2. 沿墙敷设管道支吊架的设置方式同样适用于管井内管道。

第三节　支吊架制作、安装

一、支吊架的生根

1. 金属排水管道上的吊卡或支架应固定在承重结构上。固定件间距：横管不大于 2m；立管不大于 3m。楼层高度小于或等于 4m 时，立管可安装 1 个固定件。立管底部的弯管处应设支墩或采取固定措施。

2. 生根于建筑物、构筑物的支吊架，生根点宜设在立柱或主梁等承重构架上，支架生根件焊在需整体热处理设备上，应向设备专业提出所用垫板条件；当设备为合金材质时，垫板材料应与设备材质相同。

3. 在设备上生根

(1) 在设计从设备上生根的支架时，要求在设备上预焊生根件。如果现场安装支架在设备壁上直接焊接，许多设备需要重新检验，且拖延施工进度。焊后残余应力会影响设备的防腐能力和机械性能。对于非金属衬里的设备，现场焊接会损坏内衬如橡胶、塑料、玻璃等。

(2) 对容器类设备的管口、设备上的生根件（包括管道支架预焊件、平台预焊件及保温（冷）的预焊件等）都确定下来，把条件及资料送交设备制造厂，这对于提前制造设备是十分有利的。越是复杂的且制造周期长的设备，越需提前提出条件。

(3) 在设计中，应将生根件（预焊件）的位置、荷载（力及力矩）、预焊件的尺寸或标准等提供给设备设计者，以满足支架设计的要求。

4. 在混凝土结构上生根：预埋钢板或型钢，在混凝土结构上钻孔后用膨胀螺栓固定等。

5. 在墙上生根：墙上预留孔、砌预制块（带有预埋钢板），以及采用膨胀螺栓固定等。

二、支吊架的制作、安装

1. 管道支吊架的制作

(1) 管道支架加工制作前应根据管道的材质、管径大小等按标准图集进行选型，支架的高度应根据深化设计图纸进行确定，防止施工过程中管道与其他专业的管道发生"碰撞"。

(2) 图纸的翻样：管道支架种类规格繁多，加工前必须进行翻样，做出每一个部件的样图，注明每一道工序的加工要求和质量标准，再做出一个样板进行核对，不符合要求，及时更改翻样图和加工要求，直至符合要求。

(3) 切断时要注意刀具的一侧靠线，使下料长度一致。切断后要及时处理断面边角的毛刺。

(4) 对需要做相对滑动、滚动的表面，一般要做车、铣、刨等作业，无施工条件时可用磨光机把加工面磨光滑，使工件表面达到设计要求的粗糙度。其他型钢的切割表面一般不做表面处理，而只是做边角的倒角处理。

(5) 管道需要钻孔的部位，应采用手电钻机和台钻，钻孔前要按翻样图在下好的型钢上划十字线，并在交点上打样冲眼，然后钻孔，钻孔要一次钻透，钻后要用锉刀将毛边锉平。

(6) 对有弯曲要求的部件，应先做个磨具，用挤压或滚压法进行弯曲。

(7) 组装焊接。需要组装焊接的支架，要先划出定位线，组对时先点焊，经复查合格后再进行满焊，焊接质量必须符合焊接质量标准，焊缝高度必须达到要求，不得有夹渣、裂纹、未焊透等缺陷。

(8) 支架的焊接应由合格焊工施焊，管道支吊架焊接后应进行外观检查，不得有漏焊、欠焊、裂纹、烧穿、咬边等缺陷，焊缝附近的飞溅物应予清理。

(9) 放样和号料时，应根据管架的加工工艺要求预留相应的切割和加工裕量。

(10) 钢板、型钢不宜使用氧乙炔焰切割，一般宜采用机械切断，切断后应清除毛刺。机械剪切切口质量应符合下列要求：剪切线与号料线偏差不大于2mm；断口处表面无裂纹，缺棱不大于1mm；型钢端面剪切斜度不大于2mm。

(11) 采用手工、半自动切割时，应清除熔渣和飞溅物，其切割质量应符合下列要求：

1) 手工切割的切割线与号料线的偏差不大于2mm，半自动切割不大于1.5mm；

2) 切口端面不垂直度不大于工件厚度的10%，且不大于2mm。

(12) 支吊架的螺栓孔，不得使用氧乙炔焰割孔。孔的加工偏差不得超过其自由公差。

(13) 管道支吊架的卡环（或U型卡）应用扁钢弯制而成，圆弧部分应光滑、均匀，尺寸应与管子外径相符。

(14) 滑动或滚动支架的滑道加工后，应采取保护措施，防止划伤或碰损。

(15) 支吊架应按设计要求制作，其组装尺寸偏差不得大于3mm。

(16) 管道支吊架的角焊缝应焊肉饱满，过渡圆滑，焊脚高度应不低于簿件厚度的1.5倍；焊接变形必须予以矫正。

(17) 制作合格的支吊架，应涂刷防锈漆与标记，并妥善保管。合金钢支吊架应有相应的材质标记，并单独存放。

2. 管道支吊架的安装

管道支吊架的安装原则如下：

（1）管道支架应按图纸所示位置正确安装，并与管子施工同步穿插进行，固定支架应按设计文件要求安装，并应在补偿器预拉伸之前固定。

（2）管道安装时，应及时固定和调整支吊架。支吊架位置应准确，安装应平整牢固，与管子接触应紧密。

（3）无热位移的管道，其吊杆应垂直安装。有热位移的管道，吊点应设在位移的相反方向，按位移值的1/2偏位安装。两根热位移方向相反或位移值不等的管道，不得使用同一吊杆。

（4）导向支架或滑动支架的滑动面应洁净平整，不得有歪斜和卡涩现象。其安装位置应从支承面中心向位移反方向偏移，偏移量应为位移值的1/2或符合设计文件规定，绝热层不得妨碍其位移。

（5）固定支架应按设计文件要求安装，并应在补偿器预拉伸之前固定。

（6）弹簧支吊架的弹簧高度，应按设计文件规定安装，弹簧应调整至冷态值，并作记录。弹簧的临时固定件，应待系统安装、试压、绝热完毕后方可拆除。

（7）支吊架的焊接应由合格焊工施焊，并不得有漏焊、欠焊或焊接裂纹等缺陷。管道与支架焊接时，管子不得有咬边、烧穿等现象。

（8）铸铁及大口径管道上的阀门，应设有专用支架，不得以管道承重。

（9）管道支架紧固在槽钢或工字钢翼板斜面上时，其螺栓应有相应的斜垫片。

（10）临近阀门和其他大件的管道须安装辅助支架，以防止过大的应力，临近泵接头处亦须安装支架以免设备受力。对于机房内压力管道及其他可把振动传给建筑物的压力管道，必须安装弹簧支架并垫橡胶垫圈以达到减振的作用。

（11）管道安装时不宜使用临时支吊架。当使用临时支吊架时，不得与正式支吊架位置冲突，并应有明显标记。在管道安装完毕后应予拆除。

（12）管道安装完毕后，应按设计文件规定逐个核对支吊架的形式和位置。

（13）有热位移的管道，在热负荷运行时，应及时对支吊架进行下列检查与调整：活动支架的位移方向、位移值及导向性能应符合设计文件的规定；管托不得脱落；固定支架应牢固可靠；弹簧支吊架的安装标高与弹簧工作荷载应符合设计文件的规定；可调支架的位置应调整合适。

（14）空调冷热水管、凝结水管与支吊架接触部位采用保温木托隔离，并用扁铁U型卡子固定，卡子安装要与木托相吻合，螺栓坚固应适中。

三、管道支吊架的形式

1. 中间支架的形式如图8-3所示。

2. 悬臂托架的固定措施如图8-4所示。

3. 砖墙上托架

（1）DN200～DN300双管托架如图8-5所示。

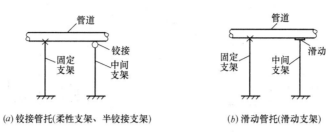

图 8-3 中间支架

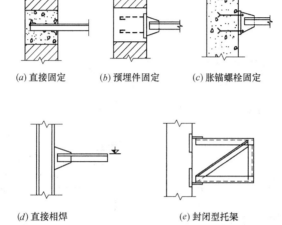

图 8-4 托架固定措施

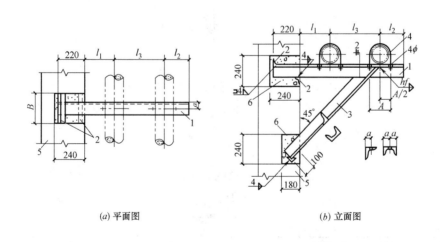

(a) 平面图　　　　　　　　　　　(b) 立面图

图 8-5 DN200～DN300 双管托架

1—支承角钢；2—固定角钢；3—斜角钢、槽钢；4—C₄ 型管卡；5—砖墙；

6—砖墙留洞或凿孔，用 C15 混凝土填实

（2）DN15～DN300 砖墙上双管托吊架如图 8-6 所示。

4. 钢筋混凝土柱（墙）侧、正面托架

$DN200\sim400$ 钢筋混凝土墙、柱正面双管托架如图 8-7 所示。

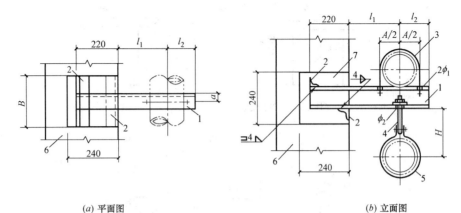

(a) 平面图　　　　　　　　　　(b) 立面图

图 8-6　$DN15\sim300$ 砖墙上双管托吊架

1—支承角钢；2—固定角钢；3—C_4 型管卡；4—B_3 型吊杆；5—C_4 或 C_2 型管卡；
6—砖墙；7—砖墙留洞或凿孔处，用 C15 混凝土填实

注：图中高度 H 可由设计或现场确定。

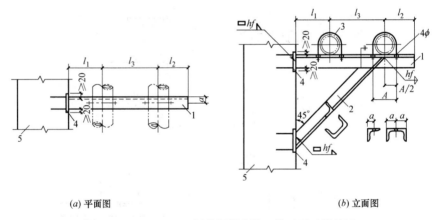

(a) 平面图　　　　　　　　　　(b) 立面图

图 8-7　$DN200\sim400$ 钢筋混凝土墙、柱正面双管托架

1—支承角钢、槽钢；2—斜撑角钢、槽钢；3—C_4 型管卡；4—预埋件；5—钢筋混凝土墙、柱

5. 钢结构上托架基本形式如图 8-8 所示。

6. 膨胀螺栓固定托架

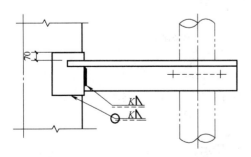

图 8-8　钢结构上托架基本形式

$DN15\sim DN150$ 膨胀螺栓固定双管托架如图 8-9 所示。

7. 钢制设备上托架

（1）$DN15\sim DN40$ 单肢悬臂固定托架及 $DN200$ 双肢悬臂固定托架（承重）分别如图 8-10 和图 8-11 所示。

（2）$DN400$ 双肢悬臂导向支架如图 8-12 所示。

8. 吊杆

（1）吊杆构造如图 8-13 所示。

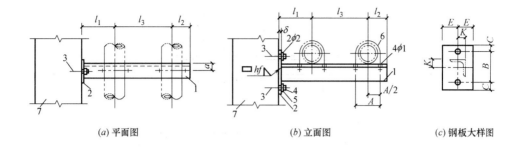

(a) 平面图　　　　　　　　　(b) 立面图　　　　　　　　(c) 钢板大样图

图 8-9　DN15～DN150 膨胀螺栓固定双管托架

1—支承角钢；2—钢板；3—膨胀螺栓；4—螺母；5—垫圈；6—C₄型管卡；7—钢筋混凝土墙、柱

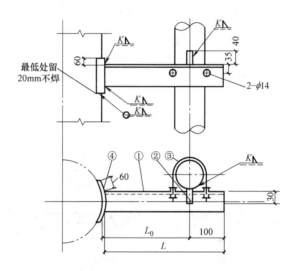

图 8-10　DN15～DN40 单肢悬臂固定托架

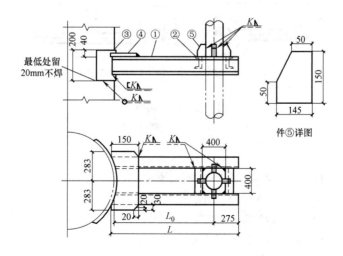

件⑤详图

图 8-11　DN200 双肢悬臂固定托架

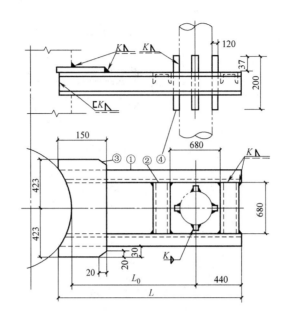

图 8-12　DN400 双肢悬臂导向支架

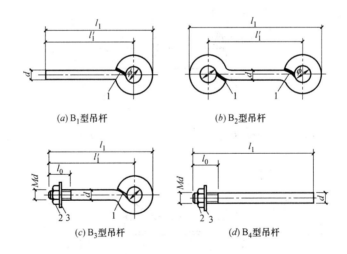

(a) B₁型吊杆　　　　　　　(b) B₂型吊杆

(c) B₃型吊杆　　　　　　　(d) B₄型吊杆

图 8-13　吊杆构造

1—安装时接缝焊死；2—螺母；3—垫圈

（2）管卡

1）C_1 型管卡（$DN15\sim DN80$）如图 8-14 所示。

2）C_2 型管卡（$DN15\sim DN300$）如图 8-15 所示。

3）C_3 型管卡（$DN15\sim DN200$）如图 8-16 所示。

4）C_4 型管卡（$DN15\sim DN500$）如图 8-17 所示。

9. 管托与管道或支柱的连接

（1）管托几何尺寸和螺栓位置如图 8-18 和图 8-19 所示。

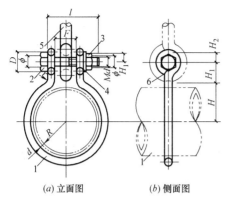

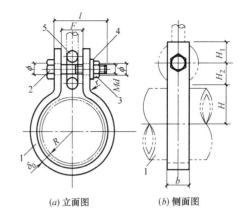

图 8-14 C₁ 型管卡（DN15～DN80）

1—圆钢管卡；2—六角头螺栓；3—螺母；

4—垫圈；5—吊杆；6—焊死

注：1. C₁ 型管卡只适用于管道水平安装；

2. C₁ 型管卡承受的管道荷载为 3m。

图 8-15 C₂ 型管卡（DN15～DN300）

1—扁钢管卡；2—六角头螺栓；3—螺母；

4—垫圈；5—吊杆

注：1. C₂ 型管卡只适用于管道水平安装；

2. C₂ 型管卡承受的管道荷载：DN15～100

为 3m，DN125～300 为 6m。

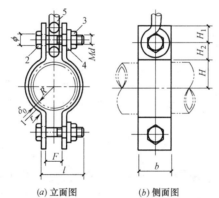

图 8-16 C₃ 型管卡（DN15～DN200）

1—扁钢管卡；2—六角头螺栓；3—螺母；

4—垫圈；5—吊杆

注：1. C₃ 型管卡 DN15～100 适用于管道串吊安装，DN125～200 适用于固定立管安装；

2. C₃ 型管卡承受的管道荷载：DN15～100 为 3m，DN125～200 为 6m。

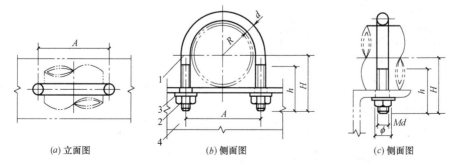

图 8-17 C₄ 型管卡（DN15～DN200）

1—扁钢管卡；2—六角头螺栓；3—螺母；4—垫圈

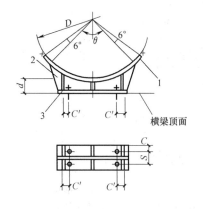

图 8-18　管托几何尺寸

1—弧形板；2—腹板；3—底板

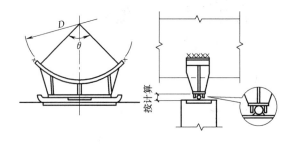

图 8-19　铰接管托

（2）滑动管托：滑动管托分上滑式管托和下滑式管托。

上滑式管托：管托与支柱采用螺栓连接或焊接连接，管道在管托上滑动，见图 8-20。

下滑式管托：管托与管道焊接，管托在支柱上滑动，见图 8-21。

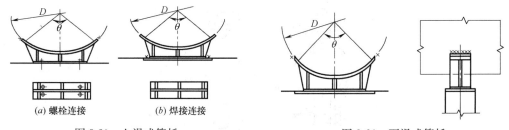

（a）螺栓连接　　　（b）焊接连接

图 8-20　上滑式管托

图 8-21　下滑式管托

（3）滚动管托：管托与管道焊接，管托以滚轴支承于支柱上，见图 8-22。

（4）简易管托：管托与管道、管托与支柱的连接方式和相应的钢板制造管托相同，见图 8-23。

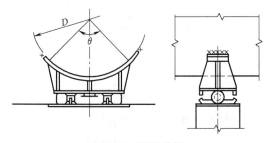

图 8-22　滚动管托

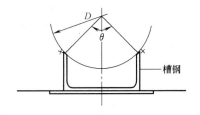

图 8-23　简易管托示例（下滑式）

10. 热力管道的管道支托

（1）$DN150 \sim DN700$ 曲面槽滑动管道支托（$H=50$），见图 8-24。

（2）$DN20 \sim DN150$ 煨弯座板式滑动管道支托，见图 8-25。

（3）$DN20 \sim DN700$ 弧形板滑动管道支托，见图 8-26。

（4）$DN150 \sim DN700$ 曲面槽固定管道支托，见图 8-27。

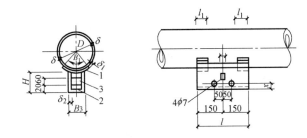

图 8-24　DN150～DN700 曲面槽滑动管道支托

1—弧形板；2—曲面槽；3—肋板

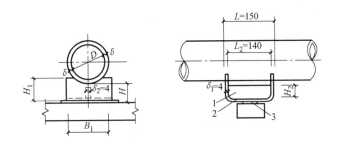

图 8-25　DN20～DN150 煨弯座板式滑动管道支托

1—肋板；2—曲面槽；3—支承板

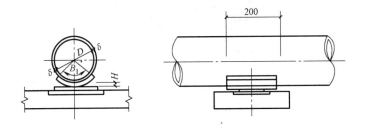

图 8-26　DN20～DN700 弧形板滑动管道支托

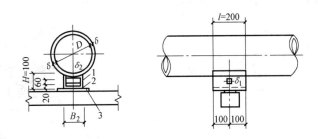

图 8-27　DN150～DN700 曲面槽固定管道支托

1—肋板；2—曲面槽；3—支承板

（5）焊接角钢固定管道支托

1）DN20～DN400 焊接角钢固定管道支托，见图 8-28。

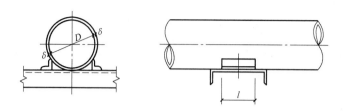

图 8-28 *DN*20～*DN*400 焊接角钢固定管道支托

2）*DN*150～*DN*700 单面挡板式固定管道支托，见图 8-29。

3）双面挡板式固定管道支托

① *DN*150～*DN*700 双面挡板式固定管道支托，见图 8-30。

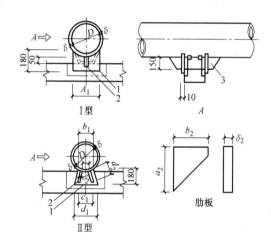

8-29　*DN*150～*DN*700 单面挡板式固定管道支托

1—挡板；2—肋板；3—曲面槽

Ⅰ型：用于推力≤50kN；Ⅱ型：用于推力≤100kN

② *DN*300～*DN*700 双面挡板式固定管道支托，见图 8-31。

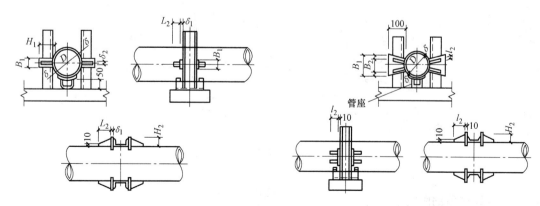

8-30　*DN*150～*DN*700 双面挡板式固定管道支托　　8-31　*DN*300～*DN*700 双面挡板式固定管道支托

第四节 管道的强度计算和应力验算

一、管道的强度计算

1. 钢管道理论壁厚的计算

（1）管道理论壁厚计算

对于 $\dfrac{D_w}{D_n}\leqslant 1.7$ 承受内压力的汽水介质管道可按下列公式进行计算：

1）按管道外径确定壁厚时

$$S_y=\frac{pD_w}{2[\sigma]\varphi+p} \tag{8-1}$$

2）按管子内径确定壁厚时

$$S_y=\frac{pD_n}{2[\sigma]\varphi-p} \tag{8-2}$$

式中　S_y——管道计算壁厚，mm；

　　　　p——计算内压力，MPa；

　　　D_w——管子外径，mm；

　　　D_n——管子内径，mm；

　　　$[\sigma]$——管材在工作温度下的额定许用应力，MPa；

　　　ψ——管子的焊缝系数，无缝钢管 $\psi=1$，焊接钢管 $\psi=0.8$。

（2）管道的实际壁厚

$$S=S_y+C \tag{8-3}$$

式中　S——管道的实际壁厚，mm；

　　　C——管壁厚度的附加值，mm。

（3）管道壁厚附加值的确定

$$C=C_1+C_2+C_3 \tag{8-4}$$

式中　C_1——管道壁厚负公差的附加值，mm；

　　　C_2——管道壁厚的腐蚀裕度，mm；

　　　C_3——螺纹深度，当管子采用螺纹连接时，壁厚附加值应包括螺纹深度；如采用普通管螺纹时，当 DN 为 15～20mm 时，$C_3=1.162$mm；当 DN 为 25～150mm 时，$C_3=1.479$mm；当管道采用焊接时，$C_3=0$mm。

1）管道壁厚负公差的附加值 C_1 的确定

① 对于无缝钢管按下式计算：

$$C_1=AS_y \tag{8-5}$$

式中　A——管道壁厚负公差系数，根据管道允许偏差选用。

② 对于纵缝螺旋缝焊接钢管，当提供壁厚公差百分数时，C_1 按式（8-5）计算，当未提供壁厚负公差百分数时，则可按下列数据取用：当 $S_y\leqslant 5.5$mm 时 $C_1=0.5$mm；当 5.5mm$<S_y\leqslant 7$mm 时 $C_1=0.6$mm；当 7mm$<S_y\leqslant 25$mm 时 $C_1=0.8$mm。

③ 在任何情况下，C_1 均不得小于 0.5mm。

2）管道壁厚腐蚀裕度 C_2 的确定

因对管壁的腐蚀而增加的厚度称为腐蚀裕度。当碳钢与合金钢管用于输送低腐蚀性介质时，其腐蚀裕度可按 1～1.5mm 考虑，如用于输送中腐蚀性介质及不锈耐酸钢管的腐蚀裕度，应按工作年限和介质对管材的腐蚀速度进行计算。在任何情况下，钢管的腐蚀裕度均不得小于 0.5mm。

2. 管道平板式封头的强度计算

管道施工中常用的封头主要是平板式封头，有以下三种：夹在法兰中的盲板、平堵头、圆形平端盖。由于受到管道或窗口内部介质的压力，在上述三种封头上会产生很大的应力。

但是，上述三种平板式封头的力学性能不如压力容器上常用的半球形封头、椭圆形封头及碟形封头好，也就是说，在相同直径和相同压力条件下，以半球形封头的壁厚为最小，椭圆形封头、碟形封头次之，平板式封头最厚。但由于平板式封头制作简单，在现场能就地取材，因而在管道施工中应用较多。当管径较大或内压力较高时，可用式（8-6）计算平板式封头的厚度。

$$\delta = KD \sqrt{\frac{p}{[\sigma]}} \tag{8-6}$$

式中 δ——平板式封头的厚度，mm；

K——条件系数，夹在法兰中的盲板取 0.4，平堵头取 0.6，圆形平端盖取 0.4；

D——夹在法兰中的盲板取盲板直径，平堵头、圆形平端盖取管道内径，mm；

p——内压力，MPa；

$[\sigma]$——许用应力，200℃以内取 100N/mm²。

3. 法兰紧固强度

法兰的形式有若干种，它的各部分尺寸都是按国家标准或行业标准确定的，工作中只要按法兰的既定形式或公称压力等级选购或自行加工就可以了。

法兰连接的严密性，主要取决于法兰螺栓拧紧后的受力状态。在管道通入介质以前，将法兰的连接螺栓拧紧称为预紧状态。预紧时产生的紧固力与垫片的有效密封面积的比值，称为垫片密封比压。也就是说，法兰螺栓的紧固力越大，密封比压也越大。当垫片密封比压为定值时（即垫片材质和形状一定），欲减少螺栓载荷，必须减小垫片的有效面积。在同样的螺栓紧固力作用下，垫片的有效面积越小，其密封比压就越大。密封比压与介质压力无关，只和垫片的材质和形状有关。不同材质的垫片密封比压数值是由试验决定的，如橡胶石棉垫片的厚度为 3mm 时，其密封比压值为 11MPa，软钢平垫片的密封比压值为 110～126MPa，垫片的密封比压大，密封性好，但过高的密封比压也是不可取的，会造成垫片弹性的丧失或垫片的损坏。

当管道通入介质以后，法兰承受着温度应力和内压力，此时称为法兰的工作状态。在工作状态下，由于介质内压力的作用，会产生力图使垫片与法兰分开的轴向力和垫片的侧向推力，如果垫片的回弹力不足或法兰连接螺栓紧固不一致，就会发生泄漏。因此，法兰密封面要对垫片具有一定的表面约束，使垫片不致发生移动。表面约束越好，接口严密性就越高。总之，法兰连接的严密性取决于法兰螺栓的紧固力大小和各个螺栓紧固力的均匀性、垫片的性能和法兰密封面的形式。

二、管道的应力验算

在常温下安装的管道投入运行后，如果介质温度高于安装时温度，管道就会产生热膨胀。根据胡克定律，当杆件横截面上的正应力未超过某一极限值时，应力与应变成正比，其数学表达式为：

$$\sigma = E \cdot \varepsilon \tag{8-7}$$

式中，应力 σ 的极限值称为比例极限，E 称为材料的弹性模量，它表示材料抵抗变形的能力，E 值越大，抵抗变形的能力也就越强，材料不同，E 值就不同。即使同一种材料，在不同的温度下，其 E 值也不同。E 值是通过试验测定出来的。ε 是纵向应变的比值或称相对压缩量，即 $\varepsilon = \dfrac{\Delta L}{L}$，$L$ 为杆件（或管道）的原有长度，ΔL 为膨胀伸长值。因此，式（8-7）可改写为：

$$\sigma = E \cdot \frac{\Delta L}{L} \tag{8-8}$$

$$\sigma = E \cdot \alpha \cdot \Delta T \tag{8-9}$$

式中　σ——管道伸缩受到限制时产生的应力，MPa；

E——管材的弹性模量；

α、ΔT——分别为线膨胀系数、温差。

式（8-9）就是因为管道的运行温度和安装温度不同，使管道热胀或冷缩而产生的轴向应力。有的技术书籍用 σ_x^2 表示上述轴向应力，而用 σ_x^1 表示由于内压力的存在而产生的轴向应力。

第五节　支架的强度计算

一、单个构件的强度计算

要使支架在安全的情况下正常工作，每一构件应符合下式的计算要求：

$$\sigma = \frac{P}{F} = [\sigma] \tag{8-10}$$

式中　P——外荷载，N；

F——承受荷载的面积，mm^2；

σ——构件承受的应力，MPa；

$[\sigma]$——构件材料的允许应力，MPa。

二、组合支架的强度计算

1. 悬臂梁式支架强度的计算

$$\sigma_c = l \frac{P_z}{W_x} \leqslant [\sigma] \tag{8-11}$$

式中　σ_c——悬臂梁固定点的应力，MPa；

l——悬臂梁计算长度，mm；

P_z——垂直结构的荷载，N；

W_x——对 x 轴的截面系数，mm^3；

$[\sigma]$——支架材料的许用应力，MPa。

2. 吊架拉杆的强度计算

$$\sigma = \frac{N}{A} \leqslant [\sigma] \tag{8-12}$$

式中　σ——拉杆承受的应力，MPa；

　　　N——拉杆的最大拉力，N；

　　　A——拉杆的横截面积，mm^2；

　　　$[\sigma]$——拉杆材料的许用应力，MPa。

3. 膨胀螺栓的强度计算

（1）抗拉螺栓埋设深度的计算

$$h \geqslant \sqrt{\frac{KN}{7R_e}} + 5.0 \tag{8-13}$$

式中　h——螺栓埋设深度，mm；

　　　N——螺栓拉力，N；

　　　K——安全系数，取 2.65；

　　　R_e——对混凝土轴心抗拉设计强度，可取 1.0MPa；对 MU7.5 号砖轴心抗拉设计强度，可取 0.2MPa。

（2）螺栓直径的计算

$$d_0 \geqslant \sqrt{\frac{4N}{\pi[\sigma]}} \tag{8-14}$$

式中　d_0——螺栓净直径，mm；

　　　$[\sigma]$——按 Q235 钢计算，取 $[\sigma] = 130$MPa；

　　　N——螺栓拉力，N。

（3）螺栓抗拉强度的计算

$$Q = \frac{\pi}{4} d_0^2 [\tau] \tag{8-15}$$

式中　Q——剪切荷载，N；

　　　$[\tau]$——螺栓抗剪允许应力，按 Q235 钢计算，$[\tau] = 90$MPa；

　　　d_0——螺栓净直径，mm。

三、管道支架的允许跨距

1. 管道支架的间距系指管道的跨度。一般管道的最大支架间距是按强度条件和刚度（或挠度）条件计算决定。在两者中，选择其数值小的作为管道的最大间距值。

（1）按刚度条件：水平管道支吊架最大允许间距：

$$L_{max} = 0.2118 \sqrt[4]{\frac{E_t I}{q}} \tag{8-16}$$

式中　L_{max}——管道由刚度条件决定的跨距，m；

　　　E_t——管材在设计温度下的弹性模数，MPa；

I——管道扣除腐蚀裕度后的断面惯性矩，cm⁴；

q——管道的质量，kg/m。

（2）按强度条件：水平管道支吊架最大允许间距：

$$L_{max} = 0.4336\sqrt{\frac{W}{q}} \tag{8-17}$$

式中　L_{max}——按强度条件计算的管道跨距，m；

　　　　W——管道扣除腐蚀裕度后的断面抗弯模数，cm³；

　　　　q——管道的质量，kg/m。

2. 常用管道的支吊架间距

（1）塑料给水管的支吊架最大间距，见表8-2。

塑料给水管的支吊架最大间距　　　　　　　　表8-2

公称直径(mm)		15	20	25	32	40	50	63	75	90	110	160
支吊架的最大间距(m)	立管	0.8	0.9	1.0	1.1	1.3	1.6	1.8	2.0	2.2	2.4	2.6
	水平管	0.5	0.6	0.7	0.8	0.9	1.0	1.1	1.2	1.35	1.55	1.7

注：塑料管采用金属管卡作支架时，管卡与塑料管之间应用塑料带或橡胶物隔开，并不宜过大或过紧。

（2）钢管管道最大支吊架间距，见表8-3。

钢管管道最大支吊架间距　　　　　　　　表8-3

公称直径(mm)		15	20	25	32	40	50	65	80	100	125	150	200	250	300
支吊架的最大间距(m)	保温管	2	2.5	2.5	2.5	3	3	4	4	4.5	6	7	7	8	8.5
	不保温管	2.5	3	3.5	4	4.5	5	6	6	6.5	7	8	9.5	11	12

（3）铜管最大支吊架间距，见表8-4。

铜管最大支吊架间距　　　　　　　　表8-4

公称直径(mm)		15	20	25	32	40	50	65	80	100	125	150	200
支吊架的最大间距(m)	立管	1.8	2.4	2.4	3.0	3.0	3.0	3.5	3.5	3.5	3.5	4.0	4.0
	水平管	1.2	1.8	1.8	2.4	2.4	2.4	3.0	3.0	3.0	3.0	3.5	3.5

四、固定支架的受力

装补偿器的管道必须设置固定支架，其作用是限定管段的活动范围，用以控制热变形量和变形方向。

在设计和选用固定支架时，必须考虑它的受力情况。

固定支架承受垂直荷重和水平推力的作用。支架垂直荷重包括管子、管路附件、绝热层、管内介质以及积雪等重力。在计算管内介质的重力时，对液体管路应按满管计入全部液体重力，对气体和蒸汽管路应考虑冷凝液的重力，按假定充满管截面的10%～20%计算。当管路采用水压试验时，对不绝热的气体管应按充满水重计算；若管架上有多根管时，则仅把其中直径最大一根水压试验的充水量计入管架的垂直荷载。对于绝热气体的管路，在绝热层重力小于充满水的重力时，应采用水的重力，而不应将水重与绝热层重同时计入垂直荷重。

固定支架所承受的水平推力包括：

1. 由活动支架的水平摩擦力而产生的水平推力 P_m，方向相对于管道的位移方向。

$$P_m = Kq\mu L \qquad (8\text{-}18)$$

式中　P_m——水平摩擦反力，N；

　　　q——管段单位长度的荷重，N/m；

　　　μ——滑动摩擦系数，对于滑动支座可采用下列数值：钢与钢接触，$\mu=0.30$；钢与混凝土接触，$\mu=0.60$；钢与木接触，$\mu=0.28\sim0.40$；

　　　L——管段计算长度，m，对于方形补偿器和波形补偿器，采用所计算的固定支架至补偿器竖向中心距离，对套管补偿器采用固定点之间的管长；

　　　K——牵制系数，即考虑管架并排敷设的管子，在热变形时相互影响，一般只在管架上并排 3 根及 3 根以上的管子时才予以考虑，按表 8-5 选用。

牵制系数　　　　　　　　　　　　　　　　　　　　　　　　　　表 8-5

α	<0.5	$0.5\sim0.7$	>0.7
K	0.50	0.67	1.00

注：$\alpha=\dfrac{主要管线重量}{全部管线重量}$主要管线系指管内介质温度较高和直径较大者。

2. 由弯管型补偿器的弹性力而产生的水平推力 P_k，或由套管补偿器摩擦而产生的水平推力 P_c。

3. 在设置套管补偿器的情况下，由管道的内压力 P_n 引起的水平推力 $P_n f$（f 为管壁断面积）；在设置波形补偿器时，由内压力引起的轴向推力 P_2。

在自然补偿的管段上，固定支架有时还承受一些横向推力。

第九章 常见的管道系统

第一节 给水系统

一、给水系统的分类

按照用途分为生活给水系统、生产给水系统、消防给水系统。

二、给水系统的组成

1. 水源：指城镇给水管网、室外给水管网或自备水源。
2. 引入管：由室外给水管网引入建筑内管网的管段。
3. 水表节点：是安装在引入管上的水表及其前后设置的阀门。
4. 室内给水管网：一般是建筑内水平干管、立管和横支管。
5. 配水装置与附件：即配水水嘴、消火栓、喷头与控制阀、减压阀、止回阀等。
6. 增（减）压和贮水设备：当室外给水管网的水量、水压不能满足建筑用水要求，或建筑内对供水可靠性、水压稳定性有较高要求时，以及在高层建筑中需要设置各种设备，如水泵、气压给水装置、变频调速给水装置、水池、水箱等增压和贮水设备。当某些部位水压太高时，需设置减压设备。
7. 给水局部处理设施：当有些建筑对给水水质要求很高、超出我国现行生活饮用水卫生标准时或其他原因造成水质不能满足要求时，需要设置一些设备、构筑物进行给水深度处理。

三、给水方式

给水方式即为给水方案，它与建筑物的高度、性质、用水安全性、是否设消防给水、室外给水管网所能提供的水量及水压等因素有关，最终取决于室内给水系统所需总水压 H 和室外管网所具有的自用水头（服务水头）H_0 之间的关系。

根据管网中水平干管的位置不同，又分为下行上给式、上行下给式、中分式以及支状和环状等形式。

1. 外网水压直接给水：适用于室外管网压力、水量在一天的时间内均能满足室内用水需要即 $H_0 > H$，H 为室内给水系统所需总水压，H_0 为室外管网所具有的自用水头；直接把室外管网的水引到建筑内各用水点，如图 9-1 所示。

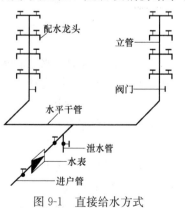

图 9-1 直接给水方式

2. 单设水箱的给水方式：在用水低峰时，利用室外给水管网水压直接供水并向水箱进水。用水高峰时，水箱出水供给水系统，从而达到调节水压和水量的目的；仅适用于用水量不大，水压力不足时间不很长的建筑，水箱有效容积 V 不大于 20m^3，如图 9-2 所示。

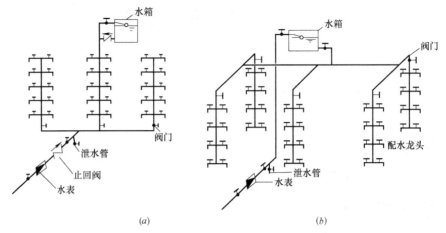

图 9-2 单设水箱的给水方式

3. 设有增压与贮水设备的给水方式

（1）单设水泵的给水方式：当建筑内用水量大且较均匀时用恒速水泵供水，如图 9-3 所示；外网可能形成外网负压。

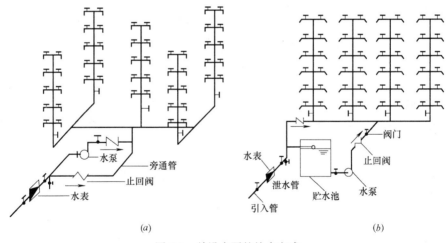

图 9-3 单设水泵的给水方式

（2）设置贮水池、水泵和水箱联合给水方式：用水可靠性要求高，室外管网水量、水压经常不足，且不允许直接从外网抽水，或者是用水量较大，外网不能保证建筑的高峰用水，或是要求贮备一定容积的消防水量时采用，如图 9-4 所示。在水箱上设置液体继电器，使水泵启闭自动。

（3）设置气压水罐的给水方式：利用气压水罐内气体的可压缩性，协同水泵增压供水，如图 9-5 所示，气压水罐的作用相当于高位水箱。

4. 分区给水方式

（1）利用外网水压的分区给水方式：低区由室外管网直接供水，高区由增压设备供

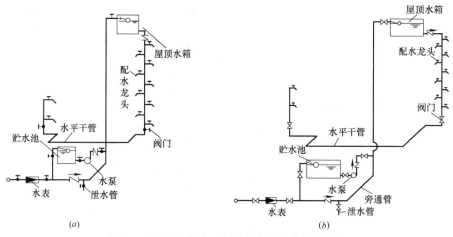

图 9-4　设置贮水池、水泵和水箱联合给水方式

水，如图 9-6 所示。可将低区与高区的 1 根或几根立管相连接，在分区处设置阀门，以备打开阀门由高区向低区供水。

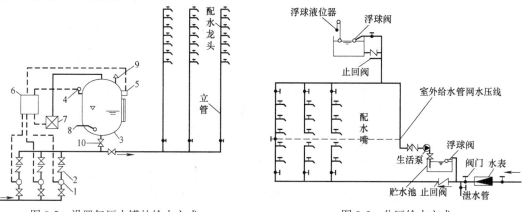

图 9-5　设置气压水罐的给水方式　　　　　图 9-6　分区给水方式

（2）设置高位水箱的分区给水方式：高层建筑生活给水系统的竖向分区，一般各分区最低卫生器具配水点处静水压力不宜大于 0.2MPa，且最大不得大于 0.25MPa。

（3）水泵并列分区给水方式：各分区水泵采用并列方式供水，见图 9-7（a）。

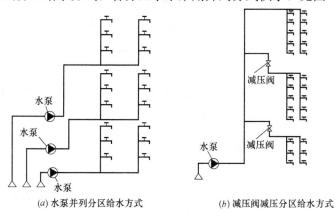

(a) 水泵并列分区给水方式　　　　(b) 减压阀减压分区给水方式

图 9-7　水泵分区给水方式

（4）减压阀减压分区给水方式：不设高位水箱、减压阀减压分区给水方式，见图9-7（b）。

第二节　室内生活热水系统

一、热水供应系统的分类

按热水供应范围，可分为局部热水供应系统、集中热水供应系统和区域热水供应系统。

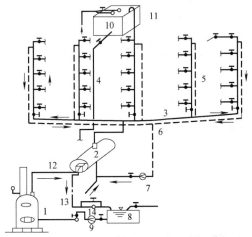

图9-8　热媒为蒸汽的集中热水供应系统

1—锅炉；2—水加热器；3—配水干管；4—配水立管；
5—回水立管；6—回水干管；7—循环泵；8—凝结水
池；9—冷凝水泵；10—给水水箱；11—透气管；
12—热媒蒸汽管；13—凝水管；14—疏水器

二、热水供应系统的组成

1. 热媒系统（第一循环系统）组成：热源、水加热器、热媒管网。如图9-8所示为一典型的集中热水供应系统，其主要由热媒系统、热水供应系统、附件三部分组成。

2. 热水供水系统（第二循环系统）组成：热水配水管网和回水管网组成。

三、热水的供应方式

1. 按热水加热方式的不同，有直接加热和间接加热之分，如图9-9所示。

2. 按热水管网的压力工况，可分为开式和闭式两类。

开式热水供水方式：如图9-10所示，在管网顶部设水箱，管网与大气相通，系统水压决定于水箱的设置高度，该方式必须设置高位冷水箱和膨胀管或开式加热水箱。

闭式热水供水方式：如图9-11所示，所有配水点关闭后，整个系统与大气隔绝，形成密闭系统。冷水直接进入加热器，为确保系统安全设安全阀。

3. 按热水管网设置循环方式的不同，有全循环、半循环、无循环热水供水之分，如图9-12所示。

4. 按热水管网运行方式不同，分为全天循环和定时循环。

5. 按循环动力不同分为自然循环和机械循环。

6. 按热水配水管网水平干管的位置不同，可分为上行下给供水方式和下行上给供水方式。图9-13为热水锅炉直接加热机械强制半循环干管下行上给的热水供水方式，适用于定时供水的公共建筑；图9-14为干管下行上给封闭式循环供水方式。

四、热水供应系统的热源、加热设备和贮热设备

1. 热水锅炉：主要有电锅炉、燃气锅炉、燃油锅炉、燃煤锅炉四种。

2. 水加热器：常用的有容积式水加热器、快速式水加热器、半容积式水加热器、半即热式水加热器。

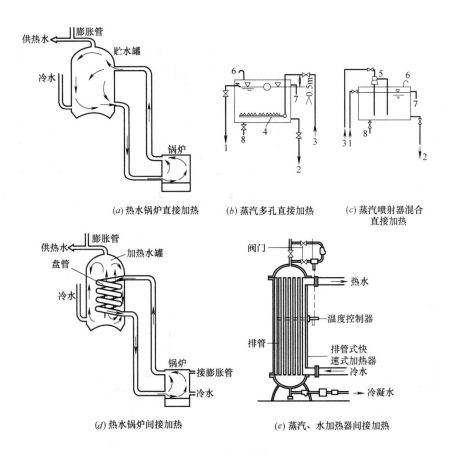

(a) 热水锅炉直接加热　　(b) 蒸汽多孔直接加热　　(c) 蒸汽喷射器混合
　　　　　　　　　　　　　　　　　　　　　　　　　　直接加热

(d) 热水锅炉间接加热　　　　(e) 蒸汽、水加热器间接加热

图 9-9　加热方式

1—给水；2—热水；3—蒸汽；4—多孔管；5—喷射器；6—通气管；7—溢水管；8—泄水管

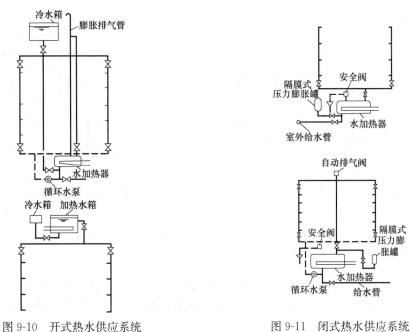

图 9-10　开式热水供应系统　　　　　　　图 9-11　闭式热水供应系统

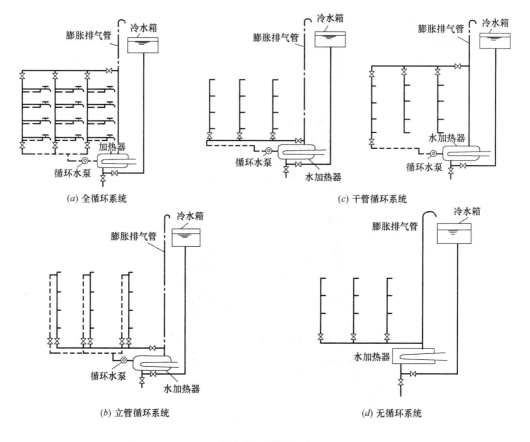

图 9-12 循环方式

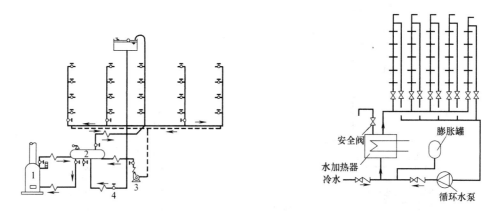

图 9-13 干管下行上给机械强制半循环供水方式
1—热水锅炉；2—热水贮罐；3—循环泵；4—给水管

图 9-14 干管下行上给封闭式循环供水方式

容积式水加热器是内部设有热媒导管的热水贮存容器，具有加热和贮备热水两种功能，如图 9-15 所示。组成：①贮水罐：钢板、密闭压力容器；②盘管：铜、钢；③热媒：蒸汽、高温水。

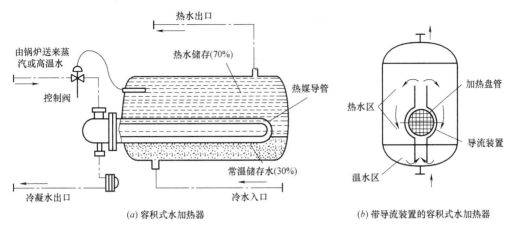

图 9-15　容积式水加热器、带导流装置的容积式水加热器

常用的容积式水加热器有传统的 U 形管型容积式水加热器和导流型容积式水加热器。

3. 快速式水加热器：常用形式有管式、螺旋板式、波节管式、板式、螺旋管式等；采用快速式水加热器时，其原水总硬度不宜大于 150mg/L（以碳酸钙计）。

4. 半容积式水加热器：是带有适量贮水和调节容积作用的内藏式容积式水加热器；形式有内循环水泵和导流装置；组成有贮热水罐、内藏式快速加热器、内循环泵或导流装置，如图 9-16 所示。适用：①热源能满足最大小时耗热量要求；②供水水温、水压要求平衡度较高；③设备用房面积较小。

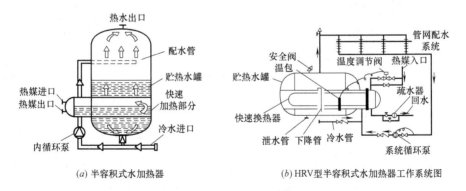

图 9-16　半容积式水加热器

5. 半即热式水加热器：如图 9-17 所示，适用于各种不同负荷需求的机械循环热水供应系统。热水贮存容量小，仅为半容积式水加热器的 1/5。

6. 贮热设备：容积式水加热器和半容积式水加热器均具有一定的贮水容积，快速式水加热器本身没有贮水能力，若要贮热时，可采用热水贮水箱（罐）。热水贮水罐是一种专门调节热水量的容器，可设置于用水不均匀的热水供应系统中，调节水量，稳定出水温度。快速式水加热器和半即热式水加热器均可与贮水罐配套使用，其系统连接如图 9-18 所示。

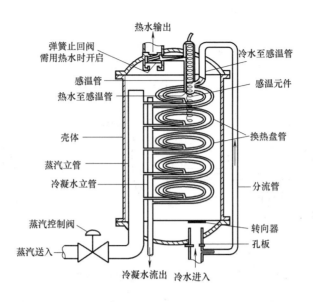

图 9-17　半即热式水加热器

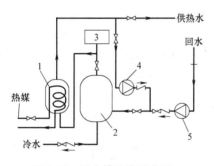

图 9-18　贮水罐连接示意图

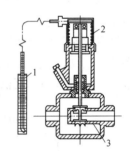

图 9-19　自动温度调节器构造
1—温包；2—感温原件；3—自动调节阀

五、热水供应系统附件

1. 热水供应系统自动温度调节装置

（1）直接式自动调温装置由温包、感温原件和自动调节阀组成，其构造如图 9-19 所示，温包内装有低沸点液体，插装在水加热器出口的附近，感受热水温度的变化，产生压力降，并通过毛细导管传至调节阀，通过改变阀门开启度来调节进入加热器的热媒流量，起到自动调温的作用。

（2）电动式自动调温装置由温包、电触点压力式温度计、电动调节阀和电气控制装置组成。温包插装在水加热器出口的附近，感受热水温度的变化，产生压力降，并传导到电触点压力式温度计。电触点压力式温度计内装有所需温度控制范围内的上下两个触点，例如 60～70℃。当加热器的出水温度过高时，压力表指针与 70℃ 触点接通，电动调节阀门关小。当水温降低时，压力表指针与 60℃ 触点接通，电动调节阀门开大。如果水温在规定范围内，压力表指针处于上下触点之间，电动调节阀门停止动作。

2. 疏水器：以蒸汽作热媒时，在每台用汽设备的凝结水回水管上、蒸汽立管最低处、蒸汽管下凹处的下部应设疏水器，如图 9-20 所示。

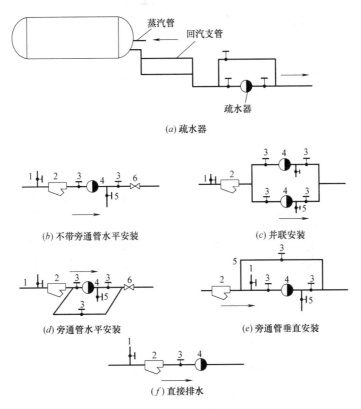

(a) 疏水器

(b) 不带旁通管水平安装　　　　　　　(c) 并联安装

(d) 旁通管水平安装　　　　　　　(e) 旁通管垂直安装

(f) 直接排水

图 9-20　疏水器的设置方式
1—冲洗管；2—过滤器；3—截止阀；4—疏水器；5—检查管；6—止回阀

3. 减压阀：按其结构形式可分为薄膜式、活塞式和波纹管式三类，图 9-21 是 Y43H-6 型活塞式减压阀的构造示意图。

(1) 蒸汽减压阀的选择：根据蒸汽流量计算出所需阀孔截面积，然后查有关产品样本确定阀门公称直径；当无资料时，可按高压蒸汽管路的公称直径选用相同孔径的减压阀。

(2) 蒸汽减压阀的设置：应设置在水平管段上，阀体应保持垂直，阀前、阀后均应安装闸阀和压力表，阀后应装设安全阀，还应设置旁路管，如图 9-22 所示。

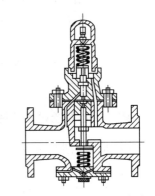

图 9-21　Y43H-6 型活塞式减压阀

4. 自动排气阀：热水气化产生气体，上行下给式系统的配水干管最高处应设自动排气阀，其构造如图 9-23 (a) 所示，图 9-23 (b) 为其装设位置。

5. 膨胀管、膨胀水罐和安全阀：在集中热水供应系统中，冷水被加热后，水的体积要膨胀，如果热水系统是密闭的，在卫生器具不用水时，必然会增加系统的压力，有胀裂

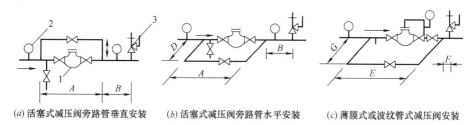

(a)活塞式减压阀旁路管垂直安装　(b)活塞式减压阀旁路管水平安装　(c)薄膜式或波纹管式减压阀安装

图 9-22　减压阀安装

1—减压阀；2—压力表；3—安全阀

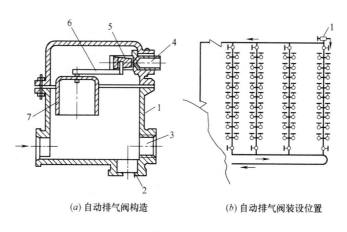

(a)自动排气阀构造　　　　　(b)自动排气阀装设位置

图 9-23　自动排气阀及其装设位置

1—排气阀体；2—直角安装出水口；3—水平安装出水口；4—阀座；5—滑阀；6—杠杆；7—浮钟

管道的危险，因此需要设置膨胀管、安全阀或膨胀水罐。

6. 安全阀：闭式热水供应系统的日用水量≤10m³ 时，可采用安全阀泄压的措施。承压热水锅炉应设安全阀；开式热水供应系统的热水锅炉和水加热器可不装安全阀。

第三节　建筑中水给水系统

一、中水给水系统设置的特点

1. 中水水源一般为市政中水，多层建筑直接由市政中水给水供给楼群，一般设置为支状供水方式。

2. 高层建筑中水给水系统组成形式

（1）市政中水水源、中水水箱、变频中水给水泵组、室内中水给水管网系统。

（2）楼中自建中水处理站的中水水源、中水机房给水设备、室内中水给水管网系统。

二、中水工程设置的条件

新建的建筑面积大于 20000m² 或回收水量大于等于 100m³/d 的宾馆、饭店、公寓和高级住宅，建筑面积大于 30000m² 或回收水量大于等于 100m³/d 的机关、科研单位、大专院校和大型文化体育建筑，以及建筑面积大于 $50000m^2$ 或回收水量大于等于 $150m^3/d$ 或综合污水量大于等于 $750m^3/d$ 的居住小区（包括别墅区、公寓区等）和集中建筑区，宜配套建设中水设施。

三、中水系统

由中水原水的收集、贮存、处理和中水供给等一系列工程设施组成的有机结合体。建筑物中水系统是指在一栋或几栋建筑物内建立的中水系统，系统框图如图 9-24 所示。

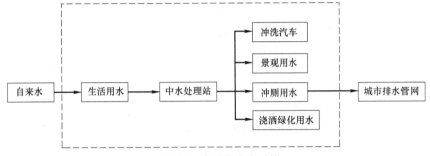

图 9-24　建筑物中水系统

建筑小区中水系统是指在新（改、扩）建的校园、机关办公区、商住区、居住小区等集中建筑区内建立的中水系统，建筑小区中水系统框图如图 9-25 所示。

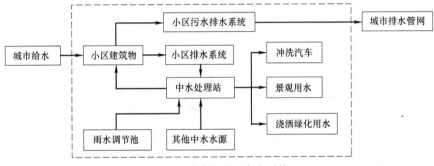

图 9-25　建筑小区中水系统

建筑中水一般只在人们居住或公共建筑物内作为冲厕、绿化灌溉等功能使用，其供应方式与本章第一节建筑室内生活给水系统相似，所不同的只是生活给水要达到饮用水卫生标准，中水不用。

第四节　直饮水给水系统

一、直饮水给水系统的组成

普通直饮水给水系统一般由净水设备、供水水泵、循环水泵、供水管网、回水管网、消毒设备等组成，保证水质不受二次污染。直饮水给水管网的设计应特别注意水力循环问题，配水管网应设计成密闭式，将循环管路设计成同程式，用循环水泵使管网中的水得以循环。

管道直饮水系统管网，根据建筑类型、建筑高度和供水方式等可分成多种类型，表9-1给出了管道直饮水系统管网形式。

管道直饮水系统管网形式 表9-1

按系统管网布置图示分类	下供上回式管道直饮水系统
	上供下回式管道直饮水系统
按系统管网循环控制分类	定时循环管道直饮水系统
	全日循环管道直饮水系统

1. 循环流量控制装置的组成及优缺点见表9-2。

循环流量控制装置的组成及优缺点 表9-2

控制分类	编号	装置组成	设 计 要 求
定时循环	1	1 1	系统管网应按当量长度同程设计，需进行阻力平衡计算
	2	3 1 2	设计要求同1，可自动工作
	3	1 4 5 6	装置上游系统回水管网应按同程设计，装置下游回水汇集管可不按同程设计，需经水力计算确定减压阀后压力及持压阀动作压力
	4	3 1 2 4 5 6	设计要求同3，可自动工作
全日循环	5	1 5 6	装置上游系统回水管网应按同程设计，装置下游回水汇集管可不按同程设计，需经水力计算确定动态流量平衡阀后压力

注：1. 循环流量控制装置组成图示中的箭头为水流方向；
　　2. 循环流量控制装置组成中：1为截止阀；2为电磁阀；3为时间控制器；4为减压阀；5为流量控制阀；6为持压阀；
　　3. 循环流量控制装置3至装置5目前在工程中较少采用，应酌情选用。

2. 对于定时循环系统，表9-2中装置3、4的流量控制阀可采用静态流量平衡阀，也可采用动态流量平衡阀；对于全日循环系统，表9-2中装置5的流量控制阀应采用动态流量平衡阀。

3. 表9-2中装置3、4的流量控制阀是利用其前、后压差来控制循环流量，为保持阀后压力应在阀后设置持压阀，该装置适用于小区定时循环系统。该装置中减压阀及持压阀的动作压力经水力计算确定，并满足静态或动态流量平衡阀的选用要求。

4. 表9-2中装置5中的流量控制阀是利用其前、后压差来控制循环流量，为保持阀后压力应在阀后设置持压阀，该装置中持压阀的动作压力经水力计算确定，并满足动态流量平衡阀的选用要求。

5. 净水机房内循环回水管末端的压力控制应符合下列要求：

（1）进入原水箱或净水箱时，应控制回水进水管的出水压力；根据工程情况，可设置调压装置。

（2）进入净水箱时，还应满足消毒装置和过滤器的工作压力。

6. 采用全日循环流量控制装置的管道直饮水系统，高峰用水时停止循环。

7. 直饮水在供、回水系统管网中的停留时间不应超过12h。

8. 定时循环系统可采用时间控制器控制循环水泵在系统用水量少时运行，每天至少循环2次。

二、直饮水系统给水方式

1. 下供上回式管道直饮水系统如图9-26所示。

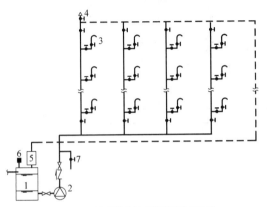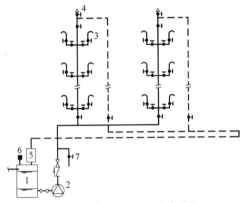

(a) 下供上回式管道直饮水系统　　　　　　　　(b) 下供上回式管道直饮水系统

图9-26　下供上回式管道直饮水系统

1—净水箱；2—供水泵；3—专用水嘴；4—自动排气阀；5—消毒装置；6—呼吸器；7—泄水阀

2. 上供下回式管道直饮水系统如图9-27所示。

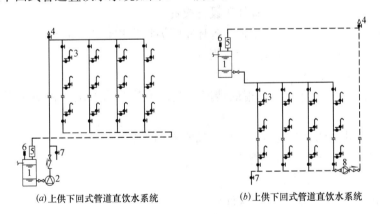

(a) 上供下回式管道直饮水系统　　　　　　　　(b) 上供下回式管道直饮水系统

图9-27　上供下回式管道直饮水系统

1—净水箱；2—供水泵；3—专用水嘴；4—自动排气阀；5—消毒装置；

6—呼吸器；7—泄水阀；8—循环水泵

3. 定时循环管道直饮水系统的形式

（1）定时循环管道直饮水系统如图9-28所示。

（2）定时循环管道系统直饮水系统如图9-29所示。

1）系统的适用条件：屋顶有条件设置净水机房的高层公共建筑。

101

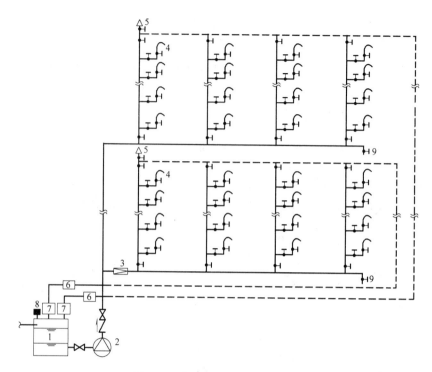

图 9-28 定时循环管道直饮水系统

1—净水箱；2—供水泵；3—减压稳压阀；4—专用水管；5—自动排气阀；
6—循环流量控制装置；7—消毒装置；8—呼吸器；9—泄水阀

2）系统的优缺点：

① 重力供水，压力稳定，节省加压设备投资。

② 各分区供、回水管路同程布置，各环路阻力损失相近，可防止循环短路现象。

③ 高、低区分别设置回水管，管材用量多。

④ 各区必须设置循环水泵。

3）本图示按回水回流至净水箱的情况编制，工程中也可酌情回流至原水箱或中间水箱。

4）需要分户计量的公共建筑支管设直饮水专用水表。

5）图示中分区方式采用减压稳压阀。

6）循环水泵的设计扬程：

① 高区循环水泵设计扬程按下式计算：

$$H_b = h_{0x} + Z_x + \sum h \tag{9-1}$$

式中 H_b——循环水泵设计扬程，m；

h_{0x}——出流水头，m；一般取 2m；

Z_x——最高回水干管与净水箱最低水位的几何高差，m；

$\sum h$——循环流量通过供、回水管网及附件等的总水头损失，m。

② 低区循环水泵设计扬程为出流水头、循环流量通过减压稳压阀后配水管网及附件等的总水头损失、循环流量通过低区回水管网及附件等的总水头损失、低区最高回水干管与减压稳压阀的几何高差四者之和，再扣除减压稳压阀阀后压力。

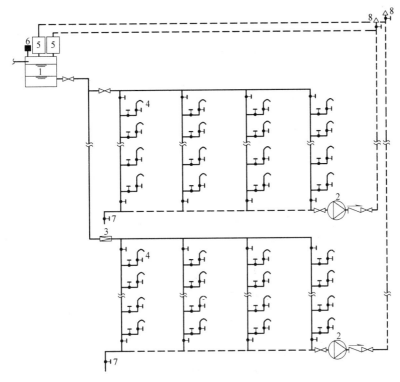

图 9-29　定时循环管道系统直饮水系统

1—净水箱；2—循环水泵；3—减压稳压阀；4—专用水嘴；5—消毒装置；

6—呼吸器；7—泄水阀；8—自动排气阀

7）图示以系统原理图的方式表示供、回水横干管的相对位置关系，仅表示设备和主要器材，在工程应用中，应根据具体情况补充、完善系统。

8）图示中循环流量控制装置为定时循环流量控制装置。

第五节　污废水排水系统

一、室内污废水排水系统的组成及排水方式

1. 污废水排水系统的分类

建筑内部排水系统分为污废水排水系统和屋面雨水排水系统两大类。按照污废水的来源，污废水排水系统又分为生活排水系统和工业废水排水系统。按污水与废水在排放过程中的关系，生活排水系统和工业废水排水系统又分为合流制和分流制两种体制。

（1）生活排水系统

1）生活污水排水系统：排除大便器（槽）、小便器（槽）以及与此相似卫生设备产生的污水。污水需经化粪池或居住小区污水处理设施处理后才能排放。

2）生活废水排水系统：排除洗脸、洗澡、洗衣和厨房产生的废水。生活废水经过处理后，可作为杂用水，用来冲洗厕所、浇洒绿地和道路、冲洗汽车等。

（2）工业废水排水系统：生产污水排水系统是指排除工业企业在生产过程中被化学杂

质（有机物、重金属离子、酸、碱等）、机械杂质（悬浮物及胶体物）污染较重的工业废水，需要经过处理，达到排放标准后排放。生产废水排水系统是指排除污染轻或仅水温升高，经过简单处理后（如降温）可循环或重复使用的较清洁的工业废水。

2. 污废水排水系统的组成：包括卫生器具和生产设备的受水器、排水管道、清通装置和通气管道，如图 9-30 所示，有的根据需要还设有污废水的提升设备和局部处理构筑物。

清通装置：包括设在横支管顶端的清扫口、设在立管或较长横干管上的检查口和设在室内较长的埋地横干管上的检查井。提升设备：地下室、人防建筑、高层建筑的地下技术层和地铁等处标高较低，在这些场所产生、收集的污废水不能自流排至室外的检查井，需要设污废水提升设备。污水局部处理构筑物：如处理民用建筑生活污水的化粪池，降低锅炉、加热设备排污水水温的降温池，去除含油污水的隔油池，以及以消毒为主要目的的医院污水处理站等。通气系统：包括排水立管延伸到屋面上的伸顶通气管、专用通气管以及专用附件。

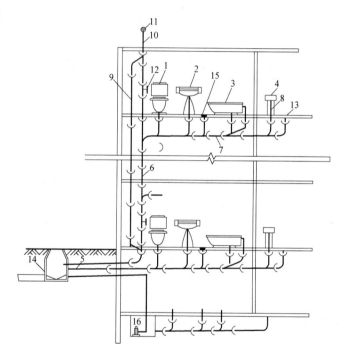

图 9-30　污废水排水系统的基本组成

1—坐便器；2—洗脸盆；3—浴盆；4—厨房洗涤盆；5—排水出户管；6—排水立管；
7—排水横支管；8—器具排水管（含存水弯）；9—专用通气管；10—伸顶通气管；
11—通风帽；12—检查口；13—清扫口；14—排水检查井；15—地漏；16—污水泵

二、污废水排水系统的类型

按系统通气方式和立管数目的不同，建筑内部污废水排水系统分为单立管排水系统、双立管排水系统和三立管排水系统，如图 9-31 所示。

1. 单立管排水系统：根据建筑层数和卫生器具的多少，单立管排水系统又有 5 种类型：无通气的单立管排水系统；有通气的普通单立管排水系统；特制配件单立管排水系统；特殊管材单立管排水系统；吸气阀单立管排水系统。

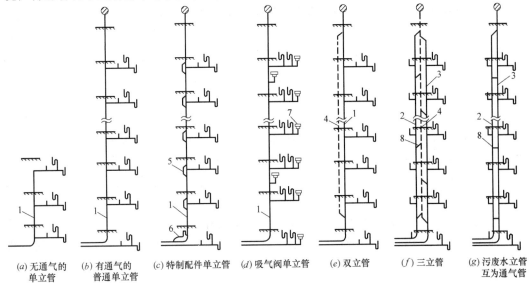

图 9-31　污废水排水系统类型

1—排水立管；2—污水立管；3—废水立管；4—通气立管；5—上部特制配件；
6—下部特制配件；7—吸气阀；8—结合通气管

2. 双立管排水系统：由一根排水立管和一根通气立管组成，适用于污废水合流的各类多层和高层建筑。

3. 三立管排水系统：分别为生活污水立管、生活废水立管和通气立管，两根排水立管共用一根通气立管，图 9-31（g）是三立管排水系统的一种变形系统。

4. 新型排水系统

（1）压力流排水系统：是在卫生器具排水口下装设微型污水泵，卫生器具排水时微型污水泵启动加压排水，使排水管内的水流状态由重力非满流变为压力满流。

（2）真空排水系统：在建筑物地下室内设有真空泵站，真空泵站由真空泵、真空收集器和污水泵组成。采用设有手动真空阀的真空坐便器，其他卫生器具下面设液位传感器，自动控制真空阀的启闭。卫生器具排水时真空阀打开，真空泵启动，将污水吸到真空收集器里贮存，定期由污水泵将污水送到室外。真空排水系统具有节水（真空坐便器一次用水量是普通坐便器的 1/6），管径小（真空坐便器排水管管径 $De40mm$，而普通坐便器最小为 $De110mm$），横管无需重力坡度，甚至可向高处流动（最高达 5m），自净能力强，管道不会淤积，即使管道受损污水也不会外漏的特点。

第六节　雨水排水系统

一、建筑雨水排水系统分类

建筑屋面雨水排水系统分类与管道设置、管内压力、水流状态和屋面排水条件等有关。

1. 按建筑物内部是否有雨水管道分为内排水系统和外排水系统两类。

2. 按雨水在管道内的流态分为重力无压流、重力半有压流和压力流三类。重力无压流是指雨水通过自由堰流入管道。在重力作用下附壁流动，管内压力正常，这种系统也称为堰流斗系统。重力半有压流是指管内气水混合，在重力和负压抽吸双重作用下流动，这种系统也称为87雨水斗系统。压力流是指管内充满雨水，主要在负压抽吸作用下流动，这种系统也称为虹吸式系统。

3. 按出户埋地横干管是否有自由水面分为敞开式排水系统和密闭式排水系统两类。敞开式排水系统是非满流的重力排水，管内有自由水面，连接埋地干管的检查井是普通检查井。密闭式排水系统是满流压力排水，连接埋地干管的检查井内用密闭的三通连接，室内不会发生冒水现象。但不能接纳生产废水，需另设生产废水排水系统。

4. 按一根立管连接的雨水斗数量分为单斗系统和多斗系统。在重力无压流和重力半有压流状态下，由于互相干扰，多斗系统中每个雨水斗的泄流量小于单斗系统的泄流量。

二、建筑雨水排水系统的组成

1. 普通外排水：由檐沟和敷设在建筑物外墙的立管组成，如图9-32所示。

2. 天沟外排水：由天沟、雨水斗和排水立管组成，如图9-33所示，溢流口比天沟上檐低50～100mm。

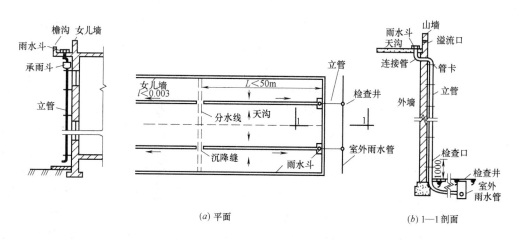

(a) 平面   (b) 1—1剖面

图9-32 普通外排水   图9-33 天沟外排水

3. 内排水系统：一般由雨水斗、连接管、悬吊管、立管、排出管、埋地干管和附属构筑物几部分组成，如图9-34所示。

4. 雨水斗：有重力式和虹吸式两类，如图9-35所示。重力式雨水斗由顶盖、进水格栅（导流罩）、短管等构成；重力式雨水斗有65式、79式和87式3种，其中87式雨水斗的进出口面积比（雨水斗格栅的进水孔有效面积与雨水斗下连接管截面积之比）最大，斗前水位最深，掺气量少，水力性能稳定，能迅速排除屋面雨水。

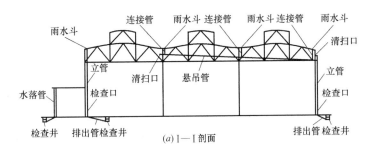

(a) I—I 剖面

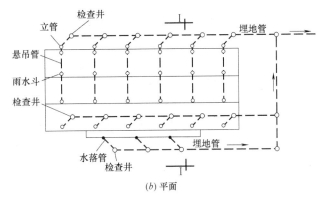

(b) 平面

图 9-34　内排水系统

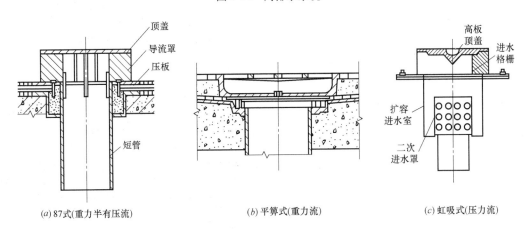

(a) 87式(重力半有压流)　　　　(b) 平箅式(重力流)　　　　(c) 虹吸式(压力流)

图 9-35　雨水斗

虹吸式雨水斗由顶盖、进水格栅、扩容进水室、整流罩（二次进水罩）、短管等组成；为避免在设计降雨强度下雨水斗掺入空气，虹吸式雨水斗设计为下沉式。挟带少量空气的雨水进入雨水斗的扩容进水室后，因室内有整流罩，雨水经整流罩进入排出管，挟带的空气被整流罩阻挡，不能进入排水管。所以，排水管道中是全充满的虹吸式排水。

三、虹吸雨水

1. 屋面雨水排水的三种流态：如图 9-36 所示，雨水排水系统是一个非定常流状态。

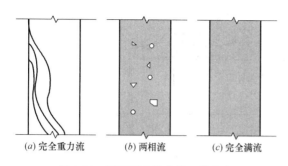

| (a) 完全重力流 | (b) 两相流 | (c) 完全满流 |

图 9-36　屋面雨水排水的三种流态

2. 虹吸雨水排水系统工作原理

虹吸雨水形成过程包括三种流态，重力流、两相流、满管压力流，如图 9-37 所示，在降雨初期雨水刚汇集，雨水斗前水深不大，斗内不能有效阻止空气进入，流态为非满管流，气水逆向流动，此阶段为重力流；随暴雨发展，雨水越聚越多，斗前水深加大，空气进入的越来越少，管道内形成断续满管流和掺有气泡满管流——两相流；当斗前水深达到一定高度，不再有空气掺入时，便形成满管压力流状态。理论上虹吸现象是满管流，但降雨情况有随机性，强度符合正态分布，如图 9-38 所示。

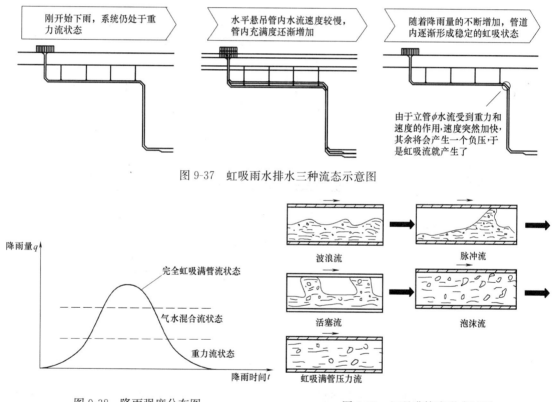

刚开始下雨，系统仍处于重力流状态

水平悬吊管内水流速度较慢，管内充满度还渐增加

随着降雨量的不断增加，管道内逐渐形成稳定的虹吸状态

由于立管ϕ水流受到重力和速度的作用，速度突然加快，其余将会产生一个负压，于是虹吸流就产生了

图 9-37　虹吸雨水排水三种流态示意图

降雨量q

完全虹吸满管流状态

气水混合流状态

重力流状态

降雨时间t

图 9-38　降雨强度分布图

波浪流　　脉冲流

活塞流　　泡沫流

虹吸满管压力流

图 9-39　虹吸满管流形成过程

系统以重力流方式开始，处于波浪流和脉冲流流态；随着雨量的增大，斗前水深逐步增大，系统流态逐步过渡到活塞流和泡沫流并断续的出现虹吸满管流流态，虹吸的形成使系统排水能力突然增大，斗前水深又会回落，系统重新回到重力流方式。这种变换会持续一段时间直到降雨量进一步增大，使斗前水深趋向稳定，系统掺气量进一步减少，进入稳定的虹吸满管流流态（见图 9-39）。

3. 虹吸排水系统的组成：如图 9-40 所示，由虹吸式雨水斗、管道（连接管、悬吊管、立管、排出管）、管件、固定件组成。

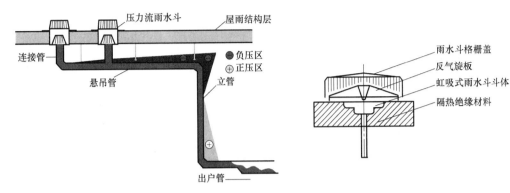

图 9-40　虹吸排水系统的组成　　　　图 9-41　虹吸式雨水斗

（1）虹吸式雨水斗：具有气水分离、防涡流等功能。其斗前水深可有效控制，当斗前水位稳定达到设计水深时，系统内形成虹吸满管压力流，如图 9-41 所示。

如图 9-41 所示，标准型的虹吸式雨水斗，由虹吸式雨水斗斗体、反气旋板、雨水斗格栅盖组成。虹吸式雨水斗材质通常为 HDPE、铸铁或不锈钢。

雨水斗的设计安装也有严格的要求：雨水斗离墙至少 1m；雨水斗之间距离一般不能大于 20m，平屋顶上如果是沙砾层，雨水斗格栅盖周围的沙砾厚度不能大于 60mm，最小粒径必须为 15mm；如果雨水斗安装在檐沟内，且采用焊接件的话，檐沟的宽度至少为 350mm；如果雨水管安装在混凝土屋顶面层内，那么屋顶至少厚 160mm。

（2）管道系统：连接管通过改变其管径、长度，可调节雨水斗的进水量和系统的阻力。悬吊管是悬吊在屋架、楼板和梁下或架空在柱上的雨水横管。溢流口是当降雨量超过系统设计排水能力时，用来溢水的孔口或装置。过渡段是水流流态由虹吸满管压力流向重力流过渡的管段。过渡段设在系统的排出管上，为虹吸式屋面雨水排水系统水力计算的终点。在过渡段通常将系统的管径放大。

虹吸系统的负压一般不大于 −0.08MPa。过大的负压会导致管内水流流速过快，发生气蚀现象，对于金属管道或者是金属质地的连接处产生极大的伤害（−0.09MPa 已经接近气蚀的临界值）。

（3）虹吸式屋面雨水排放系统的辅助固定系统

固定件：具有吸收管道振动、限制管道因热胀冷缩导致的位移、避免管道因悬挂受力而变形等作用，包括与管道平行的方形钢导轨、管道与方形钢导轨间的连接管卡（根据不同的管径，每隔 0.8～1.6m 布置管卡，如图 9-42 所示）、用于固定钢导轨的吊架及镀锌角钢。安装固定系统还包括管卡配件，这些配件可以固定管道的轴向，利用锚固管卡安装在管道的固定点。

4. 虹吸排水系统与重力流排水系统的比较

（1）水流状态：如图 9-43 所示。

（2）悬吊管（横干管）要求：重力流排水及虹吸排水悬吊管要求对比如图 9-44 所示。

（3）雨水立管比较：如图 9-45 所示。

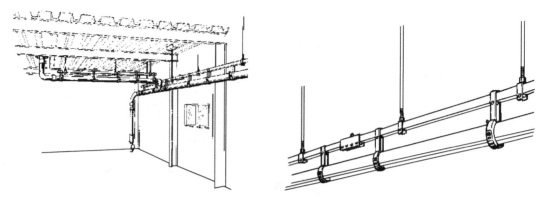

图 9-42　虹吸式屋面雨水排放系统的辅助固定系统

图 9-43　重力流排水及虹吸排水水流状态

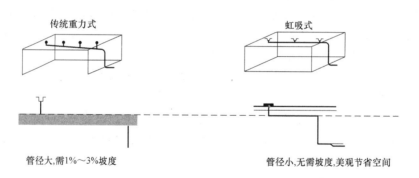

图 9-44　重力流排水及虹吸排水悬吊管要求对比

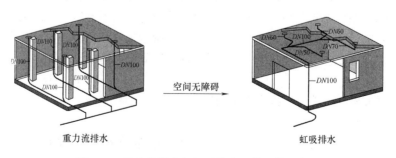

图 9-45　重力流排水与虹吸排水立管比较示意图

（4）地面开挖比较：如图 9-46 所示。

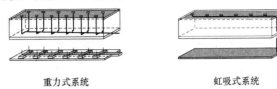

重力式系统　　　　　　　　　　虹吸式系统

图 9-46　重力流排水系统与虹吸排水系统地面开挖比较

第七节　消火栓给水系统

一、消火栓给水系统的组成

建筑消火栓给水系统一般由水枪、水带、消火栓、消防管道、消防水池、高位水箱、水泵接合器及增压水泵等组成，如图 9-47 所示为设有水泵、水箱的消防供水方式。

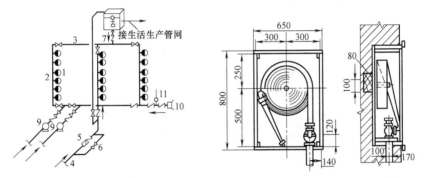

图 9-47　设有水泵、水箱的消防供水方式
1—室内消火栓；2—消防立管；3—干管；4—进户管；
5—水表；6—旁通管及阀门；7—止回阀；8—水箱；
9—消防水泵；10—水泵接合器；11—安全阀

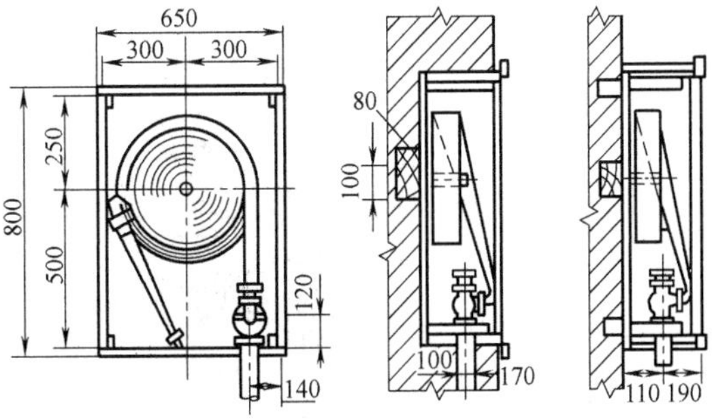

图 9-48　消火栓箱

1. 消火栓设备：由水枪、水带和消火栓组成，如图 9-48 所示。水枪一般为直流式，喷嘴口径有 13、16、19mm 三种。口径 13mm 水枪配备直径 50mm 水带，16mm 水枪可配备直径 50mm 或 65mm 水带，19mm 水枪配备直径 65mm 水带。水带口径有 50mm 和 65mm 两种，水带长度一般为 15、20、25、30m 四种，水带材质有麻织和化纤两种，有衬胶与不衬胶之分，衬胶水带阻力较小，水带长度应根据水力计算选定。

单出口消火栓直径有 50mm 和 65mm 两种，当每支水枪最小流量小于 5L/s 时选用直径 50mm 消火栓；最小流量≥5L/s 时选用直径 65mm 消火栓。

2. 水泵接合器：水泵接合器是连接消防车向室内消防给水系统加压供水的装置，一端由消防给水管网水平干管引出，另一端设于消防车易于接近的地方，还应考虑在其附近 15～40m 范围内有供消防车取水的室外消火栓或贮水池取水口。水泵接合器的数量应按室内消防用水量计算确定，每个水泵接合器进水流量可按 10～15L/s 计算，一般不少于 2 个。如图 9-49 所示，水泵接合器有地上、地下和墙壁式。

3. 消防水池：消防水池用于无室外消防水源情况下，贮存火灾持续时间内的室内消

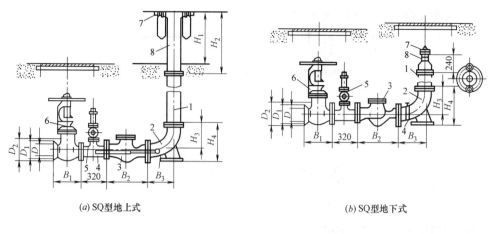

(a) SQ型地上式   (b) SQ型地下式

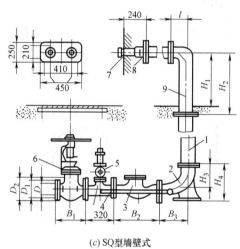

(c) SQ型墙壁式

图 9-49　水泵接合器

1—法兰接管；2—弯管；3—升降式单向阀；4—放水阀；5—安全阀；6—闸阀；
7—进水接口；8—本体；9—法兰弯管

防用水量。消防水池可设于室外地下或地面上，也可设在室内地下室或与室内游泳池、水景水池兼用。消防水池应设有水位控制阀的进水管和溢水管、通气管、泄水管、出水管及水位指示器等附属装置。

4. 消防水箱：为确保其自动供水的可靠性，应在建筑物的最高部位设置重力自流的消防水箱，水箱的安装高度应满足室内最不利点消火栓所需的水压要求，且应贮存 10min 的室内消防用水量。

二、消火栓给水系统的给水方式

1. 由室外给水管网直接供水的消防给水方式

宜在室外给水管网提供的水量和水压，在任何时候均能满足室内消火栓给水系统所需的水量、水压要求时采用，如图 9-50 所示。

2. 设水箱的消火栓给水方式

宜在室外管网一天之内有一定时间能保证消防水量、水压时（或是由生活泵向水箱补水）采用。如图 9-51 所示，由室外给水管网向水箱供水，水箱贮存 10min 的消防水量，灭火初期由水箱供水灭火。

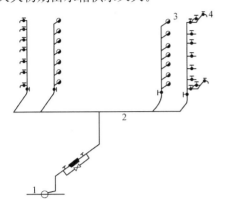

图 9-50　直接供水的消防生活共用给水方式
1—室外给水管网；2—室内管网；3—消火栓及立管；4—给水立管及支管

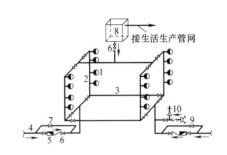

图 9-51　设水箱的消火栓给水系统
1—室内消火栓；2—消防立管；3—干管；4—进户管；
5—水表；6—止回阀；7—旁通管及阀门；
8—水箱；9—水泵接合器；10—安全阀

3. 设水泵、水箱的消火栓给水方式

宜在室外给水管网的水压不能满足室内消火栓给水系统的水压要求时采用，水箱由生活泵补水。贮存 10min 的消防用水量，火灾发生初期由水箱供水灭火，消防水泵启动后由消防水泵供水灭火。

三、消火栓给水系统的布置

1. 水枪充实水柱长度：消火栓设备的水枪射流如图 9-52 所示，水枪射流中在 26～38mm 直径圆断面内、包含全部水量 75%～90% 的密实水柱长度称为充实水柱长度（以 H_m 表示）。根据实验数据统计，当水枪的充实水柱长度小于 7m 时，火场的辐射热使消防人员无法接近着火点，达不到有效灭火的目的。当水枪的充实水柱长度大于 15m 时，因射流的反作用力而使消防人员无法把握水枪灭火。表 9-3 为各类建筑物要求的水枪充实水柱长度。

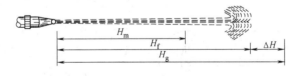

图 9-52　垂直射流组成

各类建筑物要求的水枪充实水柱长度　　　　　　　　　　　　表 9-3

建筑物类别	充实水柱长度(m)
一般建筑	≮7
甲、乙类厂房、＞六层公共建筑、＞四层厂房（仓库）	≮10
高层厂房（仓库）、高架仓库、体积大于 25000m³ 的商店、体育馆、影剧院、会堂、展览建筑、车站、码头、机场建筑等	≮13

建筑物类别	充实水柱长度(m)
民用建筑高度≥100m	≤13
民用建筑高度≤100m	≤10
高层工业建筑	≤13
人防工程内	≤10
停车库、修车库内	≤10

2. 消火栓布置

（1）建筑高度≤24m且体积≤5000m³的多层库房，应保证有1支水枪的充实水柱达到同层内任何部位，如图9-53（a）、（b）所示，其布置间距按下列公式计算：

$$S_1 \leqslant 2 \cdot \sqrt{R^2 - b^2} \tag{9-2}$$

$$R = C \cdot L_d + h \tag{9-3}$$

式中 S_1——消火栓间距，m；

R——消火栓保护半径，m；

C——水带展开时的弯曲折减系数，一般取0.8～0.9；

L_d——水带长度，每条水带的长度不应大于25m；

h——水枪充实水柱倾斜45°时的水平投影长度，m；$h=0.71H_m$，对一般建筑（层高为3～3.5m）由于两楼板间的限制，一般取$h=3.0$m；

H_m——水枪充实水柱长度，m；

b——消火栓的最大保护宽度，应为一个房间的长度加走廊的宽度，m。

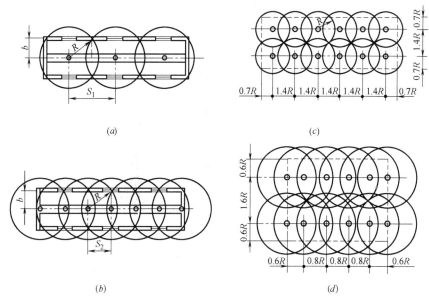

图9-53 消火栓布置间距

（2）对于双排及多排消火栓间距按图9-53（c）、（d）所示布置。其布置间距按式（9-4）计算。

$$S_2 \leqslant \sqrt{R^2 - b^2} \tag{9-4}$$

式中，S_2——消火栓间距（两股水柱同时达到同层任何部位），m；

其他符号含义同式（9-2）。

高层厂房（仓库）、高架仓库和甲、乙类厂房室内消火栓的间距不应大于30m，其他单层和多层建筑室内消火栓的间距不应大于50m。

（3）消火栓应设置在位置明显且操作方便的走道内，宜靠近疏散的通道口处、楼梯间内。建筑物设有消防电梯时，其前室应设消火栓。冷库内的消火栓应设置在常温穿堂内或楼梯间内。建筑物屋顶应设1个消火栓，以利于消防人员经常试验和检查消防给水系统是否能正常运行，同时还能起到保护本建筑物免受邻近建筑物火灾的波及。在寒冷地区屋顶消火栓可设在顶层出口处、水箱间或采取防冻技术措施。

第八节 自动喷水灭火系统

一、自动喷水灭火系统的组成及分类

自动喷水灭火系统由水源、加压贮水设备、喷头、管网、报警装置等组成。

1. 湿式自动喷水灭火系统

（1）喷头常闭灭火系统，如图9-54所示，管网中充满有压水，当建筑物发生火灾，火点温度达到开启闭式喷头时，喷头出水灭火；该系统适用于环境温度4℃＜t＜70℃的建筑物。

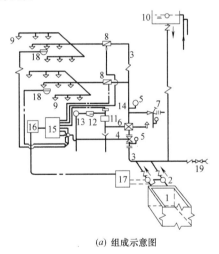

（a）组成示意图 （b）工作原理

图9-54 湿式自动喷水灭火系统图示

1—消防水池；2—消防泵；3—管网；4—控制蝶阀；5—压力表；6—湿式报警阀；7—泄放实验阀；8—水流指示器；
9—喷头；10—高位水箱；11—延迟器；12—过滤器；13—水力警铃；14—压力开关；15—报警控制开关；
16—非标控制箱；17—水泵启动箱；18—探测器；19—水泵接合器

（2）工作原理：保护区域内发生火灾时，温度升高使闭式喷头玻璃球炸裂而使喷头开启喷水，这时湿式报警阀系统侧压力降低，供水压力大于系统侧压力（产生压差），使阀瓣打开（湿式报警阀开启），其中一路压力水流向洒水喷头，对保护区洒水灭火，同时水流指示器报告起火区域；另一路压力水通过延迟器流向水力警铃，发出持续铃声报警，报

警阀组或稳压泵的压力开关输出启动供水泵信号，完成系统启动。系统启动后，由供水泵向开放的喷头供水，开放喷头按不低于设计规定的喷水强度均匀喷水，实施灭火。

2. 干式自动喷水灭火系统

（1）喷头常闭灭火系统，管网中平时不充水，充有有压空气（或氮气），如图9-55所示。当建筑物发生火灾火点温度达到开启闭式喷头时，喷头开启，排气、充水、灭火。该系统灭火时，需先排气，故喷头出水灭火不如湿式系统及时。但管网中平时不充水，对建筑物装饰无影响，对环境温度也无要求，适用于采暖期长而建筑内无采暖的场所。为减少排气时间，一般要求管网的容积不大于2000L。

（2）工作原理：保护区域内发生火灾时，温度升高使闭式喷头玻璃球炸裂而使喷头开启释放压力气体。这时干式报警阀系统侧压力降低，供水压力大于系统侧压力（产生压差），使阀瓣打开（干式报警阀开启），其中一路压力水流向洒水喷头，对保护区洒水灭火，同时水流指示器报告起火区域；另一路压力水通过延迟器流向水力警铃，发出持续铃声报警，报警阀组或稳压泵的压力开关输出启动供水泵信号，完成系统启动。系统启动后，由供水泵向开放的喷头供水，开放喷头按不低于设计喷水强度喷水灭火。

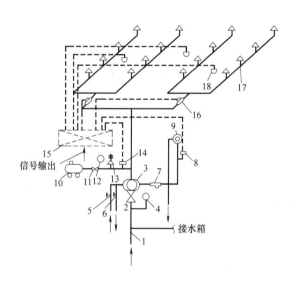

图9-55　干式自动喷水灭火系统图示

1—供水管；2—闸阀；3—干式阀；4—压力表；5、6—截止阀；7—过滤器；8—压力开关；
9—水力警铃；10—空压机；11—止回阀；12—压力表；13—安全阀；14—压力开关；
15—火灾报警控制箱；16—水流指示器；17—闭式喷头；18—火灾探测器

3. 预作用喷水灭火系统

（1）喷头常闭灭火系统，管网中平时不充水（无压），如9-56所示，发生火灾时，火灾探测器报警后，自动控制系统控制阀门排气、充水，由干式变为湿式系统。只有当着火点温度达到开启闭式喷头时，才开始喷水灭火。该系统弥补了上述2种系统的缺点，适用于对建筑装饰要求高，灭火要求及时的建筑物。

（2）工作原理：保护区域出现火警时，探测系统首先动作，打开预作用雨淋阀以及系统中用于排气的电磁阀（出口接排气阀），此时系统开始充水并排气，从而转变为湿式系统，如果火势继续发展，闭式喷头开启喷水，进行灭火。这样就克服了雨淋系统会因探测

116

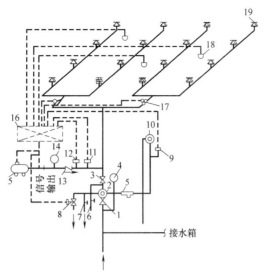

图 9-56 预作用喷水灭火系统图示

1—总控制阀；2—预作用阀；3—检修闸阀；4—压力表；5—过滤器；6—截止阀；7—手动开启截止阀；
8—电磁阀；9—压力开关；10—水力警铃；11—压力开关（启闭空压机）；12—低气压报警压力开关；
13—止回阀；14—压力表；15—空压机；16—报警控制；17—水流指示器；
18—火灾探测器；19—闭式喷头

系统误动作而导致误喷的缺陷。如果系统中任一喷头玻璃球意外破碎，则会从该喷头处喷出气体，导致系统中气压迅速下降，降低监控开关动作，发出报警信号，提醒值班人员出现异常情况，但预作用雨淋阀没有动作，所以系统不会喷水，从而克服了湿式系统会因喷头误动作所引起误喷造成水渍的缺陷。

4. 雨淋喷水灭火系统

（1）喷头常开灭火系统，当建筑物发生火灾时，由自动控制装置打开集中控制阀门，使整个保护区域所有喷头喷水灭火，如图 9-57 所示。适用于火灾蔓延快、危险性大的建筑或部位。

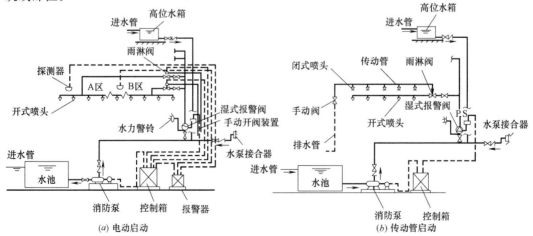

(a) 电动启动　　　　　　　　(b) 传动管启动

图 9-57 雨淋喷水灭火系统图示

（2）工作原理：当保护区发生火灾时，感温感烟探测器探测到火灾信号，通过火灾报警灭火控制器，直接打开隔膜雨淋阀的电磁阀，使压力腔的水快速排出，由于压力腔泄压，从而作用于阀瓣下部的水迅速推起阀瓣，水流即进入工作腔，流向整个管网喷水灭火（如值班人员发现火警也可以手动打开手动快开阀而实现雨淋阀的动作），同时一部分压力水流向报警管网，使水力警铃发出铃声报警、压力开关动作，给值班室发出信号指示或直接启动消防水泵供水。

二、喷头及控制配件

1. 喷头

闭式喷头的喷口用热敏元件组成的释放机构封闭，当达到一定温度时能自动开启，如玻璃球爆炸、易熔合金脱离。其构造按溅水盘的形式和安装位置有直立型、下垂型、边墙型、普通型、吊顶型和干式下垂型洒水喷头之分（见图9-58）。开式喷头根据用途又分为开启式、水幕2种类型，其构造如图9-59所示。

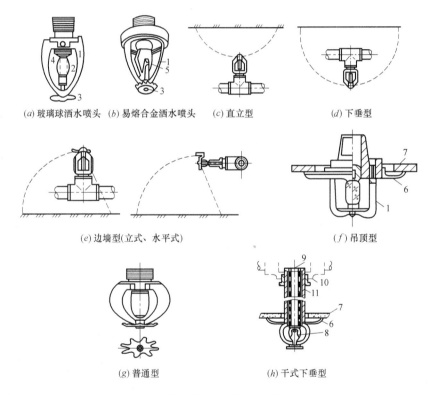

图 9-58　闭式喷头构造

1—支架；2—玻璃球；3—溅水盘；4—喷水口；5—合金锁片；6—装饰罩；
7—吊顶；8—热敏原件；9—钢球；10—钢球密封圈；11—套筒

上述各种喷头的技术性能和指标见表9-4。

2. 报警阀

报警阀的作用是开启和关闭管网的水流，传递控制信号至控制系统并启动水力警铃直接报警。有湿式、干式、干湿式和雨淋式4种类型，如图9-59所示。湿式报警阀用于湿式自动喷水灭火系统，干式报警阀用于干式自动喷水灭火系统；干湿式报警阀是由湿式、干式报警阀依次连接而成，在温暖季节用湿式装置，在寒冷季节则用干式装置。雨淋阀用于雨淋、预作用、水幕、水喷雾自动喷水灭火系统。

几种类型喷头的技术性能参数 表 9-4

喷头类别	喷头公称口径 (mm)	动作温度(℃)和色标	
		玻璃球喷头	易熔元件喷头
闭式喷头	10、15、20	57—橙,68—红, 79—黄,93—绿, 141—蓝,182—紫红, 227—黑,343—黑	57～77—本色 80～107—白 121～149—蓝 163～191—红 204～246—绿 260～302—橙 320～343—黑
开式喷头	10、15、20		
水幕喷头	6、8、10、12.7、16、19		

(1)双臂下垂型 (2)单臂下垂型 (3)双臂直立型 (4)双臂边墙型

(a) 开式洒水喷头

  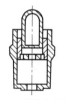

(5)双隙式 (6)单隙式 (7)窗上式 (8)檐口式

(b) 水幕喷头

(9-1)高速喷雾式 (9-2)高速喷雾式 (10)中速喷雾式
(一) (二)

(c) 喷雾式

图 9-59 开式喷头构造

干湿式报警阀是由湿式、干式报警阀依次连接而成，在温暖季节用湿式装置，在寒冷季节则用干式装置。雨淋阀用于雨淋、预作用、水幕、水喷雾自动喷水灭火系统。报警阀有 DN50、DN65、DN80、DN125、DN150、DN200 等 8 种规格。报警阀构造如图 9-60 所示。

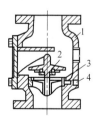 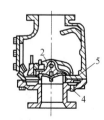 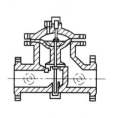

(a) 座圈型湿式阀　　(b) 差动式干式阀　　(c) 雨淋阀

图 9-60 报警阀构造

1—阀体；2—阀瓣；3—沟槽；4—水力警铃接口；5—弹性隔膜

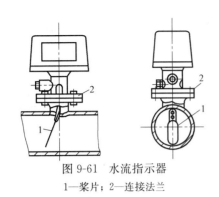

图 9-61　水流指示器
1—桨片；2—连接法兰

3. 水流报警装置

水流报警装置主要有水力警铃、水流指示器和压力开关。水力警铃主要用于湿式喷水灭火系统，宜装在报警阀附近（其连接管不宜超 6m）。当报警阀打开消防水源后，具有一定压力的水流冲动叶轮打铃报警，水力警铃不得由电动报警装置取代。

水流指示器用于湿式喷水灭火系统中。当某个喷头开启喷水或管网发生水量泄漏时，管道中的水产生流动，引起水流指示器中桨片随水流而动作，接通延时电路 20～30s 之后，继电器触电吸合发出区域水流电信号，送至消防控制室，如图 9-61 所示。通常将水流指示器安装于各楼层的配水干管或支管上。压力开关垂直安装于延迟器和水力警铃之间的管道上。在水力警铃报警的同时，依靠警铃管内水压的升高自动接通电触点，完成电动警铃报警，向消防控制室传送电信号或启动消防水泵。

4. 延迟器

延迟器是一个罐式容器，安装于报警阀与水力警铃（或压力开关）之间。用来防止由于水压波动引起报警阀开启而导致误报。报警阀开启后，水流需经 30s 左右充满延迟器后方可冲打水力警铃。

5. 火灾探测器

火灾探测器是自动喷水灭火系统的配套组成部分。目前常用的有感烟、感温探测器，感烟探测器是利用火灾发生地点的烟雾浓度进行探测，感温探测器是通过火灾引起的温升进行探测。火灾探测器布置在房间或走道的顶棚下面，其数量应根据探测器的保护面积和探测区面积计算而定。

第九节　热水采暖系统

一、室内采暖系统的分类与组成

1. 供暖系统常用的热媒有水、蒸汽和空气。以热水作为热媒的供暖系统称为热水供暖系统。

2. 按热水参数的不同分为低温热水供暖系统（供水温度低于 100℃，供水一般为 95℃，回水一般为 70℃）和高温热水供暖系统（供水温度高于 100℃，国内一般供水为 110～150℃，回水为 70℃）。

3. 热水供暖系统按循环动力的不同，可分为自然循环系统和机械循环系统。

4. 按供回水的方式分类，热水和蒸汽供暖均有回水，根据回水的方式不同，可分为单管和双管系统。

二、室内热水采暖系统循环方式及特点

1. 自然（重力）循环热水供暖系统

（1）图 9-62 所示为自然循环热水供暖系统的工作原理图。运行前，先将系统内充满

水，水在锅炉中被加热后，密度减小，水向上浮升，经供水管道流入散热器。在散热器内热水被冷却，密度增加，水再沿回水管道返回锅炉。在水的循环流动过程中，供水和回水由于温度差的存在，产生了密度差，系统就是靠供、回水的密度差作为循环动力的，这种系统称为自然（重力）循环热水供暖系统。

自然循环作用压力的大小与供、回水的密度差和锅炉中心与散热器中心的垂直距离有关。低温热水供暖系统，供回水温度一定（95℃/70℃）时，为了提高系统的循环作用压力，锅炉的位置应尽可能降低，但自然循环系统的作用压力一般都不大，作用半径以不超过50m为好。

（2）自然循环热水供暖系统的形式及作用压力

图9-63左侧为双管上供下回式系统，右侧为单管上供下回式（顺流式）系统。热水供暖系统在充水时，如果未能将空气完全排净，随着水温的升高或水在流动中压力的降低，水中溶解的空气会逐渐析出，空气会在管道的某些高点处形成气塞，阻碍水的循环流动，空气如果积存于散热器中，散热器就会不热。另外，氧气还会加剧管路系统的腐蚀。所以，热水供暖系统应考虑如何排空气。自然循环上供下回式热水供暖系统可通过设在供水总立管最上部的膨胀水箱排空气。

在自然循环系统中，水平干管中水的流速小于0.2m/s，而干管中空气气泡的浮升速度为0.1～0.2m/s、立管中空气气泡的浮升速度约为0.25m/s，一般都超过了水的流动速度，因此空气能够逆着水流方向向高处聚集。

自然循环上供下回式热水供暖系统的供水干管应顺水流方向设下降坡度，坡度值为0.005～0.01，散热器支管也应沿水流方向设下降坡度，坡度值为0.01，以便空气能逆着水流方向上升，聚集到供水干管最高处设置的膨胀水箱排除。回水干管应该有向锅炉方向下降的坡度，以便于系统停止运行或检修时，能通过回水干管顺利泄水。

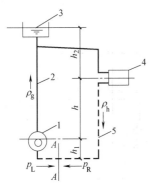

图9-62 自然循环热水供暖系统工作原理
1—热水锅炉；2—供水管路；3—膨胀水箱；
4—散热器；5—回水管路

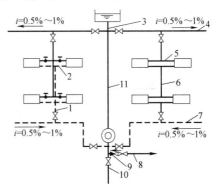

图9-63 自然循环热水供暖系统
1—回水立管；2—回水支管；3—膨胀水箱连接管；
4—供水干管；5—供水支管；6—供水立管；7—回水
干管；8—充水管（接上水管）；9—止回阀；
10—泄水管（接下水道）；11—总立管

1）自然循环双管上供下回式系统：图9-63左侧所示为双管上供下回式系统，如果选用不同管径仍不能使上下各层阻力平衡，流量就会分配不均匀，出现上层过热、下层过冷的垂直失调问题，楼层越多，垂直失调问题就越严重。进行双管系统的水力计算时，必须考虑各层散热器的自然循环作用压力差,也就是考虑垂直失调产生的附加压力。多层建筑物为避免垂直失调,多采用单管上供下回式系统。

2)自然循环单管上供下回式系统:图9-63右侧所示为单管上供下回式系统,每根立管(包括立管上各组散热器)与锅炉、供回水干管形成一个循环环路,各立管环路是并联关系。

2. 机械循环热水供暖系统

(1)机械循环系统与自然循环系统的区别:图9-64所示为机械循环上供下回式系统,系统中设置了循环水泵、膨胀水箱、集气罐和散热器等设备。

1)循环水泵一般设在锅炉入口前的回水干管上,该处水温最低,可避免水泵出现气蚀现象。

2)膨胀水箱连接点和作用不同,机械循环系统膨胀水箱设在系统的最高处,水箱下部接出的膨胀管连接在循环水泵入口前的回水干管上,其作用除了容纳水受热膨胀而增加的体积外,还能恒定水泵入口压力,保证水泵入口压力稳定;自然循环系统将水箱的膨胀管接在供水总立管的最高处。

图9-64所示的机械循环热水供暖系统中,膨胀水箱与系统的连接点为O。系统充满水后,水泵不工作系统静止时,环路中各点的测压管水头均相等。因膨胀水箱是开式高位水箱,所以环路中各点的测压管水头线是过膨胀水箱水面的一条水平线,即静水压线。

(2)机械循环热水供暖系统按管道敷设方式不同,分为垂直式系统和水平式系统。

1)垂直式上供下回式系统如图9-65所示,有单管和双管两种形式;图9-65左侧为双管系统,双管系统的垂直失调问题在机械循环热水供暖系统中仍然存在,设计计算时必须考虑各层散热器并联环路之间的作用压力差;图9-65右侧为单管系统,立管Ⅰ为单管顺流式,支管上不允许安装阀门。

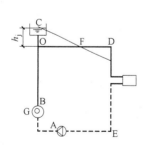

图9-64 机械循环膨胀水箱的不正确接法

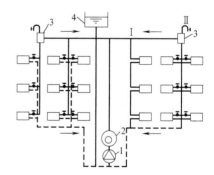

图9-65 机械循环上供下回式热水供暖系统
1—循环水泵;2—热水锅炉;3—集气装置;4—膨胀水箱

立管Ⅱ为单管跨越式,该系统可以在散热器支管或跨越管上安装阀门,可调节进入散热器的流量。

2)双管下供下回式系统的供水干管和回水干管均敷设在所有散热器之下,如图9-66所示,双管下供下回式系统运行时,必须解决好空气的排除问题,在顶层散热器上部设置排气阀排气,如图9-66左侧立管;在供水立管上部接出空气管,将空气集中汇集到空气管末端设置的集气罐或自动排气阀排除。

3）中供式如图9-67所示，下部的上供下回式系统，由于层数减少，可以缓和垂直失调问题。

4）下供上回（倒流）式如图9-68所示，供水干管设在所有散热设备之下，回水干管设在所有散热设备之上，膨胀水箱连接在回水干管上。回水经膨胀水箱流回锅炉房，再被循环水泵送入锅炉。

5）水平式系统：水平单管顺流式系统如图9-69所示；水平单管跨越式系统如图9-70所示。

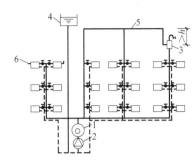

图9-66　机械循环双管下供下回式热水供暖系统
1—热水锅炉；2—循环水泵；3—集气罐；
4—膨胀水箱；5—空气管；6—放气阀

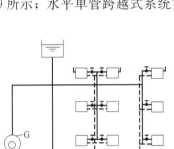

图9-67　机械循环中供式热水供暖系统

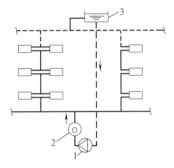

图9-68　机械循环下供上回（倒流）式热水供暖系统
1—循环水泵；2—给水锅炉；3—膨胀水箱

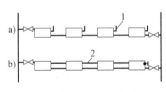

图9-69　水平单管顺流式系统
1—放气阀；2—空气管

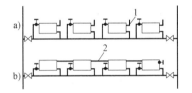

图9-70　水平单管跨越式系统
1—放气阀；2—空气管

水平式系统必须考虑好空气的排除问题，可通过在每组散热器上设放气阀排空气。

3．异程式和同程式系统：异程式系统指通过各立管的循环环路总长度不相等，如图9-71所示；同程式系统各立管的循环环路总长度相等，阻力易于平衡，如图9-72所示。

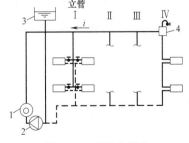

图9-71　异程式系统
1—热水锅炉；2—循环泵；3—膨胀水箱；4—集气管

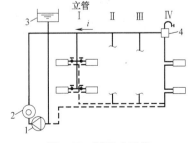

图9-72　同程式系统
1—循环泵；2—热水锅炉；3—膨胀水箱；4—集气管

三、分户热计量采暖系统

1. 热计量装置安装

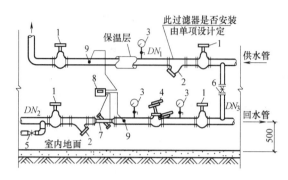

图 9-73　建筑物带热计量表的热力入口装置

1、6—阀门；2—过滤器；3—压力表；4—平衡阀；5—闸阀；
7—流量计；8—积分仪；9—温度传感器

（1）建筑物热力入口热计量装置如图 9-73 所示，积分仪到电磁干扰源（如开关、荧光灯）的距离要大于 1m。热量表宜装在回水管上，热量表口径为 32～40mm 时，宜采用整体式机械热量表；口径为 50～70mm 时，宜采用机械热量表；口径为 80～150mm 时宜采用超声波或机械式热量表；口径大于 200mm 时，宜采用超声波热量表。选用整体式或分体式应根据安装地点情况确定。超声波热量表规格大于等于 DN80 时，进口侧直管段长度为 20 倍的接管直径，整体式机械热量表流量传感器前后直管的长度不宜小于 5 倍的接管直径。

（2）分户入口热计量装置可设于管井中或专用表箱中。图 9-74 为分户热计量装置组成，分户流量计安装于供水管上。图 9-75 与图 9-76 为设于管道井的低入户做法参考。图 9-77 为分户热量表箱安装示意，表箱可设于楼梯间侧墙中（类似于消火栓箱），入户管标高与室内做法相配合，立管设于楼梯间且要保温。

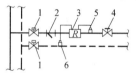

图 9-74　分户热计量装置组成

1—锁闭阀；2—水过滤器；3—整体式热量表；
4—调节阀；5—供水管温度传感器；
6—回水管温度传感器

（3）系统进行试压、冲洗时，要将热量表和过滤器用短管置换下来，待冲洗合格后再装上。试压要求同前述。

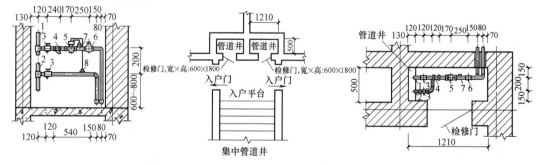

图 9-75　分户热计量表入口详图（一）

1—共用供水立管；2—共用回水立管；3—锁闭阀；4—水过滤器；5—整体式热量表；
6—手动调节阀；7—供水管温度传感器；8—回水管温度传感器

（4）温度传感器安装如图 9-78 所示。对内径为 5mm 的浸渍套管，先拆下传感器套管，把密封环推至传感器电缆上，使温度传感器能最大限度地插入浸渍套管内，而后用螺

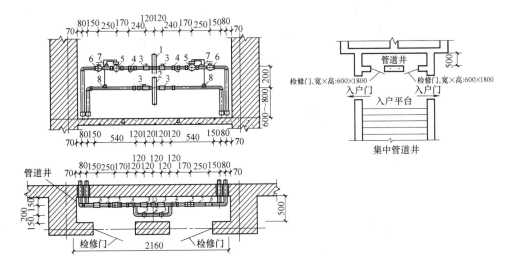

图 9-76 分户热计量表入口详图（二）

1—共用供水立管；2—共用回水立管；3—锁闭阀；4—水过滤器；5—整体式热量表；
6—手动调节阀；7—供水管温度传感器；8—回水管温度传感器

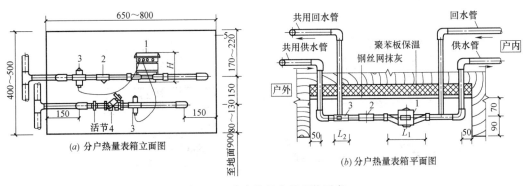

(a) 分户热量表箱立面图

(b) 分户热量表箱平面图

图 9-77 分户热量表箱安装示意

1—热量表；2—过滤器；3—锁闭阀；4—手动调节阀；5—热量表箱

帽固定；对内径为 6mm 的浸渍套管，则无需密封环，把带套管的传感器最大限度地插入浸渍套管内，即可固定。

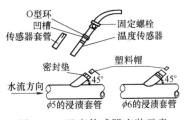

图 9-78 温度传感器安装示意

2. 户内管道安装（散热器采暖）

（1）分户计量采暖系统户内水平管道通常设置于地面垫层内，图 9-79 是管道埋设示意。

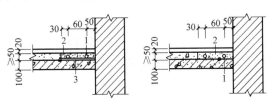

图 9-79 管道埋设示意

1—管道；2—保温垫层；3—绝热板

125

（2）图 9-80、图 9-81 明装管道为热镀锌钢管，垫层内为交联聚乙烯（PEX）管或交联铝塑复合（XPAP）管的双管系统和单管系统散热器接管示意。PEX 管与 XPAP 管在垫层内不许有接口，故有图示做法。

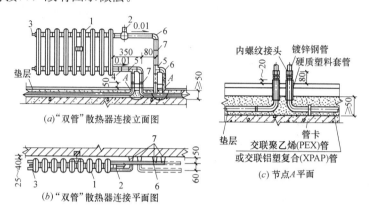

图 9-80　双管系统散热器连接详图

1—散热器；2—两通温控阀或手动调节阀；3—排气阀；4—活接头；
5—三通管件；6—弯头管件；7—管卡

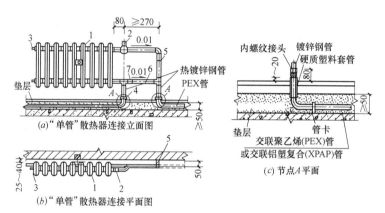

图 9-81　单管系统散热器连接详图

1—散热器；2—单管系统专用低阻两通温控阀；3—排气阀；
4—内螺纹接头；5—管卡；6—跨越管；7—活接头

（3）图 9-82、图 9-83 明装管道采用热镀锌钢管，垫层内为无规共聚聚丙烯（PP-R）管或聚丁烯（PB）管的双管系统和单管系统散热器接管示意。PP-R 管与 PB 管在散热器接口处可用同材质管件热熔连接，故有图示做法。

四、散热器安装

供暖散热器按材质不同分为铸铁散热器（如柱型、翼型、辐射对流型等）、钢制散热器（如柱式、板式、扁管式等）、铝合金散热器、全铜管道散热器等。

1. 铸铁散热器的组对

（1）组对散热器所用材料

1）散热器：若一组散热器为 n 片时，如果落地安装，当 $n \leqslant 14$ 片时，应有两片为带

126

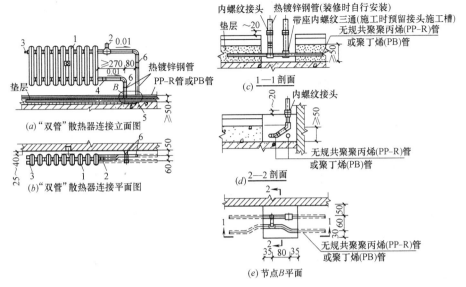

图 9-82　双管系统散热器连接详图（PP-R、PB管）

1—散热器；2—两通温控阀或手动调节阀；3—排气阀；

4—活接头；5—镀锌三通管件；6—管卡

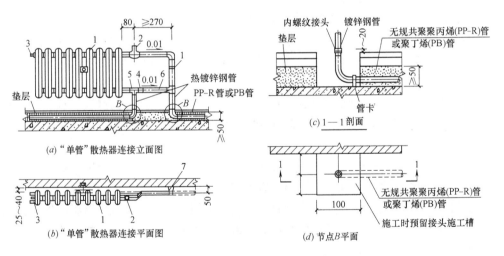

图 9-83　单管系统散热器连接详图

1—散热器；2—单管系统专用两通温控阀；3—排气阀；

4—活接头；5—跨越管；6—管卡

腿（足片）；当 $n \geqslant 15$ 片时，应有三片足片，其余为中片，而且应设外拉条（8mm 圆钢制成）。如果是挂装，则不需足片。散热器内螺纹一端为正扣，另一端为反扣，$DN40$ 的较多用，也有 $DN32$ 和 $DN25$ 的内螺纹。

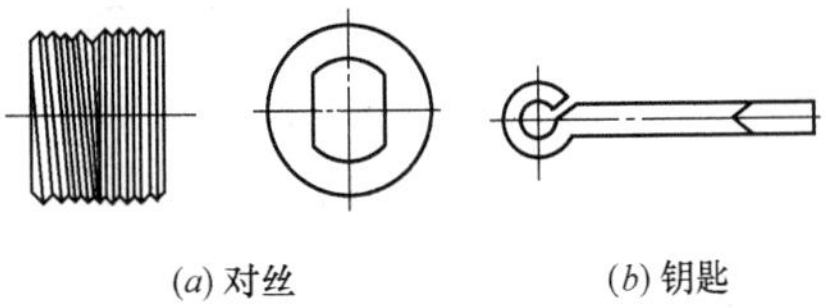

2）对丝：对丝是单片散热器之间的连接件，通常有外螺纹，但一端为正扣，另一端为反扣，如图 9-84（a）所示。组对 n 片散热器需要 2（$n-1$）个对丝。对丝口径与散热器的内螺纹一致。

(a) 对丝　　　(b) 钥匙

图 9-84　散热器对丝及钥匙外形

127

3）散热器垫片：每个对丝中部要套一个成品耐热石棉橡胶垫片，以密封散热器接口；数量为 $2(n+1)$ 个，组对后垫片外露不应大于 1mm。

4）散热器补芯：当连接散热器的管子 $DN<40$mm 时，则需上补芯，故其规格有 $DN40\times32$、$DN40\times25$、$DN40\times20$、$DN40\times15$，按接管口径选用。补芯也有正扣、反扣，接管与散热器同侧连接时，应使用正扣补芯，反扣堵头；通常每组散热器用 2 个补芯。

5）散热器堵头：用以将散热器不接管的一侧封堵住，规格与散热器内螺纹一致，也为 $DN40$，也有正、反扣之分，通常尽可能用反扣堵头。散热器如需局部放气时，可在堵头上打孔攻丝，装手动跑风门。

（2）组对散热器的工具：伸入接口扭动对丝的工具称为钥匙，形状如图 9-84（b）所示，可用螺纹钢打制，钥匙头做成长方形断面，可深入并扭紧对丝，钥匙尾部可如图示煨成环状以便插入加力杠，也可在尾部直接焊一横柄，需加力时在柄端套上短管以增大力臂。组对用的钥匙长度为 $250\sim400$mm 即可，检修散热器用的钥匙可长些，必须从端口伸入到要拆卸的部位。

（3）散热器的组对

1）端片上架：对长翼形，应使散热片平放，接口的反螺纹朝右侧；对柱形，端片应为足片（或中片），平放使接口的正螺纹朝上，以便于加力。

2）上对丝：按散热片螺纹的正反，拧上对丝。拧入时可多拧入几扣，以试验其松紧度，如能较轻松地用手拧入数扣时，则为松紧度合适，此时退回对丝，使其仅拧入 $1\sim2$ 扣即可。

3）合片：将与端片接口螺纹相反的散热片的顶部对顶部，底部对底部，不可交差错对。

4）组对：插入钥匙开始用手扭动钥匙进行组对。先轻轻地按加力的反方向扭动钥匙，当听到有入扣的响声时，表示正、反两方向的对丝均已入扣，此时换成加力方向继续扭动钥匙，使接口正反两方向同时进扣，直至用手扭不动后，再插加力杠（$DN25$ 钢管约 0.6m）加力，直到垫圈压紧。

组对时应特别注意上下（左右）两接口均匀进扣，不可在一个接口上加力过快，否则除加力困难外，常常会扭碎对丝。组对时，应注意中间足片要置于散热器组的中间（或接近中心）位置上，在组对到设计片数时，应使最后一片为足片。组对后的散热器平直度允许偏差应满足表 9-5 的要求。

组对后的散热器平直度允许偏差　　　　　　　　　　　　　　表 9-5

项次	散热器类型	片数	允许偏差（mm）
1	长翼型	$2\sim4$	4
		$5\sim7$	6
2	铸铁片型	$3\sim15$	4
	刚制片型	$16\sim25$	6

圆翼型散热器的组对，应在已安装好的托钩上进行。组对前，将各铸铁法兰密封面用锯条刮光，石棉橡胶垫圈两侧涂以白厚漆，垫圈端正地加入法兰后，按对角加力拧紧法

兰，法兰螺栓应加垫。组对时，应使散热器轴向铸铁拉筋处于同一直线上，两侧接管法兰的选择，对热水系统，应使用偏心法兰，进水管接管中心偏上方，回水管中心偏下方；对蒸汽系统，进汽管用正心法兰，凝结水管用偏心法兰，使接管中心偏下方。

2. 散热器试压

组对后的散热器以及整组出厂的散热器，在安装之前应做水压试验。试验压力如设计无要求时应为工作压力的 1.5 倍，且不小于 0.6MPa。试验时间为 2～3min，压力不降且不渗不漏为合格，图 9-85 为工地常用的单组散热器试压装置，也可用于系统试压。

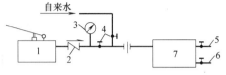

图 9-85　散热器试压装置
1—手压泵；2—止回阀；3—压力表；4—截止阀；
5—放气阀；6—放水管；7—散热器

3. 散热器安装

（1）散热器支、托架数量及位置应符合表 9-6 的要求，其安装位置如图 9-86 所示。

散热器支、托架的数量　　　　　　　　　　　　表 9-6

项次	散热器型式	安装方式	每组片数	上部托钩或卡架数	下部托钩或卡架数	合计
1	长翼型	挂墙	2～4	1	2	3
			5	2	2	4
			6	2	3	5
			7	2	4	6
2	柱型、柱翼型	挂墙	3～8	1	2	3
			9～12	1	3	4
			13～16	2	4	6
			17～20	2	5	7
			21～25	2	6	8
3	柱型、柱翼型	带足落地	3～8	1	—	1
			9～12	1	—	1
			13～16	2	—	2
			17～20	2	—	2
			21～25	2	—	2

（2）散热器可挂装，也可足片落地安装。图 9-87～图 9-91 是常见散热器在墙体上的安装情况，供施工参考，图中 n 表示复合墙保温厚度。一般情况下，散热器背面与装饰后的墙面的距离为 30mm。

图 9-88 为散热器托钩做法示意图，图 9-89 为散热器卡子及支座详图。

图 9-90 为散热器托架详图。现在有些厂家生产的托钩和卡子的生根方法已与膨胀螺栓结合起来。

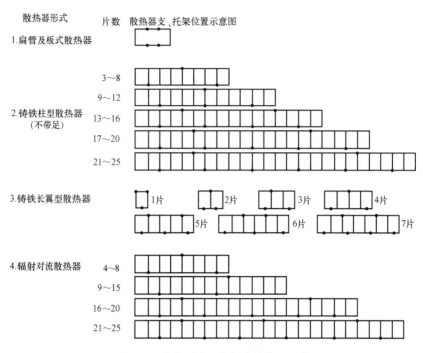

图 9-86 散热器支、托架安装位置示意

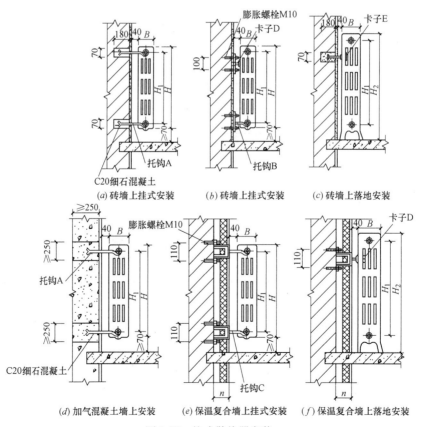

图 9-87 柱式散热器安装

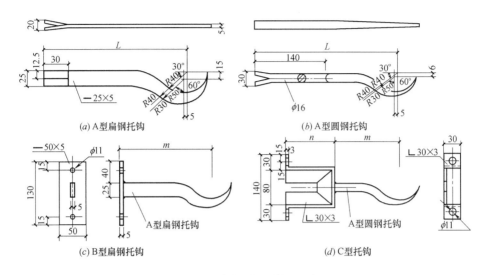

图 9-88　散热器托钩做法示意

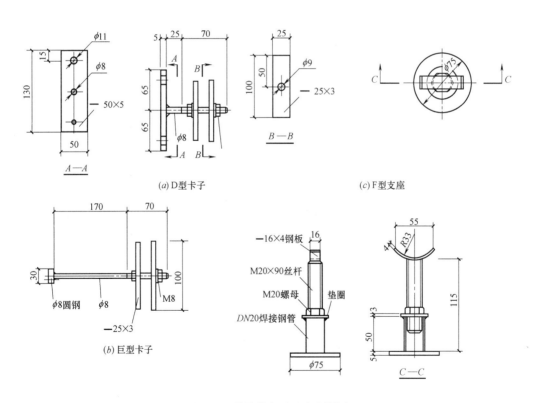

图 9-89　散热器卡子及支座详图

图 9-91 为双立管系统柱型散热器的连接示意图。立管绕支管的元宝弯详图如图 9-92 所示，加工尺寸参见表 9-7。现在市场也有玛钢成品供应，不需现场煨制。

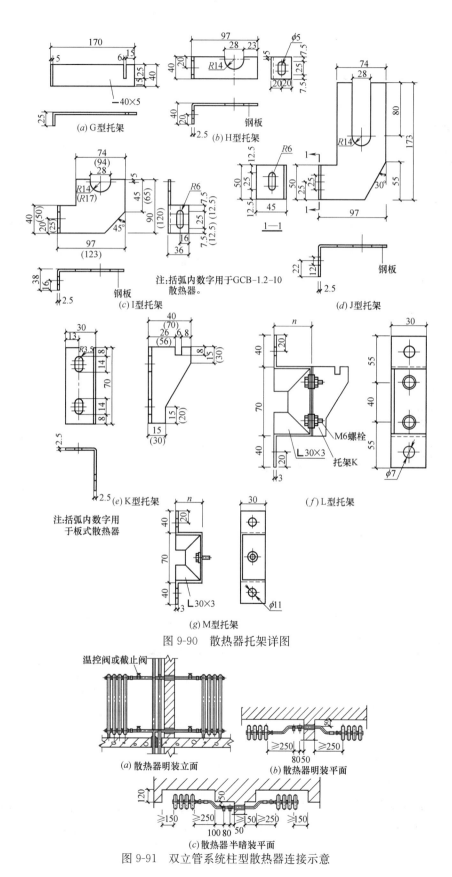

图 9-90 散热器托架详图

(a) G 型托架

(b) H 型托架

(c) I 型托架

注:括弧内数字用于GCB-1.2-10散热器。

(d) J 型托架

(e) K 型托架

注:括弧内数字用于板式散热器

(f) L 型托架

(g) M 型托架

温控阀或截止阀

(a) 散热器明装立面

(b) 散热器明装平面

(c) 散热器半暗装平面

图 9-91 双立管系统柱型散热器连接示意

图 9-92 元宝弯详图

元宝弯加工尺寸（单位：mm） 表 9-7

DN	R_1	R_2	L	H
15	60	40	150	35
20	80	45	170	35
25	100	50	200	40
32	130	75	250	45

图 9-93 为单立管系统带跨越管及三通调节阀的柱型散热器安装示意图。

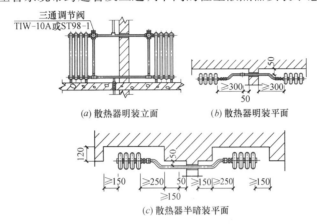

(a) 散热器明装立面　　　　(b) 散热器明装平面

(c) 散热器半暗装平面

图 9-93　单立管系统带跨越管及三通调节阀的柱型散热器安装示意

第十节　低温热水地板辐射采暖系统

一、低温热水地板辐射采暖系统的组成

1. 辐射供热地板的构造：由地面层、填充层、绝热层、防水层、防潮层、找平层及加热管组成。此外还有伸缩缝、固定管卡、钢丝网、扎带和插接式连接件；插接式连接件是将加热管直接插入连接件，由铜环、铜箍和接口上黄铜密封线完成密封的一种连接构件，用于 PP-R 及 PP-B 管与热媒集配装置的连接。

2. 地板辐射采暖系统的组成：由热媒集配装置以及埋设于地面垫层内的加热管组成。

（1）热媒集配装置（即分水器和集水器）

热媒集配装置有一个进口（或出口）和多个出口（或进口）的筒形承压装置，使断面的流速限制在一定范围内，并设置放气装置和各通路阀门以控制系统流量向各通路流量分配均匀。每一地板辐射供暖系统都应有独立的热媒集配装置，并应符合下列要求：有一套集配装置的分支路不宜多于 8 个，住宅每户至少应设置一套集配装置；集配装置的管径，应大于总供回水管径；集配装置应高于地板加热管，并配置排气阀；总供回水管和每一供回水分支路，均应配置截止阀或球阀；总供水管阀的内侧应设置过滤器；建筑设计应为集配装置的合理设置，提供适当条件；同一热媒集配装置系统各分支路的加热管长度宜尽量接近，并不超过 120m。不同房宅的各个主要房间，宜分别设置分支路。

（2）加热管：常选用铝塑复合管（PAP）、三型聚丙烯（PP-R）管、交联聚乙烯（PE-X）管。

二、低温热水地板辐射采暖系统循环方式及原则

1. 低温热水地板辐射采暖系统循环方式：蛇形：单蛇形、双蛇形、交错双蛇形；回形：单回形、双回形、对开双回形，这种方式埋管成高温管、低温管相隔布置，铺设弯曲均为90°弯，无埋管相交问题。

2. 布管原则

（1）加热管间距不宜大于300mm，采用回形、S形的布管方式；热损失明显不均匀的房间，宜将高温段优先布置于房间热损失较大的外窗或外墙侧。

（2）土壤上部，与不采暖房间相邻的楼板上部和住宅楼板上部的地板加热管之下，以及辐射供热地板沿外墙的周边，应铺设绝热层。绝热层采用聚苯乙烯泡沫塑料板时，厚度宜按下列要求：楼板上部：30mm（住宅受层高限制时不应小于20mm）；土壤上部：40mm；沿外墙周边：20mm。

辐射供热地板铺设在土壤之上时，绝热层以下应做防潮层；辐射供热地板铺设在潮湿房间（如卫生间、厨房和游泳池）内的楼板上时，填充层以上应做防水层。

三、低温热水地板辐射采暖管道的安装

1. 低温热水地板辐射户内管道布置如图9-94所示，图中直列形只适用于管间距大于300mm的布管方式。管道间距误差应小于10mm，管材为PE-X、XPAP、PB、PP-R等，入户管连接分水器、集水器后形成多个环路。分、集水器可明装或嵌墙安装。图9-95所示为嵌入墙槽内做法。一般分水器在上，集水器在下，集水器中心距地面不小于300mm。

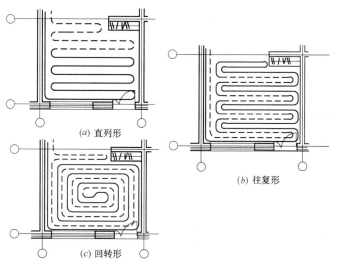

(a) 直列形
(b) 往复形
(c) 回转形

图9-94　管道布置示意

2. 管道在垫层内的做法如图9-96所示，绝热层拼接要严密且应错缝，保护层搭接处应重叠80mm以上并用胶带粘牢。管子固定方式可为绑扎或管卡固定，参见图9-97，管卡间距不宜大于500mm。

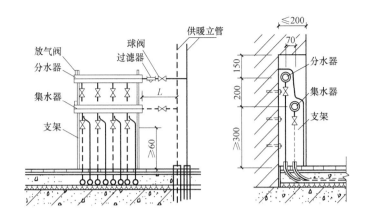

图 9-95　分、集水器安装示意

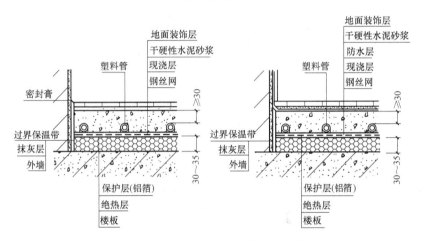

图 9-96　低温热水地板辐射供暖地面做法

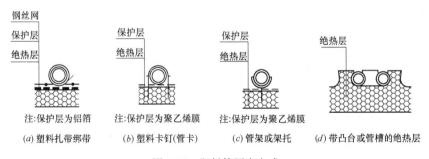

注:保护层为铝箔　　　注:保护层为聚乙烯膜　　　注:保护层为聚乙烯膜

(a) 塑料扎带绑带　　　(b) 塑料卡钉(管卡)　　　(c) 管架或架托　　　(d) 带凸台或管槽的绝热层

图 9-97　塑料管固定方式

3. 分水器、集水器附近管子密集处要进行隔热处理，加装隔热套管，做法详见图 9-98。

4. 塑料管曲率半径不小于管外径的 8 倍，复合管曲率半径不小于管外径的 5 倍；埋地管装毕，在浇筑垫层前试压时要关闭分、集水器前阀门，从注水排气阀注入清水进行试压。在保持管内试验压力的情况下方可进行混凝土的填充；系统试热应在混凝土浇筑完毕 21d 后进行，初始供水温度应为 20～25℃，保持 3d 后以最高设计温度保持 4d，同时应完成系统平衡调试。

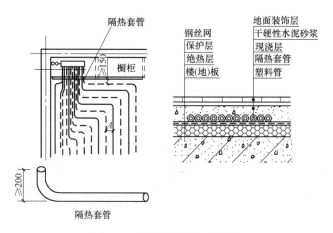

图 9-98　管道密集处隔热做法

第十一节　厂区热力系统

一、热力管道的特点及分类

1. 热力管道的特点：热力管道是利用热媒将热能从热源输送到热力用户，即输送热媒的管道；主要有热水和蒸汽两种热媒；热水靠传导和对流使自身温度降低而释放热能，蒸汽主要通过凝结放出热量。

2. 热力管道的分类：按输送的介质不同可分为热水和蒸汽两种；按管道敷设的区域分类可分为室外热力管道和室内热力管道；按介质的工作压力分类可分为高、中、低压三类，压力分类见表 9-8。

热力管道按介质工作压力分类　　　　　　　　　　表 9-8

管道类别	介质工作压力（MPa）	
	蒸汽	热水
高压	6.1～10.0	10.0～18.4
中压	2.6～6.0	4.1～9.9
低压	≤2.5	≤4.0

二、管道热膨胀

1. 热力管道钢管的热伸长量计算：

$$\Delta L = La(t_2 - t_1) \qquad (9\text{-}5)$$

式中　ΔL——管道的热伸长量，m；

　　　a——管道的线膨胀系数，钢管的 $a = 1.2 \times 10^{-5}$ 1/℃；

　　　t_2——管壁最高温度，可取热媒最高温度，℃；

　　　t_1——管道安装时的温度，℃；

　　　L——计算管段的长度，m。

2. 管道热胀应力的计算：　　$\sigma = Ea(t_2 - t_1) = Ea\Delta t$ 　　　　　　　(9-6)

把 $E = 2.0 \times 10^5$ MPa，$a = 1.2 \times 10^{-5}$ 1/℃，代入式（9-6）得：

钢管的内应力：$\qquad\qquad\qquad\qquad\sigma=2.4\Delta t$ $\qquad\qquad\qquad\qquad$(9-7)

钢管产生的热应力只与管道运行前后的温差有关。

3. 热胀推力的计算

管道热胀内应力存在，对固定管子支架和与其相连的设备会产生一定推力，其计算公式为：

$$P=\sigma \cdot F \qquad\qquad\qquad (9-8)$$

式中　P——热应力对固定点的推力，N；

$\qquad\sigma$——管道的热胀应力，Pa；

$\qquad F$——管道的横截面积，m^2。

相应钢管的推力 $P=2.4\times10^6\Delta t \cdot F$（N），热胀推力如得不到释放，对设备或支架将造成破坏。

三、管道的热补偿

1. 自然补偿：利用热力管道系统的自然转弯所具有的弹性来消除管道因受热介质作用而产生的膨胀伸长量，称为自然补偿。自然补偿器如图9-99 所示，是一种最简便、最经济的补偿器。

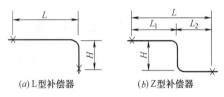

图 9-99　自然补偿器

L 型自然补偿器的管道长臂不应超过 20～25m；其短臂 H 按下式计算：

$$H=1.1\sqrt{\frac{\Delta LD}{300}} \qquad\qquad (9-9)$$

式中　H——短臂长度，m；

$\qquad\Delta L$——长臂 L 的热伸长量，mm；

$\qquad D$——管道外径，mm 。

Z 型自然补偿器中间臂 H 愈短、弯曲应力愈大。

2. 人工补偿器：常用的有方形补偿器、波形补偿器、套筒式补偿器等。

（1）方形补偿器：方形补偿器由 4 个 90°弯管组成，它有 4 种形式，如图 9-100 所示。

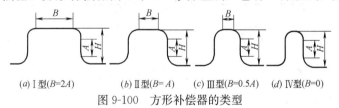

(a) I 型(B=2A)　　(b) II 型(B=A)　　(c) III 型(B=0.5A)　　(d) IV 型(B=0)

图 9-100　方形补偿器的类型

方形补偿器须用优质无缝钢管弯制而成，最好用一根管弯制。尺寸较大时也可以用两根或三根管焊接而成，焊缝应放在伸缩臂上，严禁放在水平臂上。当 $DN<200mm$ 时，焊缝应与伸缩臂垂直；当 $DN\geqslant200mm$ 时，伸缩臂与焊缝成 45°角。制作方形补偿器时，如采用冷弯，其弯曲半径应不小于 4 倍的管外径；如采用热弯，弯曲半径应不小于 3.5 倍的管外径；安装方形补偿器时应进行预拉伸。

（2）波形补偿器：利用波纹形管壁的弹性来吸收管道的热膨胀，波形补偿器的结构有三种：轴向型、横向型和角向型，如图 9-101 所示。

波形补偿器的适用范围：变形与位移量大而空间位置受到限制的管道；变形与位移量

大而工作压力低的大直径管道；工艺操作条件或从经济角度考虑要求阻力降和湍流程度尽

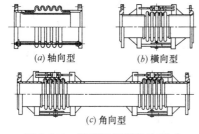

(a)轴向型　　　(b)横向型

(c)角向型

图 9-101　波形补偿器结构形式

可能小的管道；需要限制接管荷载的敏感设备进口管道；要求吸收隔离高频机械振动的管道；考虑吸收地震或地基沉陷的管道。

（3）套管式补偿器：又称为填料式补偿器，分为铸铁和钢质两种。常用的套管补偿器补偿量约为150～300mm，钢质适用于工作压力不超过 1.6MPa的热力管道上，有单向和双向两种形式；铸铁适用于 1.3MPa 以下的热力管道。

第十二节　空调水系统

一、空调水系统的组成和循环方式

空调水系统主要包括冷冻水、冷却水和热水系统，按运行调节方法可分为：定流量和变流量。

1. 开式系统和闭式系统：开式系统的末端水管路是与大气相通的，而闭式系统的管路并不是与大气相通；凡连接冷却塔、喷水室和水箱等设备的管路均构成开式系统，如图9-102 所示；图 9-103 中的水循环管路中没有开口处，是闭式系统。

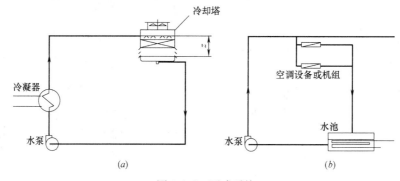

图 9-102　开式系统

2. 同程式和异程式回水方式：对于同程式回水方式如图 9-104 所示；异程式回水方式如图 9-105 所示。

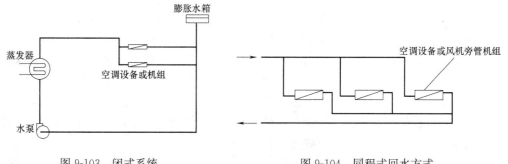

图 9-103　闭式系统　　　　　　　　　图 9-104　同程式回水方式

3. 定水量系统和变水量系统：定水量系统是通过改变供回水温差来适应房间的负荷变化要求，系统中的水流量是不变的；变水量系统则通过改变水流量（供回水温度不变）来适应房间负荷变化要求，系统要求空调负

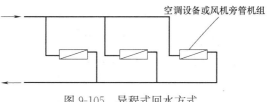

图 9-105　异程式回水方式

荷侧的供水量随负荷增减而变化，故输送能耗也将随之变化。

在定水量系统中，负荷侧（末端设备或风机盘管机组）大部分采用三通阀进行调节，如图 9-106 所示。这种三通阀进行双位控制，当室温没有达到设计值时，室温控制器使三通阀的直通阀座打开，旁通阀座关断，这时系统供水全部流经末端空调设备或风机盘管机组；当室温达到或超出设计值时，室温控制器使直通阀座关闭，旁通阀座开启，这时系统供水全部经旁通流入回水管系。

在变水量系统中，负荷侧通常采用双通调节阀进行调节，如图 9-107 所示。常用的双通阀也是双位控制的，当室温没有达到设计值时，双通阀开启，系统供水按设计值全部流经风机盘管机组；当室温达到或超出设计值时，由室温控制器作用使双通阀关闭，这时系统停止向该负荷点供水。变水量系统的管路内流量是随负荷变化而变化的，系统中水泵的配置和流量的控制必须采取相应措施。

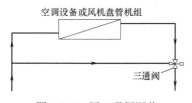

图 9-106　用三通阀调节

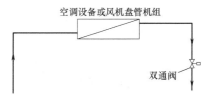

图 9-107　用双通阀调节

4. 单式水泵供水系统和复式水泵供水系统：单式水泵供水系统如图 9-108 所示，为了防止流过制冷机的水量过少，以致发生故障，应在供回水干管间设置旁通管路，如图中所示，在旁通管路上应装上压差控制阀，当流量过小，旁通阀两端压差太大时，在压差传感器作用下打开此阀以维持供回水干管间的压差在允许的波动范围以内；如果供冷或供热用同一管路，那么管路中应接入换热器 H（供热水时用），如图中虚线所示。

复式水泵供水系统如图 9-109 所示，冷热源侧设置一次泵，一般选用定流量水泵以维持一次环路内水流量基本不变；在负荷侧设置二次泵构成二次环路；各二次环路互相并联，并独立于一次环路；二次环路的划分取决于空调的分类要求。

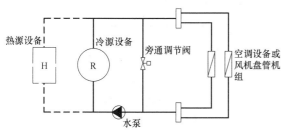

图 9-108　单式水泵供水系统图示

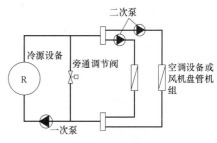

图 9-109　复式水泵供水系统图示

5. 二、三、四管制水系统，如图 9-110 所示。

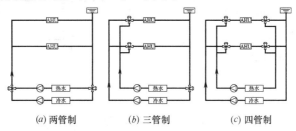

(a) 两管制　　　　(b) 三管制　　　　(c) 四管制

图 9-110　二、三、四管制水系统

两管制：冷水系统和热水系统采用相同的供水管和回水管，只有一供一回两根水管的系统；

三管制：分别设置供冷管路、供热管路、换热设备管路三根水管，其冷水与热水的回水管共用；

四管制：冷水和热水的系统完全单独设置供水管和回水管，可以满足高质量空调环境的要求。

二、空调水管道的布置和敷设要求

1. 表冷器的配管布置：如图 9-111 和图 9-112 所示。

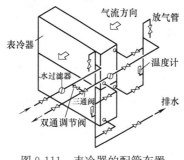

图 9-111　表冷器的配管布置

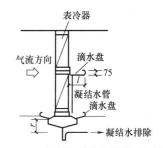

图 9-112　表冷器凝结水管的布置方法

2. 冷却塔的配管布置：如图 9-113 所示为一台冷却塔的冷却水系统管路布置图示，最好把制冷系统的冷凝器设置在水泵的压出段上；当多台冷却塔并联使用时，要特别注意避免因并联管路阻力不平衡造成水量分配不均或者冷却塔底池的水发生溢流的现象。为此，各进水管上必须设置阀门，借以调节进水量；同时在冷却塔的低池之间，用与进水干管相同管径的均压管（即平衡管）连接。此时，为使各冷却塔的出水量均衡，出水干管宜采用比进水干管大两号的集管并用 45°弯管与冷却塔各出水管连接，见图 9-114。

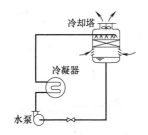

图 9-113　冷却塔的配管布置

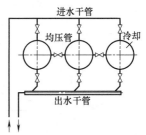

图 9-114　多台冷却塔并联时的管路布置

3. 水泵的配管布置：如图 9-115 所示。

4. 膨胀水箱的配管布置：在机械循环系统中，膨胀水箱应该接在水泵的吸入侧，而且装置的标高至少要高出水管系统最高点 1m；膨胀水箱的配管主要包括膨胀管、信号管、补给水管（有手动和自动控制）、溢流管、排污管、循环管，如图 9-116 中虚线所示。在水系统中，使膨胀水箱循环管和膨胀管的水在两连接点压差的作用下处于缓慢流动状态。

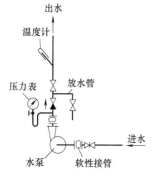

图 9-115 水泵的配管布置

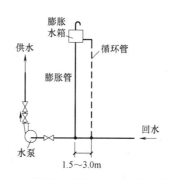

图 9-116 膨胀水箱与机械循环的系统连接

集气罐一般是用公称直径 100～150mm 的短钢管制成，它与系统的连接方法如图 9-117 所示。集气罐的放气管可选用公称直径为 15mm 的钢管制作。放气管上应安装放气阀，供系统充水时和运行时定期放气之用。

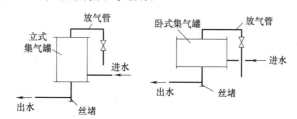

(a) 立式集气罐与系统管路的连接　(b) 卧式集气罐与系统管路的连接

图 9-117 集气罐与系统管路的连接

第十章 设备配管、附件及仪表设置

第一节 空调水系统设备配管、附件及仪表设置

一、制冷机组构造及其配管、附件和仪表的设置

冷水机组有很多种类型，如活塞式冷水机组、螺杆式冷水机组、离心式冷水机组、模块化冷水机组、水源热泵机组、溴化锂吸收式冷水机组（蒸汽、热水和直燃型）等。

1. 离心式冷水机组

（1）离心式冷水机组结构：主要由离心制冷压缩机、主电动机、蒸发器（满液式卧式壳管式）、冷凝器（水冷式满液式卧式壳管式）、节流装置、压缩机入口能量调节机构、抽气回收装置、润滑油系统、安全保护装置、主电动机喷液蒸发冷却系统、油回收装置及微电脑控制系统等组成，并共用底座，如图10-1所示。

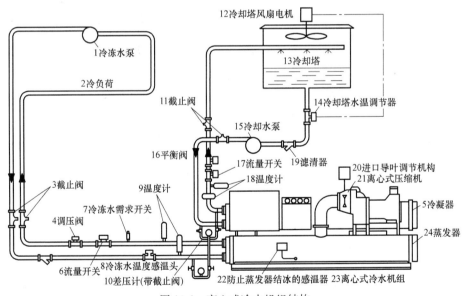

图10-1 离心式冷水机组结构

（2）典型离心式制冷机组，如图10-2所示。

2. 螺杆式冷水机组：构造如图10-3所示；配管及附件的设置，如图10-4所示。

二、冷却塔构造及其配管、附件的设置

1. 冷却塔的构造

（1）淋水装置：也叫淋水填料，进入的水流经填料后，溅散成细小的水滴或形成水

142

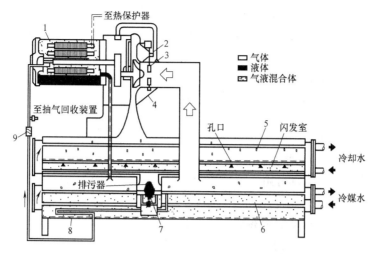

图 10-2 单级半封闭离心式制冷机组的制冷循环

1—电动机；2—叶轮；3—进口导流叶片；4—离心制冷压缩机；5—冷凝器；
6—蒸发器；7—节流阀；8—过冷盘管；9—过滤器

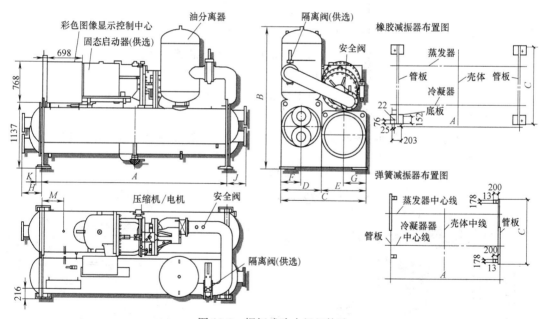

图 10-3 螺杆式冷水机组构造

膜，增加水和空气接触面积及延长接触时间，使水和空气进行热湿交换降低水温；分点滴式、薄膜式及点滴薄膜式三种。

点滴式：通常用水平的或倾斜布置的三角形或矩形枝条按一定间距排列而成。在这里，水滴下落过程中水滴表面的散热以及在板条上溅散而成的许多小水滴表面的散热约占总散热量的 $60\%\sim75\%$，而沿板条形成的水膜的散热只占总散热量的 $25\%\sim30\%$。一般来说，减小板条之间的距离，可增大散热面积，但会增加空气阻力，减小溅散效果；风速的高低也对冷却效果产生影响，一般在点滴式机械通风冷却塔中可采用 $1.3\sim2\mathrm{m/s}$，自然通风冷却塔中采用 $0.5\sim1.5\mathrm{m/s}$。

薄膜式：是利用间隔很小的平膜板或凹凸形波板、网格形膜板所组成的多层空心体，使水沿着其表面形成缓慢的水流，而冷空气则经多层空心体间的空隙，形成水气之间的接触面。水在其中的散热主要依靠表面水膜、格网间隙中的水滴表面和溅散而成的水滴三个部分，而水膜表面的散热居主要地位。

（2）配水系统：是把水均匀地分配到淋水装置的整个淋水面积上的设备，可提高冷却塔的冷却效果。

槽式配水系统：通常由水槽、管嘴及溅水碟组成，热水从管嘴落到溅水碟上，溅成无数小水滴射向四周，以达到均匀布水的目的。

管式配水系统：配水部分由干管、支管组成，它可采用不同的布水结构，只要布水均匀即可。

池式配水系统：配水池建于淋水装置正上方，池底均匀地开4～10mm孔口（或者装喷嘴、管嘴），池内水深一般不小于100mm，以保证洒水均匀。

（3）通风设备：通风设备是冷却塔的外壳、气流的通道，主要用来加强水和空气的热湿交换；风机采用风量大而风压小的轴流式风机，可通过调整叶片安装角度来调节风机的风压和风量；风机的电动机通常采用鼠笼封闭式，其接线端子应采取密封和防潮措施。

（4）空气分配装置：空气分配装置是冷却塔从进风口至喷水装置的部分。逆流式冷却塔是指进风口和导风板，横流式冷却塔只是指进风口。

（5）集水池和其他附属设备：集水池用来收集从淋水装置上洒落下来的冷却水；一般的冷却塔都有专门修建的集水池，而玻璃钢冷却塔的下塔体就是集水池。集水池上除出水管之外，还设有排污管、溢流管及补充水管等；此外，冷却塔还设有爬梯、观察窗、照明灯等附属设备。

（6）常见冷却塔的外观结构：圆形逆流（超）低噪声玻璃钢冷却塔，如图10-5所示。

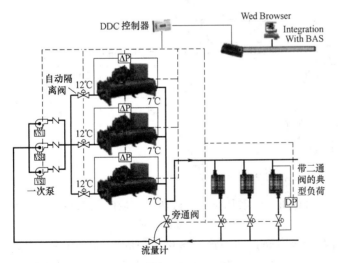

图10-4　螺杆式冷水机组配管及附件

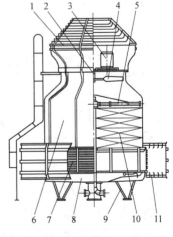

图10-5　圆形逆流（超）
低噪声玻璃钢冷却塔

1—出风口吸声屏；2—减速装置；3—电机；
4—风机；5—布水装置；6—上塔体；
7—进风百叶窗；8—下塔体；9—塔体支架；
10—淋水填料；11—进风口吸声屏

方形逆流超低噪声玻璃钢冷却塔，如图 10-6 所示。

2. 冷却塔配管及附件的设置

（1）冷却塔配管有：冷却水进水管、出水管、溢流管、补水管、排污管、泄水管，如图 10-7 所示。

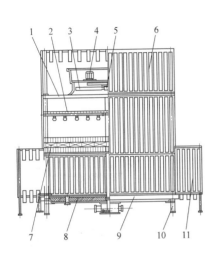

图 10-6　方形逆流超低噪声玻璃钢冷却塔

1—检修平台；2—布水及收水装置；3—风机；4—电机；
5—减速装置；6—出风口吸声屏；7—淋水填料；
8—降噪垫；9—下塔盘；10—钢架；11—进风口吸声屏

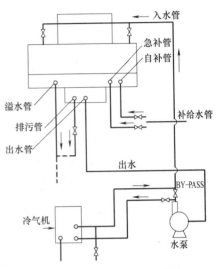

图 10-7　冷却塔配管及附件

1）两侧进水、双阀门控制进水，如图 10-8（a）所示。

(a) 两侧进水、双阀门控制进水

(b) 单侧进水、单阀门控制进水

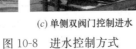

(c) 单侧双阀门控制进水

(d) 进水阀门在散水槽上方

图 10-8　进水控制方式

2）单侧进水、单阀门控制进水，如图 10-8（b）所示。

3）单侧双阀门控制进水如图 10-8（c）所示，进水阀门在散水槽上方如图 10-8（d）所示。

（2）常见几种冷却塔的配管图

1）LRCM-H 系列横流低噪声玻璃钢冷却塔配管，如图 10-9 所示。

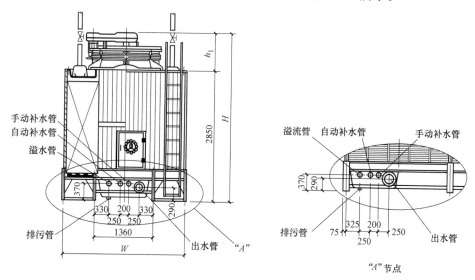

图 10-9　LRCM-H 系列横流低噪声玻璃钢冷却塔配管

2）RFDZ 系列方形逆流低噪声玻璃钢冷却塔水盘接管，如图 10-10 所示。

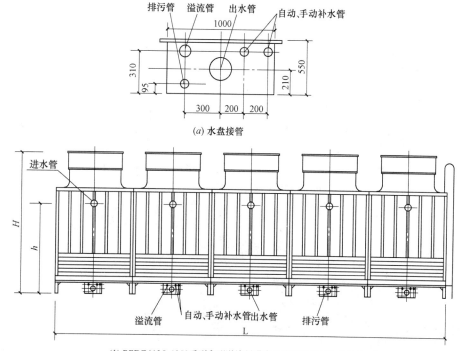

（a）水盘接管

（b）RFDZ1125-1250 系列方形逆流低噪声玻璃钢冷却塔水盘接管

图 10-10　RFDZ 系列方形逆流低噪声玻璃钢冷却塔水盘接管

三、软化水设备配管、附件及仪表的设置，如图 **10-11** 所示。

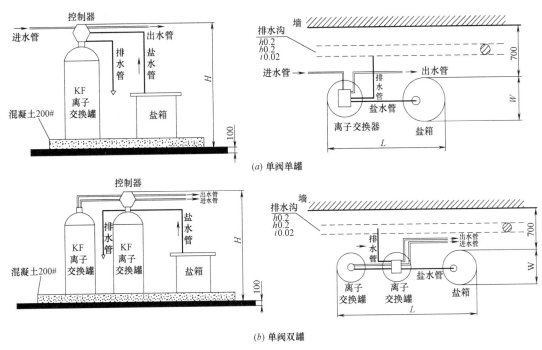

(a) 单阀单罐

(b) 单阀双罐

图 10-11　软化水设备配管、附件及仪表的设置

四、新风或空调机组配管、附件及仪表的设置，如图 **10-12** 所示。

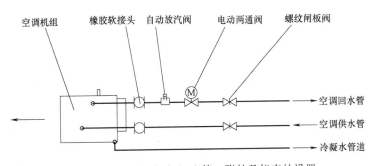

图 10-12　新风或空调机组配管、附件及仪表的设置

五、风机盘管配管、附件的设置

1. 风机盘管构造，如图 10-13 所示。

2. 风机盘管配管及附件安装，如图 10-14 所示。

六、分集水器配管、附件及仪表的设置，如图 **10-15** 所示。

分水器和集水器都是由主管、分路调解阀和接头、排气阀、泄水阀、主管终端堵头几个部件组成。

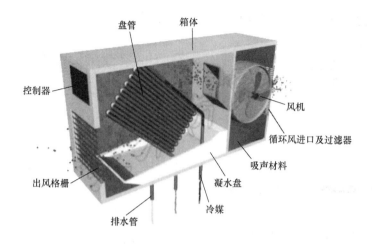

图 10-13　风机盘管构造

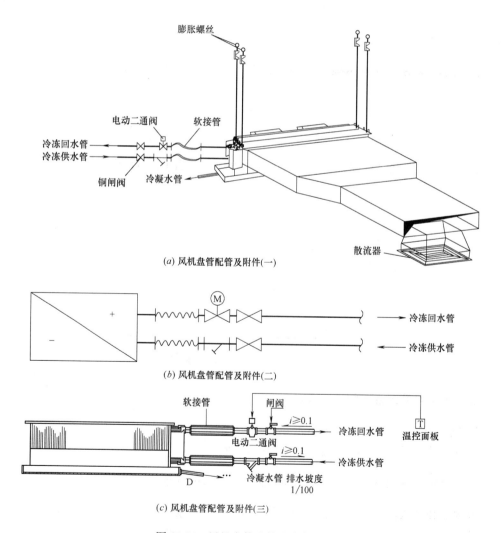

(a) 风机盘管配管及附件(一)

(b) 风机盘管配管及附件(二)

(c) 风机盘管配管及附件(三)

图 10-14　风机盘管配管及附件安装

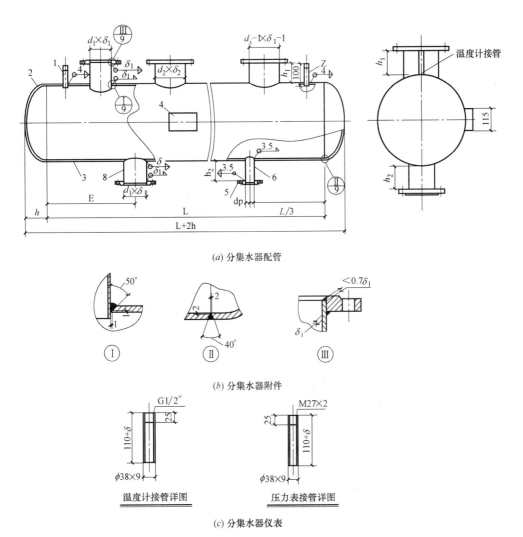

(a) 分集水器配管

(b) 分集水器附件

温度计接管详图　　　压力表接管详图

(c) 分集水器仪表

图 10-15　分集水器配管、附件及仪表的设置

第二节　热力系统设备配管、附件及仪表设置

一、快装锅炉的构造及其配管、附件和仪表的设置

1. 快装锅炉的构造，如图 10-16 所示。
2. 快装锅炉接管的设置，如图 10-17 所示。

二、换热器的构造及其配管、附件和仪表的设置

1. 半容积式换热器

（1）半容积式换热器的构造，如图 10-18 所示。

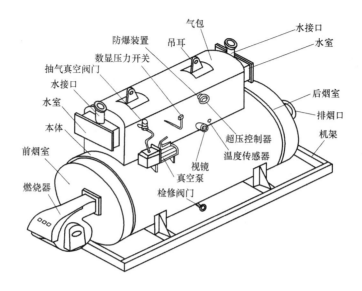

图 10-16　快装锅炉的构造

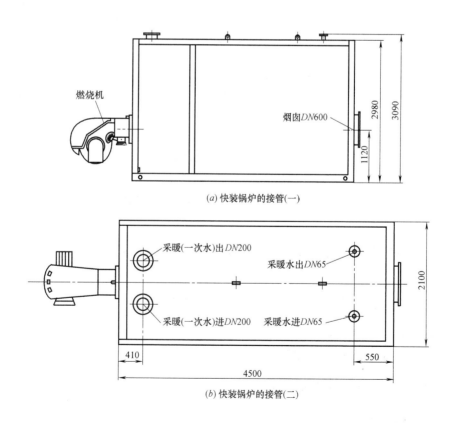

(a) 快装锅炉的接管(一)

(b) 快装锅炉的接管(二)

图 10-17　快装锅炉接管的设置

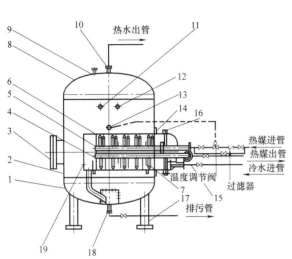

编号	名称	说明
1	下封头	
2	筒体	
3	人孔	检修检查用
4	热媒出管	
5	热媒进管	
6	导流筒	
7	挡板	防止水短路
8	上封头	
9	安全阀接管	
10	热水出管	
11	压力表接管	
12	温度表接管	
13	温包接管	温包感受水温并向温度调节阀发出信号,调节热媒用量
14	换热盘管	
15	冷水进管	冷水自右向左通过换热盘管加热
16	法兰	
17	支座	
18	排污管	
19	盖板	检修检查用

图 10-18　半容积式换热器的构造

（2）半容积式换热器管道安装示意图，如图 10-19 所示。

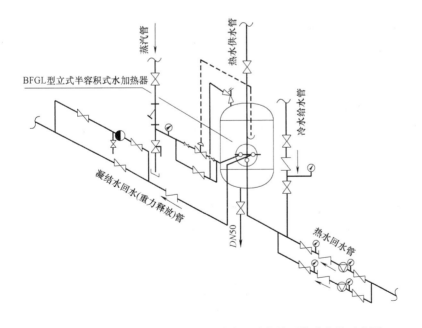

图例	名称
	图例
	阀门
	止回阀
	流水阀
	温度调节阀
	安全阀
	排污阀
	水泵
	压力表
	热电偶
	Y型过滤器
	介质流向

图 10-19　半容积式换热器管道安装示意图

2. 板式换热器结构如图 10-20 所示。

三、膨胀、软化或补水水箱配管、附件的设置

补水箱的配管：补水箱上应连接进水管、出水管、溢水管、排水管和信号装置，其管道布置如图 10-21 所示。

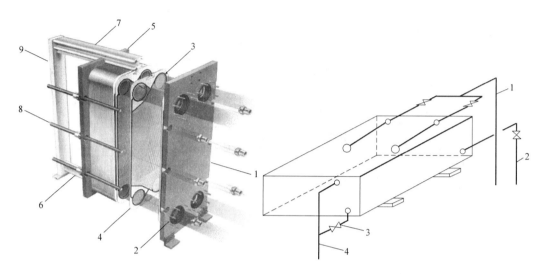

图 10-20　板式换热器结构

1—固定压紧板；2—连接口；3—垫片；4—板片；
5—活动压紧板；6—下导杆；7—上导杆；
8—夹紧螺栓；9—支柱

图 10-21　水箱管道布置

1—进水管；2—出水管；3—排水管；4—溢水管

四、分汽缸配管、附件及仪表的设置

分汽缸配管，附件及仪表的设备，如图 10-22 所示。

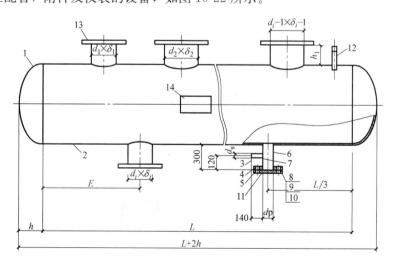

图 10-22　分汽缸配管、附件及仪表的设置

1—封头；2—筒体；3—法兰；4—法兰；5—法兰盖；6—排污管；7—疏水管；8—螺栓 M16×55；
9—螺母 M16；10—垫圈 M16；11—垫片 $\delta = 2$；12—压力表接管；13—接管及法兰；14—铭牌支座

第三节　给水系统设备配管、附件及仪表设置

一、消防水泵配管、附件及仪表的设置，如图 10-23 所示。

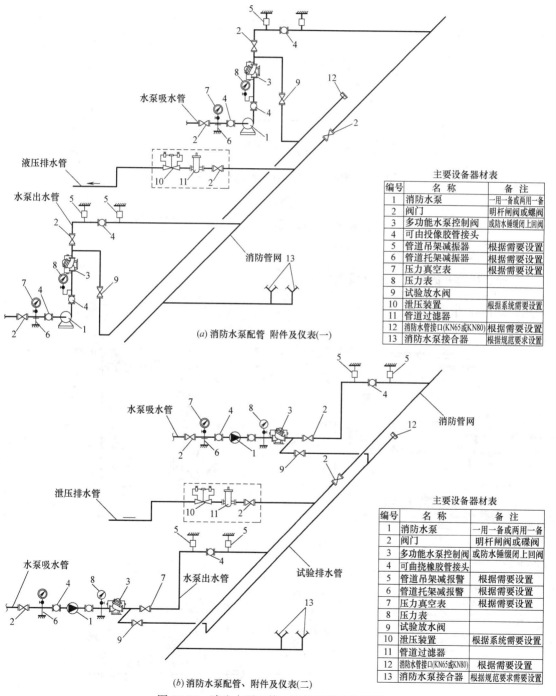

主要设备器材表

编号	名　称	备　注
1	消防水泵	一用一备或两用一备
2	阀门	明杆闸阀或螺阀
3	多功能水泵控制阀	或防水锤缓闭上回阀
4	可由投像胶管接头	
5	管道吊架减振器	根据需要设置
6	管道托架减振器	根据需要设置
7	压力真空表	根据需要设置
8	压力表	
9	试验放水阀	
10	泄压装置	根据系统需要设置
11	管道过滤器	
12	消防水管接口(KN65或KN80)	根据需要设置
13	消防水泵接合器	根据规范要求设置

(a) 消防水泵配管　附件及仪表(一)

主要设备器材表

编号	名　称	备　注
1	消防水泵	一用一备或两用一备
2	阀门	明杆闸阀或碟阀
3	多功能水泵控制阀	或防水锤缓闭上回阀
4	可曲挠橡胶管接头	
5	管道吊架减振器	根据需要设置
6	管道托架减振器	根据需要设置
7	压力真空表	根据需要设置
8	压力表	
9	试验放水阀	
10	泄压装置	根据系统需要设置
11	管道过滤器	
12	消防水管接口(KN65或KN80)	根据需要设置
13	消防水泵接合器	根据规范要求需设置

(b) 消防水泵配管、附件及仪表(二)

图 10-23　消防水泵配管、附件及仪表的设置

二、无负压给水装置配管、附件及仪表的设置，如图 10-24 所示

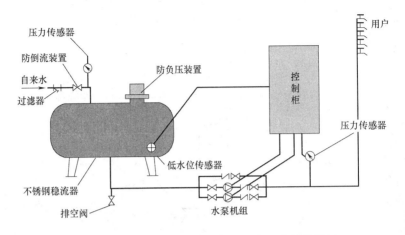

图 10-24　无负压给水装置配管、附件及仪表的设置

第四节　排水系统设备配管、附件及仪表设置

一、检查井的配管、附件设置

检查井如图 10-25 所示。

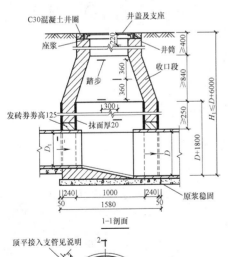

1-1 剖面

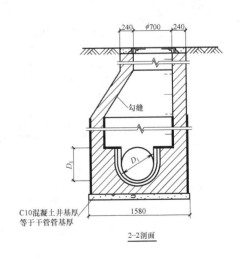

2-2 剖面

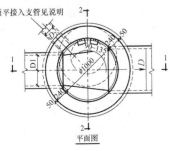

平面图

工程数量表

管径	砖砌体(m³)			C10混凝土垫层(m³)	砂浆抹面(m²)
D	收口段	井室	井筒/m		
200	0.39	1.98	0.71	0.20	18.22
300	0.39	2.10	0.71	0.20	18.22
400	0.39	2.21	0.71	0.20	18.22
500	0.39	2.32	0.71	0.22	18.22
600	0.39	2.41	0.71	0.24	18.22

说明:
1. 单位 毫米。
2. 井墙用M7.5水泥砂浆砌MU10砖。
3. 抹面、勾缝、座浆、抹三角灰均用1:2防水水泥砂浆。
4. 井内外墙用1:2防水水泥砂浆抹面至井顶部,厚20。
5. 井室高度自井底至收口低净高一般为D+1800,埋深不足时的情减少。
6. 接入支管超挖部分用配砂石,混凝土或砖填实。
7. 顶平接入支管见图形排水检查井尺寸表。
8. D≥400时,流槽需在安放踏步的同侧加设脚窝。

图 10-25　检查井

二、压力排水泵配管、附件及仪表的设置，如图 10-26 所示。

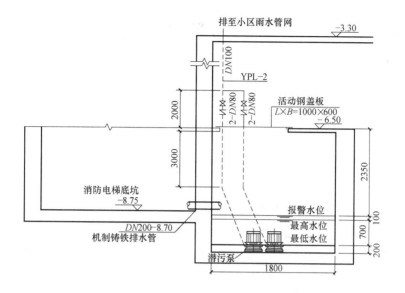

图 10-26 压力排水泵配管、附件及仪表的设置

第十一章　管道系统试验

第一节　给水系统试验

一、室内生活冷热水、中水给水系统的试验要求

1. 生活冷水给水系统

（1）生活冷水给水系统强度严密性试验（水压试验）：如果系统很大，管道很长，先分段试验，合格后再做全系统试验；如果系统较小，全系统一次试验；室内给水管道的水压试验必须符合设计要求。当设计未注明时，各种材质的给水管道系统试验压力均为工作压力的 1.5 倍，但不得小于 0.6MPa。

（2）生活冷水给水系统冲洗试验：给水系统交付使用前必须进行冲洗；单向冲洗，各配水点水色透明度与进水目测一致且无杂物时，停止冲洗。

（3）生活冷水给水系统通水试验：给水系统交付使用前必须进行通水试验；通水的生活给水管网系统的阀门全部开启，同时开放其各分支系统内的 1/3 配水点，供水压力和流量符合设计要求，开放的各配水点通水出水通畅，管网无堵塞且管道及其接口无渗漏。

（4）生活冷水给水系统消毒试验：生活给水系统管道在交付使用前必须冲洗和消毒，并经有关部门取样检验，符合国家标准《生活饮用水标准》方可使用，检查有关部门提供的检测报告。

2. 热水供应系统

（1）热水供应系统强度严密性试验：热水供应系统安装完毕，管道保温之前应进行水压试验；试验压力应符合设计要求。当设计未注明时，热水供应系统水压试验压力应为系统顶点的工作压力加 0.1MPa，同时在系统顶点的试验压力不小于 0.3MPa。

（2）热水供应系统冲洗试验、热水系统通水试验要求同冷水给水。

3. 中水系统：中水系统强度严密性试验、中水系统冲洗试验、中水系统通水试验要求同冷水给水。

二、直饮水给水系统的试验要求

直饮水是以市政自来水经过特殊工艺深度处理净化后，再经臭氧混合后密封于容器中且不含任何添加物，再通过紫外线灭菌使水质达到国家饮用水标准，然后经过变频泵利用食品级独立管道直接输送到每个饮用点，让人放心使用的优质并直接饮用的水（产品水）。

直饮水给水系统强度严密性试验、冲洗试验、通水试验、消毒试验要求同冷水给水。

三、室内消火栓给水系统的试验要求

1. 消火栓给水系统试射试验：室内消火栓系统安装完成后应取屋顶层（或水箱间内）

试验消火栓和首层取二处消火栓进行试射试验，达到设计要求为合格。

2. 室内消火栓给水系统强度严密性试验、冲洗试验、通水试验同冷水给水。

四、自动喷水灭火给水系统的试验要求

1. 管网安装完毕后应对其进行强度试验、严密性试验和冲洗试验。

2. 强度试验和严密性试验宜用水进行。干式喷水灭火系统、预作用喷水灭火系统应做水压试验和气压试验。

3. 系统试压前应具备下列条件：

（1）埋地管道的位置及管道基础、支墩等经复查符合设计要求。

（2）试压用的压力表不少于 2 只；精度不应低于 1.5 级，量程应为试验压力值的 1.5～2 倍。

（3）试压冲洗方案已经批准。

（4）对不能参与试压的设备、仪表、阀门及附件应加以隔离或拆除；加设的临时盲板应具有突出于法兰的边耳，且应做明显标志，并记录临时盲板的数量。

4. 系统试压过程中，当出现泄漏时，应停止试压，并应放空管网中的试验介质，消除缺陷后，重新再试。

5. 系统试压完成后，应及时拆除所有临时盲板及试验用的管道，并应与记录核对无误。

6. 管网冲洗应注意的条件：

（1）管网冲洗应在试压合格后分段进行。冲洗顺序应先室外，后室内；先地下，后地上；室内部分的冲洗应按配水干管、配水管、配水支管的顺序进行。

（2）管网冲洗宜用水进行。冲洗前，应对系统的仪表采取保护措施。止回阀和报警阀等应拆除，冲洗工作结束后应及时复位。

（3）冲洗前，应对管道支架、吊架进行检查，必要时应采取加固措施。

（4）对不能经受冲洗的设备和冲洗后可能存留脏物、杂物的管段，应进行清理。

（5）冲洗直径大于 100mm 的管道时，应对其焊缝、死角和底部进行敲打，但不得损伤管道。

7. 水压试验和水冲洗宜采用生活用水进行，不得使用海水或有腐蚀性化学物质的水。

8. 水压试验

（1）水压试验时环境温度不宜低于 5℃，当低于 5℃时，水压试验应采取防冻措施。

（2）当系统设计工作压力等于或小于 1.0MPa 时，水压强度试验压力应为设计工作压力的 1.5 倍，并不应低于 1.4MPa；当系统设计工作压力大于 1.0MPa 时，水压强度试验压力应为该工作压力加 0.4MPa。

（3）水压强度试验的测试点应设在系统管网的最低点，对管网注水时应将管网内的空气排净并应缓慢升压达到试验压力后稳压 30min，目测管网应无泄漏和变形且压力降不应大于 0.05MPa。

（4）水压严密性试验应在水压强度试验和管网冲洗合格后进行。试验压力应为设计工作压力，稳压 24h，应无泄漏。

（5）自动喷水灭火系统的水源干管、进户管和室内埋地管道应在回填前单独或与系统

一起进行水压强度试验和水压严密性试验。

9. 气压试验

（1）气压试验的介质宜采用空气或氮气。

（2）气压严密性试验的试验压力应为 0.28MPa，且稳压 24h，压力降不应大于 0.01MPa。

10. 管网冲洗的要求：

（1）管网冲洗所采用的排水管道，应与排水系统可靠连接，其排放应畅通和安全。排水管道的截面面积不得小于被冲洗管道截面面积的 60%。

（2）管网冲洗的水流速度不宜小于 3m/s；其流量不宜小于表 11-1 的规定。当施工现场冲洗流量不能满足要求时，应按系统的设计流量进行冲洗，或采用水压气动冲洗法进行冲洗。

冲洗水流量   表 11-1

管道公称直径(mm)	300	250	200	150	125	100	80	65	50	40
冲洗流量(L/s)	220	154	98	58	38	25	15	10	6	4

（3）管网的地下管道与地下管道连接前，应在配水干管底部加设堵头后，对地下管道进行冲洗。

（4）管网冲洗应连续进行，当出口处水的颜色、透明度与入口处水的颜色基本一致时，冲洗方可结束。

（5）管网冲洗的水流方向应与灭火时管网的水流方向一致。

（6）管网冲洗结束后，应将管网内的水排除干净，必要时可采用压缩空气吹干。

五、室外给水系统管道的试验要求

1. 室外给水管道

（1）强度严密性试验：管网必须进行水压试验，试验压力为工作压力的 1.5 倍，但不得小于 0.6MPa。

（2）冲洗试验：室外给水系统交付使用前必须进行冲洗。单向冲洗，各配水点水色透明度与进水目测一致且无杂物时，停止冲洗。

（3）消毒试验：室外给水系统管道在交付使用前必须消毒，并经有关部门取样检验，符合国家《生活饮用水标准》方可使用，检查有关部门提供的检测报告。

2. 消防水泵接合器及室外消火栓安装系统管道

（1）水压试验：系统必须进行水压试验，试验压力为工作压力的 1.5 倍，但不得小于 0.6MPa。

（2）冲洗试验：消防管道在竣工前，必须对管道进行冲洗；单向冲洗，各配水点水色透明度与进水目测一致且无杂物时，停止冲洗。

六、阀门强度和严密性试验

1. 阀门验收应在每批（同牌号、同型号、同规格）数量中抽查 10%，且不少于一个。对于安装在主干管上起切断作用的闭路阀门，应逐个做强度和严密性试验。

2. 阀门的强度和严密性试验，应符合以下规定：阀门的强度试验压力为公称压力的1.5倍；严密性试验压力为公称压力的1.1倍；试验压力在试验持续时间内应保持不变，且壳体填料及阀瓣密封面无渗漏。

3. 阀门试压的试验持续时间应不少于表11-2中的规定。

阀门试验持续时间

表11-2

公称直径 DN(mm)	最短试验持续时间（s）		
	严密性试验		强度试验
	金属密封	非金属密封	
≤50	15	15	15
65～200	30	15	60
250～450	60	30	180

第二节　排水系统试验

一、室内重力流污废水排水管道的试验要求

1. 灌水试验：隐蔽或埋地的排水管道在隐蔽前必须做灌水试验，其灌水高度应不低于底层卫生器具的上边缘或底层地面高度。

2. 通水试验：通水试验的排水管网的排水立管及排水支管排水、出水通畅，排水量符合设计要求，管网无堵塞且管道及其接口无渗漏。

3. 通球试验：排水主立管及水平干管均应做通球试验，通球球径不小于排水管道管径的2/3，通球率必须达到100%。

4. 水箱、卫生器具交工前应做满水和通水试验：满水后各连接件不渗不漏，通水试验给水、排水畅通。

二、室外重力流污废水排水管道的试验要求

管道埋设前必须做灌水试验和通水试验，按排水检查井分段试验，试验水头应以试验段上游管顶加1m，时间不少于30min，逐段观察。

三、压力排水管道的试验要求

1. 强度严密性试验：压力排水管道的水压试验必须符合设计要求。当设计未注明时，各种材质的压力排水管道系统试验压力均为工作压力的1.5倍，但不得小于0.3MPa。

2. 通水试验：压力排水管道的供水压力和流量符合设计要求，开放的各排水点通水、出水通畅，管网无堵塞且管道及其接口无渗漏。

四、室内雨水排水管道的试验要求

1. 灌水试验：安装在室内的雨水管道安装后应做灌水试验，灌水高度必须到每根立管上部的雨水斗。

159

2. 通水试验：通水试验的雨水排水管网的排水立管及排水支管排水、出水通畅，排水量符合设计要求，管网无堵塞且管道及其接口无渗漏。

3. 通球试验：雨水排水主立管及水平干管均应做通球试验，通球球径不小于排水管道管径的 2/3，通球率必须达到 100%。

五、室外雨水排水管道的试验要求

管道埋设前必须做灌水试验和通水试验，按排水检查井分段试验，试验水头应以试验段上游管顶加 1m，时间不少于 30min，逐段观察。

第三节　空调水及采暖系统试验

一、冷冻、冷却水系统的试验要求

1. 管道系统安装完毕，外观检查合格后，应按设计要求进行水压试验，当工作压力小于等于 1.0MPa 时，为 1.5 倍工作压力，但最低不小于 0.6MPa；当工作压力大于 1.0MPa 时，为工作压力加 0.5MPa。

2. 当设计无规定时，应符合下列规定：

(1) 当工作压力小于等于 1.0MPa 时，为 1.5 倍工作压力，但最低不小于 0.6MPa；当工作压力大于 1.0MPa 时，为工作压力加 0.5MPa。

(2) 对于大型或高层建筑垂直位差较大的冷却水管道系统宜采用分区、分层试压和系统试压相结合的方法。一般建筑可采用系统试压方法。

分区、分层试压：对相对独立的局部区域的管道进行试压。在试验压力下，稳压 10min，压力不得下降，再将系统压力降至工作压力，在 60min 内压力不得下降、外观检查无渗漏为合格。

系统试压：在各分区管道与系统主、干管全部连通后，对整个系统的管道进行系统的试压。试验压力以最低点的压力为准，但最低点的压力不得超过管道与组成件的承受压力。压力试验升至试验压力后，稳压 10min，压力下降不得大于 0.02MPa，再将系统压力降至工作压力，外观检查无渗漏为合格。

(3) 各类耐压塑料管强度试验压力为 1.5 倍工作压力，严密性工作压力为 1.15 倍设计工作压力。

3. 冲洗试验：冷冻冷却水系统交付使用前必须进行冲洗，试验要求同冷水给水。

二、冷凝水管道的试验要求

充水试验：凝结水系统采用充水试验，应以不渗漏为合格。

三、采暖系统的试验要求

1. 散热器

(1) 水压试验：散热器组对后，以及整组出厂的散热器在安装之前应做水压试验。试验压力如设计无要求时应为工作压力的 1.5 倍，但不得小于 0.6MPa。

（2）散热器进场时应该按照节能规范要求进行见证取样复试。

2. 金属辐射板：安装前应做水压试验，如设计无要求时试验压力为工作压力的 1.5 倍，但不得小于 0.6MPa。

3. 低温热水地板辐射采暖：隐蔽前必须进行水压试验，试验压力为工作压力的 1.5 倍，但不得小于 0.6MPa。

4. 采暖系统安装完毕，管道保温之前应进行水压试验。试验压力应符合设计要求。当设计未注明时，应符合下列规定：

（1）蒸汽、热水采暖系统，应以系统顶点工作压力加 0.1MPa 做水压试验，同时在系统顶点的试验压力不小于 0.3MPa。

（2）高温热水采暖系统，试验压力应为系统顶点工作压力加 0.4MPa。

（3）使用塑料管及复合管的热水采暖系统，应以系统顶点工作压力加 0.2MPa 做水压试验，同时在系统顶点的试验压力不小于 0.4MPa。

5. 系统试压合格后，应对系统进行冲洗并清扫过滤器及除污器。

四、风机盘管的试验要求

机组安装前必须进行节能复试检测，且宜进行水压检漏试验。试验压力为系统工作压力的 1.5 倍，试验观察时间为 2min，不渗漏为合格。检查数量：按总数抽查 10%，且不得少于 1 台，检查方法：观察检查、查阅检查试验记录。

五、制冷设备的试验要求

制冷设备各项严密性试验技术数据，均应符合设备技术文件的规定。对组装式的制冷机组和现场充注制冷剂的机组，必须进行吹污、气密性试验、真空试验和充注制冷剂检漏试验，其相应的技术数据必须符合产品技术文件和有关现行国家标准、规范的规定。检查数量：全数检查；检查方法：旁站观察、检查和查阅试运行记录。

第四节　热力管道系统试验

一、高温热水管道、蒸汽管道系统的试验要求

1. 供热管网工程的管道和设备等，均应按设计要求进行强度和严密性试验；设计无要求时，一、二级管网，强度试验压力应为 1.5 倍设计压力，严密性试验压力应为 1.25 倍设计压力，且不得低于 0.6MPa。

2. 水压试验应符合下列规定：

（1）管道水压试验应以洁净水作为介质。

（2）充水时，应排尽管道及设备中的空气。

（3）试验时，环境温度不宜低于 5℃，当环境温度低于 5℃时，应有防冻措施。

（4）当运行管道与试验管道之间温度差大于 100℃时，应采取措施，保证运行管道、试验管道的安全。

（5）对高差较大的管道，应将试验介质的静压计入试验压力中。热水管道的试验压力

应为最高点的压力，但最低点的压力不得超过管道及设备的承受压力。

（6）当试验过程中发现渗漏时，严禁带压处理。消除缺陷后，应重新进行试验。

（7）试验结束后，应及时排尽管内积水，排水时应打开放气阀，防止形成负压损坏管道或设备。

二、热力管道强度试验

1. 强度试验质量标准：压力升到试验压力（1.5 倍设计压力）稳压 10min 无渗漏、无压降后降至设计压力，稳压 30min 无渗漏、无压降为合格。

2. 强度试验前管道应符合下列要求：

（1）试验范围内的管道，安装质量符合设计要求及相关规范的有关规定，有关材料设备资料齐全。

（2）管道滑动支架、固定支架、导向支架已安装调整完毕，小室已按要求回填。

（3）所有导向板已焊接完毕，除波纹管未安装外，所有设备均应安装到位。

（4）管道焊接质量外观检查合格，焊缝 X 射线探伤检验合格；焊缝及应检查的部位尚未涂漆和保温。

（5）试验段管道的末端已按规范安装钢制堵板。

（6）试压用压力表已校验，表的精度不低于 1.5 级，表的满刻度值应达到试验压力的 1.5 倍，数量不少于 2 块。

（7）试压用排水设备已齐备，排放线路已确定，并达到畅通无阻。

（8）试压现场已清理完毕，对被试验管道和设备的检查不受影响。

（9）强度试验方案已经过审查并得到批准。

3. 管道强度试验应符合下列要求：

（1）灌水前关闭分段阀门、分支阀门、排污阀门，检查排污口是否严密，排污阀门不许加堵板；灌水时开启旁通阀门及跑风阀。

（2）管道灌水后，必须进行多次排气（至少两次），排净管道及设备内的空气。

（3）升压应缓慢、均匀。

（4）环境温度低于 5℃时，应有防冻措施。

（5）排除试验用水设备已安装到位。

三、严密性试验

1. 严密性试验质量标准：压力升至试验压力（1.25 倍设计压力），并趋于稳定后，应详细检查管道、焊缝、管路附件及设备等无渗漏，固定支架无明显变形等；稳压 60min，压力降不超过 0.05MPa，为合格。

2. 严密性试验前应具备下列条件：

（1）应编制试验方案，并应经监理（建设）单位和设计单位审查同意。

（2）试验范围内的管道安装质量应符合设计要求及《城镇供热管网工程施工及验收规范》CJJ 28—2004 的有关规定，且有关材料、设备资料齐全。

（3）管道滑动支架、固定支架、导向支架已安装调整完毕，固定支架混凝土达到设计强度，小室、直埋管已按要求回填并满足设计要求。

（4）强度试验已合格，波纹管已安装，所有设备均已安装到位。

（5）管道卡板均已安装，管道自由端的临时加固装置已安装完毕，经设计核算并检查确认安全可靠。

（6）试压用压力表已校验，表的精度不低于 1.5 级，表的满量程应达到试验压力的 1.5 倍，数量不少于 2 块，安装在试验泵出口和试验系统末端。

（7）试验用排水设备已齐备，排放线路已确定，并达到畅通无阻。

（8）试压现场已清理完毕，具备对被试验管道和设备进行检查的条件。

（9）进行压力试验前，应划定工作区，并设标志，无关人员不得进入。

3. 严密性试验应符合下列要求：

（1）对全线管道、热机设备、固定支架、导向支架安装情况进行检查，确认无误后开始灌水。

（2）灌水前关闭分段阀门、分支阀门、排污阀门；灌水时开启旁通阀门及排气阀。

（3）管道灌水后，必须进行多次排气（至少两次），排净管道及设备内的空气。

（4）升压应缓慢、均匀。

（5）环境温度低于 5℃时，应有防冻措施。

（6）排除试验用水设备已安装到位。

（7）管内残余水排尽后，打开除污器手孔，进行清理。清理完毕经监理检查合格后，用经机油浸泡 24h 的高压石棉垫封堵。

第五节　材料、设备进场时提供的相关文件

管工用材料、设备进场时提供的相关文件一般有：企业或厂家的营业执照、资质及相关资料；型式检验报告；出厂检验或检测报告；质量检验合格证；产品使用说明书；消防、环保、卫生防疫等相关的其他资料；仪表的校验、安全阀的定压、减压阀的调压、补偿器的预拉伸试验报告等。

第十二章　质量计划、检验及通病防治

第一节　管道工程质量计划的编制

质量计划应成为对外质量保证和对内质量控制的依据。

一、管道工程质量计划编制的主要内容

编制依据，项目概况，质量目标，组织机构，质量控制及管理组织协调的系统描述，必要的控制手段、施工过程、服务、检验和试验程序等，确定关键工序和特殊过程及作业的指导书，与施工阶段相适应的检验、试验、测量、验证要求，更改和完善质量计划的程序。

二、质量计划的实施应符合的规定

1. 质量管理人员应按照分工控制质量计划的实施，并应按规定保存控制记录。
2. 当发生质量缺陷或事故时，必须分析原因、分析责任、进行更改。

三、质量计划的验证应符合的规定

1. 项目技术负责人应定期组织具有资格的质量检查人员和内部质量审核人员验证质量计划的实施效果。当项目质量控制中存在问题或隐患时，应提出解决措施。
2. 对重复出现不合格和质量问题，责任人应按照规定承担责任，并应依据验证评价的结果进行处罚。

第二节　管道安装工程质量检验

一、建筑给水排水及采暖工程质量检验和检测的主要内容

1. 建筑给水排水及采暖工程质量检验和检测的主要内容
(1) 承压管道系统和设备及阀门水压试验。
(2) 排水管道灌水、通球及通水试验。
(3) 雨水管道灌水及通水试验。
(4) 给水管道通水试验及冲洗、消毒检测。
(5) 卫生器具通水试验，具有溢流功能的器具满水试验。
(6) 地漏及地面清扫口排水试验。
(7) 消火栓系统测试。

（8）采暖系统冲洗及测试。

（9）安全阀信号报警联动系统动作测试。

（10）锅炉48h负荷试运行。

2. 检验批质量验收

（1）检验批质量验收表由施工项目专业质量检查员填写，监理工程师（建设单位项目专业技术负责人）组织施工单位质量（技术）负责人等进行验收，并按规范附表填写验收结论。

（2）检验批质量验收表，主要包括分项工程名称、施工部位，施工依据标准名称、编号，主控项目和一般项目对应《规范》规定的章、节、条、款号以及相关的质量规定内容。

3. 分项工程质量验收

（1）建筑给水、排水及采暖分部工程的子分部和分项工程划分见表12-1。

建筑给水排水及采暖工程分部分项工程划分   表12-1

序号	子分部工程	分项工程
1	室内给水系统	给水管道及配件安装、室内消火栓系统安装、给水设备安装、管道防腐、绝热
2	室内排水系统	排水管道及配件安装、雨水管道及配件安装
3	室内热水供应系统	管道及配件安装、辅助设备安装、防腐、绝热
4	卫生器具安装	卫生器具安装、卫生器具给水配件安装、卫生器具排水管道安装
5	室内采暖系统	管道及配件安装、辅助设备及散热器安装、金属辐射板安装、低温热水地板辐射采暖系统安装、系统水压试验及调试、防腐、绝热
6	室外给水系统	给水管道安装、消防水泵接合器及室外消火栓安装、管沟及井室
7	室外给水管网	排水管道安装、排水管沟与井池
8	室外供热管网	管道及配件安装、系统水压试验及调试、防腐、绝热
9	建筑中水系统及游泳池系统	建筑中水系统管道及辅助设备安装、游泳池水系统安装
10	供热锅炉及辅助设备安装	锅炉安装、辅助设备及管道安装、安全附件安装、烘炉、煮炉和试运行、换热站安装、防腐、绝热

（2）分项工程质量验收由监理工程师（建设单位项目专业技术负责人）组织施工单位工长、项目专业质量（技术）负责人等进行验收，并按规范附表填写。分项工程质量验收表，主要包括子分部工程名称，分项工程名称，分项工程施工单位，检验批部位，检验批数量等。

4. 分部（子分部）工程质量验收

（1）建筑给水排水及采暖（分部）工程质量验收见规范附表建筑给水排水及采暖（分部）工程质量验收表。检验批、分项工程的质量验收应全部合格。

（2）由施工单位填写，验收结论由监理（建设）单位填写。综合验收结论由参加验收各方共同商定，建设单位填写，填写内容对工程质量是否符合设计和规范要求及总体质量做出评价。分部（子分部）工程的验收，必须在分项工程验收通过后抽样检验和检测。

5. 检验批、分项工程、分部（子分部）工程质量的验收，均应在施工单位自检合格的基础上进行。并应按检验批、分项工程、分部（子分部）工程、单位（子单位）工程的程序进行验收，同时做好记录。依据《统一标准》，对检验批中的主控项目、一般项目和工艺过程进行的质量验收要求，对分项、分部工程的验收程序进行了划分和说明，并增加了验收表格。

二、建筑给水排水及采暖工程质量验收文件和记录中的主要内容

1. 开工报告。

2. 图纸会审记录、设计变更及洽商记录。

3. 施工组织设计或施工方案。

4. 主要材料、成品、半成品、配件、器具和设备出厂合格证及进场验收单。

5. 隐蔽中间试验记录。

6. 设备试运转记录。

7. 安全、卫生和使用功能检验和检测记录。

8. 检验批、分项工程、子分部工程、分部工程质量验收记录。

9. 竣工图。

三、空调水工程质量检查验收的主要内容

1. 空调工程水系统安装子分部工程，包括冷（热）水、冷却水、凝结水系统的设备（不包括末端设备）、管道及附件施工质量的检验及验收。

2. 通风与空调工程竣工验收时，应检查竣工验收的资料，一般包括下列文件及记录：

（1）图纸会审记录、设计变更通知书和竣工图。

（2）主要材料、设备、成品、半成品和仪表的出厂合格证明及进场检（试）验报告。

（3）隐蔽工程检查验收记录。

（4）工程设备、管道系统安装及检验记录。

（5）管道试验记录。

（6）设备单机试运转记录。

（7）系统无生产负荷联合试运转与调试记录。

（8）分部（子分部）工程质量验收记录。

（9）观感质量综合检查记录。

（10）安全和功能检验资料的核查记录。

3. 空调水工程施工质量验收

（1）空调水子分部工程的检验批质量验收记录由施工项目本专业质量检查员填写，监理工程师（建设单位项目专业技术负责人）组织项目专业质量检查员等进行验收，并按各个分项工程的检验批质量验收表的要求记录。

（2）空调水子分部工程的分项工程质量验收记录由监理工程师（建设单位项目专业技术负责人）组织施工项目经理和有关专业设计负责人等进行验收，并填写记录。

（3）通风与空调分部（子分部）工程的质量验收记录由总监理工程师（建设单位项目专业技术负责人）组织项目专业质量检查员等进行验收，并按规范填写表格记录。

（4）空调水工程施工质量检验批质量验收记录

1）空调水设备安装检验批质量验收记录。

2）空调制冷系统安装检验批质量验收记录。

3）空调水系统安装检验批质量验收记录。

4）防腐与绝热施工检验批质量验收记录。

5）工程系统调试检验批质量验收记录。

（5）空调水子分部工程的分项工程质量验收记录

空调分部工程的分项工程质量验收记录。

（6）空调子分部工程的质量验收记录

1）制冷系统子分部工程。

2）空调水系统子分部工程。

四、空调水工程观感质量检查的主要内容

1. 观感质量检查应包括以下项目

（1）水管保温层表面应平整、无损坏；接管合理，水管的连接以及水管与设备或调节阀的连接，无明显缺陷。

（2）制冷及水管系统的管道、阀门及仪表安装位置正确，系统无渗漏。

（3）管道及阀部件的支、吊架形式、位置及间距应符合规范要求。

（4）管道的软性接管位置应符合设计要求，接管正确、牢固，自然无强扭。

（5）制冷机组、水泵、风机盘管机组的安装应正确牢固。

（6）组合空气调节机组外表平整光滑、接缝严密、组装顺序正确，喷水室外表面无渗漏。

（7）管道及支架的油漆应附着牢固，漆膜厚度均匀，油漆颜色与标志符合设计要求。

（8）绝热层的材质、厚度应符合设计要求；表面平整、无断裂和脱落；室外防潮层或保护壳应顺水搭接、无渗漏。

2. 检查数量：管道各按系统抽查10%，且不得少于1个系统。各类部件、阀门及仪表抽检5%，且不得少于10件。

3. 检查方法：尺量、观察检查。

五、热力管道质量检查验收包括的内容

1. 质量检验主控项目。

2. 质量检查一般项目。

六、管道施工质量的自检、专检、交接检

1. 三检制

（1）自检

1）操作者在完成工作后，必须进行自检，判断合格与否，对不合格的进行修理、返工处理。

2）自检在班组长组织下，所有操作者参加进行。自检合格后填写自检记录表。

3）自检难以确定是否合格时请施工员、质量检查员协助检查。

（2）互检（交接检）

1) 互检是操作者之间对施工工序相互进行的检验,上道工序合格才能进行下道工序,起到相互监督和纠正错误的作用。不合格工序绝不能转入下一道工序,严格工序管理。

2) 一般互检在施工员主持下,由下道工序班组长对上道工序进行检查,确保本工序作业条件合格。

3) 一般工序间的互检,可以口头传达合格与否的意愿。

4) 下列工序之间的交接检需出具交接检查记录

吊顶内管道施工完成,交予精装;粗装修沟槽内管道完工,移交给精装修工程;设备基础完工,移交给机电设备安装;管道试验工程完工,移交给管道外保温工程;穿有防水要求的管道施工完毕,移交给防水等。

（3）专检

1) 工序检验、成品检验、材料外观检验是质量检查员的主要职责。严把检验批质量验收关,并对《检验批质量验收记录》检查评定结果签字负责。

2) 施工过程中,分项工程施工完毕,由施工员进行验收,并需要填写隐、预检记录,填写完毕报请专职质量检查员检查,质量检查员根据图纸、规范、规程、标准、施工组织设计、施工方案等,对各道施工工序进行检查验收,合格后方可进行下道工序,填写质量验收记录并报请监理检查验收。

3) 质量检查员在施工过程中的巡检、检验批、分项工程检查验收中,发现问题及时以书面（质量工作通知单）形式通知施工员、分包方,并限期整改,隐患通知单整理归档。

2. 实行三检制的方法

实行三检制,首先需要合理确定专检、自检、互检的检验范围。一般而言,材料设备进货入库、半成品流转、成品出厂的检验应以专职检验员为主,管道及附件安装过程中的工序检验则以管道工自检、互检、交接检为主。在实行操作工人自检、互检、交接检情况下,专职质检员辅以巡回检验。

3. 确定检查项目,部分管道工程质量检验标准如表 12-2 所示。

部分管道工程质量检验标准 表 12-2

检验项目	质量标准
管道的坐标标高	应符合施工质量验收规范要求
管道接口中螺纹接口	1. 螺纹清洁规整,断丝、缺丝不大于螺纹全扣数 10% 2. 螺纹连接根部外露螺纹 2～3 扣,接口处无外露麻丝或生料带 3. 清洁整齐,严密不漏
电焊焊口	焊口表面无烧穿、裂纹和明显结瘤、夹渣及气孔等缺陷
法兰接口	1. 法兰对接平行紧密,与管端垂直,螺杆露出螺母长度一致,且不大于螺杆直径的 1/2,螺母在同侧 2. 法兰垫片材质符合要求且无双层 3. 涂漆均匀,无漏刷、无脱皮
塑料管粘接接口	粘接剂涂抹应适量均匀,接口整洁牢固,将挤出的粘接剂擦净
塑料管熔接接口	1. 热熔对接的双条熔融圈应完整均匀地在接头两侧形成,无间隙、变形、裂纹和断缝 2. 热熔接口应完全重合,熔融圈高度 2～4mm,宽度 4～8mm 为合格
管道支(吊、托)架	埋设平正牢固,构造正确,排列整齐,支架和管子接触紧固

检验项目	质量标准
卫生器具	1. 镀铬件完好无损,接口严密,启闭部分灵活,安装端正,表面整洁无外露油麻 2. 排水栓、地漏安装平正牢固,排水栓低于盆、槽底表面2mm,地漏低于安装处排水表面5mm 3. 卫生器具安装放置平稳,埋设平整牢固,木砖和支架防腐良好,支架与器具接触紧密,器具洁净
散热器	1. 散热器应正直平稳,带腿安装不得悬空,挂装安装托钩上下对齐,左右一致 2. 托钩、固定卡数量和构造符合要求,位置正确,埋设平正牢固
阀门安装	1. 型号、规格及阀门试验结果,符合设计要求 2. 阀门进出口方向正确,连接紧固牢靠 3. 启闭灵活,朝向合理,表面洁净

通过自检、互检、交接检,严格把住质量关,如发现质量问题,对不合格的管段、附件要随即做好标记,拆除后重新安装或加工。对确定不了的项目,请专职质检员复核后确定合格与否;但不允许弄虚作假,防止不合格产品流入下道工序,造成质量评定与验收时,降低建筑安装工程质量等级。

七、管道工程竣工资料的作用和种类

1. 作用:管道工程竣工资料是在管道工程建设全过程中形成的应当归档保存的文字、图纸、图表、声像、计算材料等不同形式与载体的各种历史记录,是工程科技档案资料的重要组成部分,是记录工程情况的重要技术资料,它产生于整个工程建设全过程,包括从项目提出、可行性研究、设计、决策、招(投)标、施工、质检、监理到竣工验收、试运行(使用)等过程中形成的各种历史记录。对工程的管理运行、改建有着非常重要的意义。

2. 工程在竣工验收时,施工单位应向建设单位提交以下交工资料:

(1) 管道系统强度试验、严密性试验报告及吹扫、清洗、通球记录;

(2) 管道焊缝探伤拍片报告及探伤焊缝位置单线图;

(3) 安全阀、减压板的整体试验报告;

(4) 隐蔽工程及系统封闭验收报告;

(5) 部分单体项目的中间试验记录;

(6) 管道预拉伸(压缩)记录;

(7) 管道焊缝的热处理及着色检验记录;

(8) 施工图、竣工图及设计变更文件;

(9) 主要材料、零件、制品和设备的出厂合格证或试验记录及加工记录。

第三节 管道安装工程质量通病防治

一、管道、器具、设备渗漏

1. 管道接头处螺纹连接渗漏

(1) 渗漏原因分析

1）螺纹有过长断丝等现象。

2）安装时，拧的松紧度不合适；使用的填料不符合规定或填料老化、脱落。

3）管道没有认真进行严密性水压或气压试验，管子裂纹、零件上的砂眼以及接口处渗漏没有及时发现并处理。

4）管道支架距离或安装的不合适，管道安装后受力不均匀，造成丝头断裂，管道变径时使用补心以及丝头超过规定长度。

（2）防治措施

1）加工螺纹要端正、光滑、无毛刺、不断丝、不乱扣。

2）螺纹管件安装时，选用的管钳要合适，不能过大，也不能过小。

3）上配件时，不用倒旋的方法进行找正。

4）安装时要根据管道输送的介质正确选用填料。

5）管道安装完毕，要严格按照施工验收规范的要求进行严密性试验或强度试验。

6）管道支、吊架距离要符合设计规定，安装要牢固。

2. 管道法兰接口处渗漏

（1）渗漏原因分析

1）法兰端面和管子中心线不垂直，致使两法兰面不平行，无法上紧，从而造成接口处渗漏。

2）垫片质量不符合规定，造成渗漏。

3）垫片在法兰面间垫放的厚度不均匀，造成渗漏。

4）法兰螺栓安装不合理或紧固不严密，造成渗漏。

5）法兰与管端焊接质量不好，造成焊口渗漏。

（2）防治措施

1）在安装法兰时，安装在水平管道上的最上面的两个眼必须呈水平状，垂直管道上靠近墙的两个眼连线必须与墙平行。两片法兰的对接面要互相平行，且法兰孔眼要对正。

2）法兰垫片材质和厚度应符合设计和规范要求。

3）石棉橡胶垫在使用前放到机油中浸泡，并涂以铅油或铅粉。安装时垫片不准加2层，位置不得倾斜。垫片表面不得有沟纹、断裂等缺陷。法兰密封面要干净，不能有任何杂物。

4）拧紧法兰螺栓时要对称进行。每个螺母要分2～3次拧紧。用于高温管道时，螺栓要涂上铅粉。

3. 管道承插接口处渗漏

（1）渗漏原因分析

1）管道承插口处有裂纹，造成渗漏。

2）操作时接口清理不干净，密封填料与管壁间连接不紧密，造成渗漏。

3）对口不符合规定，致使连接不牢，造成渗漏。

4）填料不合格，造成接口渗漏。

5）接口操作不当，造成接口不密实而渗漏。

6）地下管支墩位置不合适或回填土夯实方法不当，造成管道受力不均而损伤管道或零件，造成渗漏。

7）未进行水压（或充水）试验，零件或管道有砂眼、裂纹等缺陷，接口不严，从而造成使用时渗漏。

（2）防治措施

1）管道在安装对口前，每根管子都应认真仔细检查，是否有裂纹，特别是承插接头部分。如有裂纹应更换或截去裂纹部分。

2）对口前应认真清理管口，若管壁有沥青涂层，应将沥青除净，同时清除接口处及管内杂物。保证管内清洁及接口处密封填料的胀力。

3）在对口时，应将管子的插口顺着介质流动方向，承口逆着水流方向。插口插入承口后，四周间隙应均匀一致。

4）接口材料应按设计要求进货，规范接口操作。

5）管道支墩要牢靠，位置要合适。回填土分层夯实，并防止直接撞压管道。

6）严格按施工验收规范要求进行闭水试验。

4. 碳素钢管的焊口处渗漏

（1）渗漏原因分析

焊接规范选择不合理或焊接操作不当，形成焊缝咬肉、烧穿、凸瘤、未焊透、气孔、裂纹、夹渣等缺陷，造成焊口渗漏。

（2）防治措施

1）选择正确的焊接规范，规范焊接操作。

2）预防咬肉缺陷：根据管壁厚度，正确选择焊接电流和焊条，操作时焊条角度正确，并沿焊缝中心线对称均匀地摆动。

3）预防烧穿、焊瘤：焊接薄壁管时要选择较小的中性火焰或较小电流，对口时要符合规范要求。

4）预防未焊透：正确坡口和对口；清理坡口及焊层污物；注意调整焊条角度，使熔融金属与基体金属之间充分熔合；导热性高、散热大的焊件提前预热或在焊接过程中加热；正确选择焊接电流。

5）预防气孔：选择适宜的电流值；运条速度适宜；当环境温度在0℃以下时应进行焊口预热；焊条在使用前应进行干燥；操作前清除焊口表面的污垢。

6）预防焊口裂纹：含碳量高的碳钢焊前预热，焊后进行退火；焊点应具有一定尺寸和强度，无裂纹；填满熔池熄弧；避免大电流薄焊肉焊接方法。

7）预防夹渣：清理坡口及焊层；将凸凹不平处铲平，然后进行施焊，操作时正确运条，弧长适当，使熔渣能上浮到铁水表面，防止溶渣超前于铁水而引起夹渣；选择适当电流，避免焊缝金属冷却过速。

5. 紫铜管喇叭口连接处渗漏

（1）渗漏原因分析：喇叭口连接是紫铜管常用的连接方式。常见渗漏原因是旋紧度不够；胀制喇叭口质量不合要求，喇叭口太小、喇叭口破裂（破裂原因一是胀制时管子伸出工具平面太长，二是铜管未退火或退火不良，三是胀制速度太快）；接头密封面不清洁，不光滑，有麻点、污物存在。

（2）防治措施：安装接头时，一定要旋紧螺母，如果管径较大，则要使用较大扳手进行旋紧操作；制作高质量喇叭口。

6. 阀门渗漏

（1）阀门渗漏原因分析

阀门渗漏常见的是阀填料函（为了防止阀内介质随阀杆的转动而泄漏出来，就要加填料保证密封。这个加填料的空间叫填料函）处渗漏。有时也见阀体泄漏。

填料函渗漏原因主要是：装填料的方法不对；压盖压的不紧；填料老化；阀杆弯曲变形或腐蚀生锈，造成填料与阀杆接触不严密而泄漏。

阀体渗漏主要是阀体或阀盖有裂纹所致。

（2）防治措施

1）正确装填填料。阀门填料装入填料函的方法有两种：小型阀门填料只需将绳状填料按顺时针方向绕阀杆填装，然后拧紧压盖螺母即可，大型阀门填料可采用方形或圆形断面。压入前应先切成填料圈，装填料时，应将填料圈分层压入，各层填料圈的接合缝应相互错开180°。压紧填料时，应同时转动阀杆，不但要使填料压紧，而且要使阀杆转动灵活。

2）认真检查阀门质量。安装阀门前，应检查阀杆是否弯曲变形、生锈，填料函填料是否老化，阀体压盖是否有裂纹。若阀杆弯曲则应拆下修理调直阀杆或更换，若阀杆有腐蚀生锈时，应将锈除净。填料老化应更换填料。阀体破裂应更换阀门。

阀体裂纹或压盖开裂的原因，一是在安装前由于运输堆放受到碰撞形成裂纹，安装前又未仔细检查，造成安装后泄漏；另一种原因是阀门本身是好的，由于安装时操作不当，用力过猛或受力不均造成阀体裂纹或压盖损伤。因此，不但安装前要认真检查，安装时也应正确操作，以免阀门损伤。

二、管道堵塞

1. 碳素钢管管道堵塞

（1）碳素钢管管道堵塞原因分析

1）管道焊接时，对口缝隙过大，焊渣流到管内；管子安装前未进行清理，有锈蚀、杂物；施工过程中不慎流入泥土或其他异物；管道投入运行前吹扫不彻底；因而当有介质流动时，在转弯、变径、阀件等断面变化的部位汇集，从而发生堵塞。

2）阀件的阀芯脱落，尽管阀杆旋起，而阀芯仍未开启，故而将管道堵塞；管道采用螺纹连接时，将填料旋入；热弯管时清砂不净。

（2）防治措施

1）管道对口焊接时，间隙值不要超过规范规定，防止焊渣流入。对管道内清洁程度要求较高且焊接后不易清理的管道，其焊缝底层宜采用氩弧施焊。

2）管道在安装前，应仔细清理管子内部杂质；郊外施工地下管道时，要特别防止地下水或地面水带泥土流入管内；在施工过程中，每次下班后要将管口封好，以防异物进入；室内管道安装，特别是立管安装，必须随时用木塞封死管口，以防杂物进入；凡是进行热弯的弯管，使用前应仔细检查并轻轻敲打管子，砂子必须清理干净才能安装；在管道安装完毕，未投入使用前，应彻底清洗和吹扫管道。

3）当管路中设有关闭的阀门时，当开启后要检查是否全部开启，是否阀芯已旋起，防止由于阀芯松动脱落堵塞管道。

4）管道采用螺纹连接时，所用密封材料要适量，特别是小管道上用的线麻，更要防止其旋入管道。

2. 铸铁管安装后堵塞

（1）堵塞原因分析：采用砂型制造的管道或管件，内部清理不净，通水后，砂集中在一起堵塞管道；安装过程中接口用料进入管内；施工时，地面一些废水、杂质流入下水道，沉淀后造成管道堵塞。

（2）防治措施：在安装前要仔细清理铸铁管内杂物；在管道施工接口时，要小心操作，防止填充材料落入管内；与土建交叉施工时，一定要将管口堵好，施工完毕要用麻刀白灰抹死，待交工使用时再打开，以防土建施工时，废水汇同杂质流入。

3. 制冷管道堵塞

（1）堵塞原因分析

1）管道系统安装过程中，管道清洗不彻底，存有脏物，在系统运行时，脏物随工质一起循环，到达节流阀处，由于截面变小而积聚堵塞管道。

2）冰堵系统中存有自由水，在节流阀处因节流温度降低而结冰，将阀孔堵死。

3）电磁阀阀杆卡死，或控制电源断路，阀芯吸不起来，而堵塞管路。

4）膨胀阀感温包药水漏失，而堵塞管路。

5）液体管路中存有"气囊"，气体管路中存有"液囊"，造成管路堵塞。

（2）防治措施

1）管道在安装前，一定要彻底清洗干净，方可安装。安装好的管道，收工时一定要加以封闭。系统投入使用前要认真进行吹污处理。

2）钢管焊接时要按规范进行坡口、对口，缝隙不能过大。焊完后，对其内壁要进行处理，除去漏进管内焊渣。铜管焊接，接口最好采用承插式接头。

3）系统加制冷剂时和加润滑油时，制冷剂和润滑油均应经过干燥和过滤，以防水分和脏物进入系统。

4）系统加制冷剂前，应彻底抽除系统中空气。若运行时，空气进入系统，应将空气排除，若发生冰堵故障，则应进行吸潮处理。

5）电磁阀安装前一定要检查动作是否灵活，电路是否断路。膨胀阀安装前要检查感温包膨胀剂是否漏失。安装过程中，一定要保护感温包及毛细管不得损伤。

6）管道安装时，供液管不允许向上起弧，气体管道不允许向下起弧，以防形成"气囊"和"液囊"阻塞管道。

三、管道变形、损坏

1. 原因分析：管道投入使用后，会发生变形甚至损坏。

（1）管道支架选用不当。

（2）支架安装间距过大、标高不准从而造成管道投入使用后，管子局部塌腰下沉。

（3）支架固定不牢，或固定方法不对，投入使用后，支架变形损坏导致管道变形损坏。

2. 防治措施

（1）正确选择支架形式。如果施工图中没有设计管道支架形式，而需要施工现场决定支架形式时，可按下列原则选取：管道不允许有任何位移的部位，应设置固定支架，固定支架要牢固地固定在可靠的结构上；在管道无垂直位移或垂直位移很小的地方，可装设活动支架。活动支架的形式，应根据对管道摩擦的不同程度来选择，对摩擦产生的作用力无严格限制时，可采用滑动支架，当要求减少管道轴向摩擦作用力时应用滚动支架；在水平管道上，只允许在管道单向水平位移的部位或在铸铁阀件两侧，方型补偿器两侧适当距离的部位，装设导向支架；在管道具有垂直位移的部位，应装设弹簧吊架。

（2）当设计无规定时，严格按规范的有关规定，确定管道支架距离。

（3）管道支架安装前，应根据管道图纸中的标高与土建施工的标高核对，用水平仪抄到墙壁或柱上，然后根据管道走向和坡度计算出每个支架的标高和位置，弹好线后再进行安装。

（4）支架安装要防止支架扭斜翘曲现象，应保证平直牢固。

（5）支架横梁应牢固地固定在墙、柱子或其他结构物上，横梁长度方向应水平，顶面应与管子中心线平行，不允许上翘下垂或扭斜。

（6）无热位移的管道吊架的吊杆应垂直于管子，吊杆的长度要能调节。有热位移的管道，吊杆应在位移相反方向，按位移值的1/2倾斜安装。

（7）固定支架应使管子平稳地放在支架上，不能有悬空现象。管卡应紧卡在管道上。

（8）活动支架不应妨碍管道由于热膨胀所引起的移动。其安装位置应从支承面中心向位移的反向偏移，偏移值应为位移值一半，同时管道的保温层不得妨碍热位移。

（9）不同的支架应选择不同的安装方法：墙上有预留孔洞的，可将支架横梁埋入墙内，埋设前，应清除孔内的碎砖及杂物，并用水将孔洞内浇湿。埋入深度应符合设计要求，并使用1：3水泥砂浆填塞密实饱满。在钢筋混凝土构件上安装支架时，应在浇筑混凝土时预埋钢板，然后将支架横梁焊在预埋钢板上；在没有预留孔洞和预埋钢板的砖或混凝土构件上，可以用射钉或膨胀螺栓固定支架。柱子抱箍式支架安装前，应清除柱子表面的粉刷层。测定支架标高后，在柱子上弹出水平线，支架即可按线安装。固定用的螺栓一定要拧紧，保证支架受力后不活动；在木梁上安装吊卡时，不准在木梁上打洞或钻孔，应用扁钢箍住木梁，在扁钢端部借助穿孔螺栓悬挂吊卡。

四、管道防腐缺陷

1. 漆膜返锈：管道（指金属）基层表面涂漆以后，漆膜表面逐渐产生黄红色锈斑，并逐渐破裂。

（1）原因分析：管子表面有铁锈、酸液、盐水、水分等，涂漆前未清除干净，造成生锈；涂刷过程中，漆皮有针孔等弊病或有漏涂点；漆膜过薄，水或腐蚀性气体透过漆膜浸入涂层内部的金属表层，产生针蚀而逐渐扩大锈蚀面积。

（2）防治措施：涂漆前，必须彻底清理管子表面的泥土、水分等杂物。特别应清理干净管子表面的铁锈，使管子表面露出金属光泽。管子表面清理干净后，应尽快涂上底漆，以防再生锈；管子表面涂普通防锈底漆时，漆膜要略厚一点；涂漆时要均匀，防止漏刷和出现针孔。

2. 漏刷

（1）原因分析：由于不好操作（如地面、墙角等部位）往往只刷表面，底面或背面刷不到，造成漏刷；有些管子或设备安装后无法再补刷，如管子过墙处、组装好的炉片、安装好的箱、罐等。

（2）防治措施：对于涂刷不便的管子和设备，必须在安装前先刷好漆，如管子、炉片、水箱等，安装后再刷罩面漆；对于已装好的管子和设备，用小镜子反照背面，检查漏刷部分，仔细补刷。

3. 漆层流坠：立管或设备立面或横管的底部油漆易产生流淌。用手摸明显感到流坠处的漆膜过厚。

（1）原因分析

1）油漆中加稀释剂过多，油漆的施工黏度过低，而流淌下坠。

2）涂刷漆膜太厚，聚合与氧化作用未完成前，漆的自重造成流坠。

3）施工环境温度过低，湿度过大，漆质干性较慢，易形成流坠。

4）管子表面清理不彻底，有油、水等污物，刷油漆后不能很好地附着在表面，造成流坠。

5）喷涂油漆时，选用喷嘴口径太大，喷枪距离被喷物太近，喷漆的气压太大或太小，都会造成油漆流坠。

（2）防治措施

1）选用优质的漆料和适当的稀释剂。

2）涂漆时环境温度要适当，一般以温度为 $15\sim20℃$、相对湿度 $50\%\sim75\%$ 为宜。

3）涂刷蘸油不宜过多，油膜不宜过厚，一般漆层应保持 $50\sim70\mu m$ 厚。喷涂油漆应比刷涂的要薄一些。

4）涂漆前要认真进行管子表面处理。

5）采用喷涂方法时，选用喷嘴口径要适宜，空气压力应为 $0.2\sim0.4MPa$；喷枪距管子表面的距离应适当（小喷枪为 $15\sim20cm$，大喷枪为 $20\sim25cm$）。

4. 漆膜起泡

油漆干燥后，表面出现大小不同的凸起气泡，用手压有弹性感。气泡是在漆膜与管子表面基层或面漆与底漆之间发生的，气泡外膜很容易成片脱落。

（1）原因分析

1）金属表面处理不佳，凹陷处积聚潮气或有铁锈，造成漆膜附着不良而产生气泡。

2）喷涂时，压缩空气中含有水蒸气，与涂料混在一起；漆的黏度太大，在涂刷时空气进入漆膜，而又不易逃逸挥发而产生气泡。

3）施工环境温度太高，底漆未干透又涂上面漆，底漆干结时，产生气体使面漆膜鼓起。

（2）防治措施

1）涂漆前将管子表面处理干净，当基层有潮气或底漆上有水时，必须将水擦干。

2）一次涂漆不宜过厚；喷涂使用的压缩空气要过滤干燥，防止潮气浸入漆膜中。

五、管道保温缺陷

1. 管道保温性能不良

保冷结构夏季外表面有结露返潮现象，热管道冬季表面过热。

（1）原因分析

1）保温材料热阻值不佳。

2）松散材料含水分过多，或由于保温层、防潮层破坏，雨水或潮气浸入，保温层受潮热阻降低，导致保温不良。

3）保温结构厚度小于设计规定厚度。

4）保温材料填充不实，存在空洞，拼接型板状或块状材料接口不严。

5）防潮层损坏或接口不严，导致保温层受潮。

（2）防治措施

1）严格按设计标准选用保温材料；散状保温材料，使用前必须晒干或烘干，除去水分。

2）必须严格按设计或规定的厚度进行施工。

3）松散材料应填充密实，块状材料应预制成扇形块并捆扎牢固。

4）防潮层应缠紧并应搭接，搭接宽度应符合设计要求和规范规定，接缝用热沥青封口。

2. 保温结构松动、薄厚不均

（1）原因分析

1）用松散材料保温时，不加支撑环或支撑环安装不牢，造成包棚的铁丝网转动或不能很好控制保温层厚度。

2）采用瓦块式结构时，绑扎铁丝拧得不紧或与管子表面粘接不牢。

3）缠包式结构铁丝拧得不紧，缠的不牢，造成结构松脱。

4）抹壳不合格，薄厚不均，造成保温层表面薄厚不均。

（2）防治措施

1）采用松散材料保温时，特别是立管保温，必须按规定预先在管壁上焊上或卡上支撑环，环的距离要合适，焊得要牢，拧得要紧。这样一方面容易控制保温层厚度，另一方面使主保温结构牢固。

2）当采用预制瓦块结构保温时，需用粘接剂（如水泥、沥青）粘牢，瓦块厚度要均匀一致。

3）采用缠包式保温结构时，应把棉毡剪成适用的条块，再将这些条块缠包在已涂好防锈漆的管子上。缠包时应将棉毡压紧。

六、阀门、组件、补偿器安装缺陷

1. 安全阀不起作用：超过工作压力不开启；开启后不能自动关闭；不到工作压力就开启。

（1）原因分析

1）安全阀超过工作压力不开启的原因：杠杆被卡住或销子生锈；杠杆式安全阀的重锤被移动；弹簧式安全阀的弹簧受热变形或失效；阀芯和阀座被粘住。

2）安全阀不到工作压力就开启的原因：杠杆式安全阀的重锤向杆内移动，弹簧式安全阀的弹簧弹力不够。

3）开启后不能自动关闭的原因：杠杆式安全阀的杠杆偏斜或卡住；弹簧式安全阀的

176

弹簧弯曲；阀芯或阀杆不正。

（2）防治措施

1）检查杠杆或销子，调整重锤位置，更换弹簧，检查合格后并擦拭干净。

2）属于不到工作压力就开启的应检查调整重锤的位置，拧紧或更换弹簧。

3）属于不能自动关闭时，要检修杠杆，调整弹簧、阀芯或阀杆。

2. 疏水阀排水不畅：疏水阀安装投入使用后，工作不正常，有时排水不畅反而漏气过多。

（1）原因分析

1）安装方法不当或管路杂质过多，从而使疏水器堵塞，致使疏水器不起作用。

2）不排水的原因：系统蒸汽压力太低，蒸汽和冷凝水未进入疏水器；浮桶式疏水器的浮桶太轻或阀杆与套管卡住；阀孔或通道堵塞；恒温式的阀芯断裂堵住阀孔。

3）漏气过多：阀芯和阀座磨损；排水孔不能自行关闭；浮桶式疏水器的浮桶体积小不能浮起等。

（2）防治措施

1）疏水器安装前须仔细检查，然后进行组装。疏水器应直立安装在低于管线部位，阀盖垂直，进出口应处于同一水平，不可倾斜，以便于阻气排水动作。安装时，应注意介质的流动方向应与阀体一致。

2）疏水器不排水：调整系统蒸汽压力，检查蒸汽管道阀门是否关闭或堵塞，适当加重或更换浮桶，如果是阀杆与套管卡住要进行检修或更换，清除堵塞杂物并在阀前装设过滤器，更换阀芯。

3）疏水器漏气太多：阀芯和阀座磨损漏气要研磨阀芯与阀座，使密封面达到密封；排水孔不能自行关闭，可检查是否有污物堵塞，如果因为浮桶体积过小不能浮起，可适当加大浮桶体积。

3. 减压阀作用不正常：投入使用后不能正常使用；阀门不通畅或不工作；阀门不起减压作用或直通。

（1）原因分析

1）减压阀不通：通道被杂物堵塞；活塞生锈被卡住，处在最高位置不能下移。

2）减压阀不减压：活塞卡在某一位置；主阀阀瓣下面弹簧断裂不起作用；脉冲式减压阀阀柄在密合位置处被卡住；阀座密封面有污物或严重磨损；薄膜式减压阀阀片失效等。

（2）防治措施

在减压阀安装前要做好仔细检查，特别是存放时间较长的，安装前应拆卸清洗。安装时要注意箭头所指的方向是介质流动方向，切勿装反。减压阀应直立安装在水平管路中，两侧装有控制阀门。

1）清除杂物，拆下阀盖检修活塞，使其能灵活移动。必要时，在阀前可装设过滤器。

2）上述缺陷通过检查后，应进行修理或更换部分失效零件。

4. 补偿器（伸缩节）安装缺陷

（1）门形补偿器

1）原因分析：投入运行时，出现管道变形，支座偏斜，严重者接口开裂。补偿器安装位置不当；未按要求作预拉伸；制作不符合要求。

2）防治措施

① 在预制方形补偿器时，几何尺寸要符合设计要求，补偿器要用一根管子煨成，不准有接口；四角管弯在组对时要在同一个平面上，防止投入运行后产生横向位移，从而使支架偏心受力。

② 补偿器安装的位置要符合设计规定，并处在两个固定支架之间。

③ 安装时在冷状态下按规定的补偿量进行预拉伸。拉伸前应将两端固定支架焊好，补偿器两端直管与连接末端之间应预留一定的间隙，其间隙值应等于设计补偿量的 1/4，然后用拉管器进行拉伸，再进行焊接。

（2）波形补偿器：不能保证管道在运行中的正常伸缩。

1）原因分析：未在常温下进行预拉或预压；预拉或预压方法不当，致使各节受力不均；安装方向不对。

2）防治措施

① 波形补偿器安装时，应根据补偿零点温度定位，补偿零点温度就是管道设计达到最高温度和最低温度的中点。在环境温度等于补偿零点温度时，可不进行预拉和预压。环境温度高于补偿零点温度则应进行预压缩。环境温度低于补偿零点温度则应进行预拉伸。预拉伸量或压缩量应按设计规定。

② 波形补偿器内套有焊缝的一端，水平管道应迎介质流动方向，垂直管道应置于上部。

③ 波形补偿器进行预拉或预压时，施加作用力应分 2～3 次进行，作用力应逐渐增加，尽量保证各节的圆周面受力均匀。

（3）填料式补偿器：补偿器安装后不能正常工作，有渗漏现象。

1）原因分析：补偿器外壳与导管卡住，不能伸缩；运行中偏离管线的中心线；填料函内填料填放不当造成渗漏。

2）防治措施

① 安装填料式补偿器时应严格按管道中心线安装，不得偏斜。

② 为防止填料式补偿器运行偏离管道中心线，在靠近补偿器两侧的管线上，至少各设一个导向支座。

③ 为防止补偿器在运行中渗漏，在补偿器的滑动摩擦部位应涂上机油，填绕的石棉绳填料应涂敷石墨粉，并逐圈压入、压紧，并保持各圈接口相互错开。填绕石棉绳的厚度应不小于补偿器外壳与插管之间的间隙。

第十三章 安全生产和文明施工

第一节 安全施工

一、管道工临时用电施工安全

1. 电动工具和电动机械设备，应有可靠的接地装置，操作人员应戴上绝缘手套，如在金属平台上工作，应穿上绝缘胶鞋或在工作平台上铺上绝缘垫板。电动机具发生故障时，应及时修理。

2. 管道工操作范围内，即在建工程（含脚手架具）的外侧边缘与外电架空线路的边线之间必须保持安全操作距离。最小安全操作距离应不小于表13-1所列数值。

管道工距外电架空线路最小安全操作距离　　　　　表13-1

外电线路电压(kV)	1以下	1～10	35～110	154～220	330～500
最小安全操作距离(m)	4	6	8	10	15

注：上、下脚手架的斜道严禁搭设在有外电线路的一侧。

3. 施工现场管道工运输设备及其他材料，其机动车道与外电架空线路交叉时，架空线路的最低点与路面的垂直距离应不小于表13-2所列数值。

施工现场的机动车道路面与外电架空线路交叉时的最小垂直距离　　　　表13-2

外电线路电压(kV)	1以下	1～10	35
最小垂直距离(m)	6	7	7

4. 施工现场管道工运输设备及其他材料，所使用的旋转臂架式起重机的任何部位或被吊物边缘与10kV以下的架空线路边线最小水平距离不得小于2m。

5. 管道工在施工现场开挖非热力管道沟槽的边缘与埋地外电缆沟槽边缘之间的距离不得小于0.5m。

6. 现场金具架构物（照明灯架、垂直提升装置、超高脚手架）和各种超高设施必须按规定装设避雷装置。

7. 手持电动工具使用，依据国家标准的有关规定采取Ⅱ类、Ⅲ类绝缘型的手持电动工具。工具的绝缘状态、电源线、插头和插座应完好无损，电源线不得任意接长或调换，维修和检查应由专业人员负责。

8. 一般场所采用220V电源照明的必须按规定布线和装设灯具，并在电源一侧加装漏电保护器。特殊场所必须按国家标准规定使用安全电压照明器。

9. 在操作施工现场的配电屏（盘）或配电线路维修时，应悬挂停电标志牌。停、送电必须由专人负责。

10. 管道工施工使用的电力为 400/200V 的自备发电机组的排烟管道必须伸出室外。发电机组及其控制配电室内严禁存放储油桶。

11. 管道工操作时所使用的架空线必须设在专用电杆上，严禁架设在树木、脚手架上。

12. 管道工使用的电缆干线应采用埋地或架空敷设，严禁沿地面明设，并应避免机械损伤和介质腐蚀。

13. 管道工使用的电缆穿越建筑物、构筑物、道路、易受机械损伤的场所及引出地面从 2m 高度至地下 0.2m 处，必须加设防护套管。

14. 管道工使用橡皮电缆架空敷设时，应沿墙壁或电杆设置，并用绝缘子固定，严禁使用金属裸线作绑线。固定点间距应保证橡皮电缆能承受自重所带来的荷重。橡皮电缆的最大弧垂距地不得小于 2.5m。

15. 室内配线必须采用绝缘导线。采用瓷瓶、瓷（塑料）夹等敷设，距地面高度不得小于 2.5m。

16. 管工所使用的每台用电设备应有各自专用的开关箱，必须实行"一机一闸"制，严禁用同一个开关直接控制两台及两台以上用电设备（含插座）。

17. 管道工所使用的开关箱中必须装设漏电保护器。

18. 用于潮湿和有腐蚀介质场所的漏电保护器应采用防溅型产品。

19. 管道工所使用的进入开关箱的电源线，严禁用插销连接。

20. 在管道工操作期间，对配电箱及开关箱进行检查、维修时，必须将其前一级相应的电源开关分闸断电，并悬挂停电标志牌，严禁带电作业。

（1）送电操作顺序为：总配电箱—分配电箱—开关箱；

（2）停电操作顺序为：开关箱—分配电箱—总配电箱（出现电气故障的紧急情况除外）。

21. 在管道工操作期间，熔断器的熔体更换时，严禁用不符合原规格的熔体代替。

22. 管道工所使用的焊接机械应放置在防雨和通风良好的地方。焊接现场不得堆放易燃易爆物品。

使用电焊机应单独设开关，电焊机外壳应做接零或接地保护。一次线长度应小于 5m，二次线长度应小于 30m。电焊机两侧接线应压接牢固，并安装可靠防护罩。电焊把线应双线到位，不得借用金属管道、金属脚手架、轨道及结构钢筋作回路地线。电焊把线应使用专用橡套多股软铜电缆线，线路应绝缘良好，无破损、裸露。电焊机装设应采取防埋、防浸、防雨、防砸措施。交流电焊机要装设专用防触电保护装置。在组对焊接管道时，应有必要的防护措施，以免弧光刺伤眼睛，应穿绝缘鞋。

23. 管道工操作现场停电后，操作人员需要及时撤离现场的特殊工程，必须装设自备电源的应急照明。

24. 管道工操作过程中，对下列特殊场所应使用安全电压照明器：

（1）隧道、人防工程，有高温、导电灰尘或灯具离地面高度低于 2.4m 等场所的照明，电源电压应不大于 36V。

（2）在潮湿和易触及带电体场所的照明电源电压不得大于 24V。

（3）在特别潮湿的场所、导电良好的地面、锅炉或金属容器内工作的照明电源电压不得大于 12V。

25. 氧气瓶、乙炔瓶与明火距离不小于 10m。两种气瓶也应保持 5m 以上距离。

26. 焊接或切割容器和管道时，要查明容器内的气体或液体，对残存的气、液体进行清理后，方准焊接或气焊。氧气瓶与乙炔瓶口严禁接触油质，不允许带油手套、带油扳手接触气瓶。氧气瓶和乙炔瓶搬运时，应装好瓶帽，在取下瓶帽时不得用金属锤敲击。

27. 电气焊作业必须按公安部印发的《电、气焊割防火安全要求》进行。工作前应领取动火证。遇到 5 级以上大风天气，高处、露天焊接、气割应停止作业。

28. 配合焊工组对管口的管道工人，应戴上手套和面罩，不许穿短裤、短袖衣衫工作。

二、管道工高处作业施工安全

1. 建筑施工安全防护"三宝"是：安全帽、安全带、安全网。进入施工现场必须佩戴安全帽，正确戴安全帽必须注意两点：一是安全帽由帽衬和帽壳两部分组成，帽衬和帽壳不能紧贴，应有一定间隙（帽衬顶部有 20～50mm，四周为 5～20mm），当有物料坠落到安全帽壳上时，帽衬可起到缓冲作用，不使颈椎受到伤害；二是必须系紧下颚带，当人体发生坠落时，由于安全帽戴在头部，起到对头部的保护作用。

正确使用安全带。高处作业人员在无可靠安全防护设施时，必须系好安全带，安全带必须先挂牢后再作业，不系安全带作业是违法的。安全带应高挂低用，不准将绳打结后使用，也不准将挂钩直接挂在安全绳上使用，应挂在连接环上使用。

2. 高处作业安全常识

凡在距基准面 2m 以上（含 2m）有可能坠落的高处的作业均称高处作业。

高处作业人员要穿紧口工作服、脚穿防滑鞋、头戴安全帽、腰系安全带，遇到大雾大雨和六级以上大风是禁止高处作业的。

高处作业暂时不用的工具应装入工具袋、随用随拿。用不着的工具和拆下的材料应系绳溜滑到地面，不得向下抛掷，应及时处理运送到指定地点。

临边作业的防护"五边"：未安装栏杆的阳台周边、无防护的层面周边、框架工程楼层周边、上下通道的侧边、卸料平台的外侧边。在高处作业时，工作面边缘设有防护设施或没有设施但是高度低于 0.8m 时的高处作业称为临边作业。

洞口防护，做好"四口"：楼梯口、电梯口、预留洞口和出入口（也称通道口），在施工过程中存在着各种孔洞，有从孔洞坠落的危险，根据洞口大小、位置的不同应按施工方案的要求封闭牢固严密，任何人不得随意拆除，如要拆除，须经工地负责人批准。

交叉作业注意事项：在施工现场空间上下不同层次（高度）同时进行的高处作业，叫交叉作业。交叉作业应注意：作业人员在进行上下立体交叉作业时，不得在上下同一垂直面上作业。下层作业位置必须处于上层作业物体可能坠落的范围之外，当不能满足时，上下层面应设隔离防护层，禁止下层作业人员在防护栏、平台等的下方休息。

规定："施工中不得向下投掷物料"。

3. 管道工在雨天和雪天进行高处作业时，必须采取可靠的防滑、防寒和防冻措施。凡水、冰、霜、雪均应及时清除。对进行高处作业的高耸建筑物，应事先设置避雷设施。

4. 管道工所使用的防护棚搭设与拆除时，应设警戒区，并应派专人监护。严禁上下同时拆除。

5. 管道工操作过程中，对临边高处作业，必须设置防护措施，并符合下列规定：

（1）基坑周边，尚未安装栏杆或栏板的阳台、料台与挑平台周边，雨篷与挑檐边，无外脚手的屋面与楼层周边及水箱与水塔周边等处，都必须设置防护栏杆。

（2）分层施工的楼梯口和梯段边，必须安装临时护栏。顶层楼梯口应随工程结构进度安装正式防护栏杆。

（3）井架与施工用电梯和脚手架等与建筑物通道的两侧边，必须设防护栏杆。地面通道上部应装设安全防护棚。双笼井架通道中间，应予分隔封闭。

（4）各种垂直运输接料平台，除两侧设防护栏杆外，平台口还应设置安全门或活动防护栏杆。

6. 管道工施工过程中，搭设临边防护栏杆时，防护栏杆应由上、下两道横杆及栏杆柱组成，上杆离地高度为 1.0～1.2m，下杆离地高度为 0.5～0.6m。坡度大于 1∶2.2 的屋面，防护栏杆应高 1.5m，并加挂安全立网。除经设计计算外，横杆长度大于 2m 时，必须加设栏杆柱。

7. 管道工进行洞口作业以及在因工程和工序需要而产生的，使人与物有坠落危险或危及人身安全的其他洞口进行高处作业时，必须按下列规定设置防护设施：

（1）板与墙的洞口，必须设置牢固的盖板、防护栏杆、安全网或其他防坠落的防护设施。

（2）检查井、阀门井等井孔上口，杯形、条形基础上口，未填土的坑槽，以及人孔、天窗、地板门等处，均应按洞口防护设置稳固的盖件。

（3）施工现场通道附近各类洞口与坑槽处，除设置防护设施与安全标志外，夜间还应设红灯警示。

（4）在施工或维修时严禁在石棉瓦、刨花板、三合板等顶棚上行走。

（5）从事高处作业的人要定期体检；饮酒后禁止作业。

8. 管道工进行洞口作业时，根据具体情况采取设防护栏杆、加盖件、张挂安全网与装栅门等措施时，必须符合下列要求：

（1）边长在 1500mm 以上的洞口，四周设防护栏杆，洞口下张挂安全平网。

（2）位于车辆行驶道旁的洞口、深沟与管道坑、槽，所加盖板应能承受不小于当地额定卡车后轮有效承载力 2 倍的荷载。

（3）下边沿至楼板或底面低于 800mm 的窗台等竖向洞口，如侧边落差大于 2m 时，应加设 1.2m 高的临时护栏。

（4）对邻近的人与物有坠落危险性的其他竖向的孔、洞口，均应予以盖设或加以防护，并有固定其位置的措施。

（5）1.5m×1.5m 以下的孔洞，用坚实盖板盖住，有防止挪动、位移的措施。1.5m×1.5m 以上的孔洞，四周设两道防护栏杆，中间支挂水平安全网。结构施工中伸缩缝和后浇带处加固定盖板防护。

（6）管道井和烟道必须设置固定式防护门或设置两道防护栏杆。

（7）阳台栏板应随层安装，不能随层安装的，必须在阳台临边处设两道防护栏杆，用密目网封闭。

（8）建筑物楼层临边四周，未砌筑、安装维护结构时，必须设两道防护栏杆，立挂安全网。

（9）施工需要临时拆除洞口临边防护时必须设专人监护，监护人员撤离前必须将原防护设施复位。

9. 管道工所使用的梯子脚底部应坚实，不得垫高使用。梯子的上端应有固定措施。立梯不得有缺档。

10. 管道工所使用的梯子如需接长使用，必须有可靠的连接措施，且接头不得超过 1 处。连接后梯梁的强度，不应低于单梯梯梁的强度。

11. 管道工所使用的固定式直爬梯应用金属材料制成。梯宽不应大于 500mm，支撑应采用不小于∟70×6 的角钢，埋设与焊接均必须牢固。梯子顶端的踏棍应与攀登的顶面齐平，并加设 1～1.5m 高的扶手。

使用直爬梯进行攀登作业时，攀登高度超过 8m，必须设置梯间平台。

使用梯子时，直射角度以 60°～70°为宜，不可太大或太小。梯子脚应用麻布或胶皮包扎（防滑）。单梯只准上一人操作。双梯间应拉牢，移动梯子时，人必须下梯。

12. 管道工应从规定的通道上下，不得在阳台之间等非规定通道进行攀登，也不得任意利用吊车臂架等施工设备进行攀登。管道工上下梯子时，必须面向梯子，且不得手持器物。

13. 管道工在悬空作业处应有牢靠立足处，并必须视具体情况，配置防护栏网、栏杆或其他安全设施。

14. 管道工施工过程中，预制件吊装和管道安装时的悬空作业，必须遵守下列规定：

（1）悬空安装锅炉的烟囱、吊装预制件、吊装单独的大中型预制构件时，必须站在操作平台上操作。吊装中的锅炉烟囱和预制件以及冷却塔等屋面板上，严禁站人和行走。

（2）安装管道时必须有已完结构或操作平台为立足点，严禁在安装中的管道上站立和行走。

15. 冷却塔上管道及附件安装时的悬空作业，必须遵守下列规定：

（1）应按规定的作业程序进行，管道未固定前不得进行下一道工序。严禁在连接件和支撑件上攀登上下，并严禁在上下同一垂直面上装、拆管件。结构复杂的冷却系统，装、拆应严格按照施工组织设计的措施进行。

（2）组装冷却塔时，应有稳固的立足点。应搭设支架或脚手架。管道工操作范围内的临边，应进行防护。拆除临时吊架高处作业，应配置登高用具或搭设支架。

16. 墙体预埋大型套管时的悬空作业，必须遵守下列规定：

（1）套管就位和固定时，必须搭设脚手架。

（2）套管固定时，应搭设操作台架和张挂安全网。

（3）悬空套管的安装，必须在满铺脚手板的支架或操作平台上操作。

17. 冷冻机房内管道工悬空作业，必须遵守下列规定：

（1）安装离地 2m 以上管道和附件或设备时应设操作平台，不得直接站在小凳或临时支撑架上操作。

（2）安装返弯处的管道时，应自两边对称地相向进行。进入管井处，管井的上口应先行封闭，并在下方搭设脚手架以防人员坠落。

（3）特殊情况下如无可靠的安全设施，必须系好安全带并扣好保险钩，并架设安全网。

18. 管道工悬空进行室外雨水管作业时，必须遵守下列规定：

（1）安装室外雨水管道、油漆及安装卡架时，严禁操作人员站在槛子、阳台栏板上操作。雨水管临时固定，其固定卡架未达到强度以及电焊时，严禁手拉雨水管道进行攀登。

（2）在高处外墙安装雨水管道，无外脚手时，应张挂安全网。无安全网时，操作人员应系好安全带，其保险钩应挂在操作人员上方的可靠物件上。

（3）在洞口处作业人员的重心应位于室内，不得在洞口上站立。必要时应系好安全带进行操作。

19. 管道工所使用的移动式操作平台，必须符合下列规定：

（1）装设轮子的移动式操作平台，轮子与平台的接合处应牢固可靠，立柱底端离地面不得超过 80mm。

（2）操作平台四周必须按临边作业要求设置防护栏杆，并应布置登高扶梯。

20. 管道工所使用的悬挑式钢平台，必须符合下列规定：

（1）悬挑式操作钢平台应按现行的相应规范进行设计，其结构构造应能防止左右晃动，计算书及图纸应编入施工组织设计。

（2）悬挑式钢平台的搁置点与上部拉结点，必须位于建筑物上，不得设置在脚手架等施工设备上。

（3）应设置 4 个经过验算的吊环。吊运平台时应使用卡环，不得使吊钩直接钩挂吊环。吊环应用甲类 3 号沸腾钢制作。

（4）钢平台安装时，钢丝绳应采用专用的挂钩挂牢，采取其他方式时卡头的卡子不得少于 3 个。建筑物锐角利口围系钢丝绳处应加衬软垫物，钢平台外口应略高于内口。

（5）钢平台左右两侧必须装置固定的防护栏杆。

（6）钢平台吊装，需待横梁支撑点电焊固定，接好钢丝绳，调整完毕，经过检查验收后方可松卸起重吊钩，上下操作。

（7）钢平台使用时，应有专人进行检查，发现钢丝绳有锈蚀损坏应及时调换，焊缝脱焊应及时修复。

21. 管道工所使用的操作平台上应显著地标明容许荷载值。操作平台上人员和物料的总重量，严禁超过设计的容许荷载。应配备专人加以监督。

22. 各工种进行上下立体交叉作业时，不得在同一垂直方向上操作。下层作业的位置，必须处于依上层高度确定的可能坠落范围半径之外。不符合以上条件时，应设置安全防护层。

23. 管道及其附件进场后，临时堆放处离楼层边沿不应小于 1m，堆放高度不得超过 1m。楼层边口、通道口、脚手架边缘等处，严禁堆放任何物件。

24. 由于上方施工可能坠落物件或处于起重机把杆回转范围之内的通道，在其受影响的范围内，必须搭设顶部能防止穿透的双层防护廊。

25. 结构及装修用脚手架、井字架不得直接立于土层上，并与结构主体作可靠连接，架子地基应有可靠的排水措施，防止积水浸泡地基。马道上，应有可靠的防滑措施。垂直运输架应有可靠的接地防雷措施，接地电阻不大于 10Ω。大风大雨前后应对脚手架仔细检查，发现有立杆下沉悬空、接头松动、架子歪斜等现象应及时处理加固。

三、管道工机械使用施工安全

1. 管道工施工过程中，使用机械的操作人员应体检合格，无妨碍作业的疾病和生理缺陷，并应经过专业培训、考核合格取得建设行政主管部门颁发的操作证或公安部门颁发的机动车驾驶执照后，方可持证上岗。学员应在专人指导下进行工作。

2. 管道工在工作中，操作人员和配合作业人员必须按规定穿戴劳动保护用品，长发应束紧不得外露，高处作业时必须系安全带。

3. 管道工施工过程中所使用的机械必须按照出厂使用说明书规定的技术性能、承载能力和使用条件，正确操作，合理使用，严禁超载作业或任意扩大使用范围。

4. 管道工施工过程中所使用的机械上的各种安全防护装置及监测、指示、仪表、报警等自动报警、信号装置应完好齐全，有缺损时应及时修复。安全防护装置不完整或已失效的机械不得使用。

5. 管道工施工过程中，在变配电所、乙炔站、氧气站、空气压缩机房、发电机房、锅炉房等易于发生危险的场所，应在危险区域界限处，设置围栏和警告标志，非工作人员未经批准不得入内。挖掘机、起重机、打桩机等重要作业区域，应设立警告标志及采取现场安全措施。

6. 管道工施工过程中，在机械产生对人体有害的气体、液体、尘埃、渣滓、放射性射线、振动、噪声等场所，必须配置相应的安全保护设备和三废处理装置；在隧道施工中，应采取措施，使有害物限制在规定的限度内。

7. 在施工中遇下列情况之一时应立即停工，待符合作业安全条件时，方可继续施工：
(1) 填挖区土体不稳定，有发生坍塌危险时；
(2) 气候突变，发生暴雨、水位暴涨或山洪暴发时；
(3) 在爆破警戒区内发生爆破信号时；
(4) 地面涌水冒泥，出现陷车或因下雨发生坡道打滑时；
(5) 工作面净空不足以保证安全作业时；
(6) 施工标志、防护设施损毁失效时。

8. 管道工施工过程中，夯实机作业时，应一人扶夯，一人传递电缆线，且必须戴绝缘手套和穿绝缘鞋。递线人员应跟随夯机后或两侧调顺电缆线，电缆线不得扭结或缠绕，且不得张拉过紧，应保持有 3~4m 的余量。

9. 电动冲击夯应装有漏电保护装置，操作人员必须戴绝缘手套，穿绝缘鞋。作业时，电缆线不应拉得过紧，应经常检查线头安装，不得松动及引起漏电。严禁冒雨作业。

10. 电缆线不得敷设在水中或从金属管道上通过。施工现场应设标志，严禁机械、车辆等从电缆上通过。

11. 管道工施工过程中，所使用的机械在坡道上停放时，下坡停放应挂上倒挡，上坡停放应挂上一挡，并应使用三角木楔等塞紧轮胎。

12. 管道工施工过程中，所使用的机械不得人货混装。因工作需要搭接时，人不得在货物之间或货物与前车厢板间隙内。严禁攀爬或坐卧在货物上面。

13. 管道工施工过程中，作业区内应无高压线路。作业区应有明显标志或围栏，非工作人员不得进入。在室外管道吊装施工过程中，操作人员必须在距离重物中心 8m 以外监视。

14. 管道工施工过程中，潜水泵放入水中或提出水面时，应先切断电源，严禁拉拽电缆或出水管。

15. 管道工施工过程中，电缆线应满足操作所需的长度，电缆线上不得堆压物品或让车辆挤压，严禁用电缆线拖拉或吊挂工具。

16. 管道工施工过程中，对所使用的吊架钢筋进行冷拉时，冷拉场地应在两端地锚外侧设置警戒区，并应安装防护栏及警告标志，无关人员不得在此停留。操作人员在作业时必须离开钢筋 2m 以外。

17. 喷涂燃点在 21℃ 以下的易燃涂料时，必须接好地线，地线的一端接电动机零线位置，另一端应接涂料桶或被喷的金属物体。喷涂机不得和被喷物放在同一房间里，周围严禁有明火。

18. 管道工施工过程中，焊接操作人员及配合人员必须按规定穿戴劳动防护用品。并必须采取防止触电、高空坠落、瓦斯中毒和火灾等事故的安全措施。

19. 管道工施工过程中，对承压状态的压力容器及管道、带电设备、承载结构的受力部位和装有易燃、易爆物品的容器严禁进行焊接和切割。

20. 管道工施工过程中，当需施焊受压容器、密封容器、油桶、管道、沾有可燃气体和溶液的工件时，应先消除容器及管道内压力，消除可燃气体和溶液，然后冲洗有毒、有害、易燃物质；对存有残余油脂的容器，应先用蒸汽、碱水冲洗，并打开盖口，确认容器清洗干净后，再灌满清水方可进行焊接。在容器内焊接应采取防止触电、中毒和窒息的措施。焊、割密封容器应留出气孔，必要时在进、出气口处装设通风设备；容器内照明电压不得超过 12V，焊工与焊件间应绝缘；容器外应设专人监护。严禁在已喷涂过油漆和塑料的容器内焊接。

21. 施工过程中，高空焊接或切割，必须系好安全带，周围和下方采取防火措施，并应有专人监护。

22. 电石起火时必须用干砂或 ABC 灭火器，严禁用泡沫、四氯化碳灭火器或用水灭火。

23. 未安装减压器的氧气瓶严禁使用。

24. 砂轮机安全操作规程：

(1) 砂轮机的地基应牢固，砂轮机的规格、性能符合要求，并安装防护罩。

(2) 安装砂轮机时不得使用锤敲打，孔与轴配合应符合规定，法兰与砂轮之间必须衬垫好，轴端紧固螺帽应牢固。

(3) 砂轮失圆、过薄或因磨损离夹板边缘小于 30mm 时，不得使用。

(4) 工件托架应安装牢固，托架平面应平整。托架与砂轮端面的距离不得大于 3mm。

(5) 启动前应检查并确认螺栓与砂轮夹板无松动、砂轮无裂纹、防护装置牢固、电气装置符合要求，方可启动。启动后，待砂轮运转正常方可磨工件。

(6) 运转中，若发现声音异常，应立即停机检修。电动机不得安装倒顺开关。停电时应切断电源。

(7) 磨工件时，必须戴防护眼镜，不得戴口罩，操作者应站在砂轮的侧面，严禁站在旋转砂轮的正面。

（8）磨工件时，应用冷却液进行冷却。

25．套丝机安全操作规程：

（1）机具应安放在固定基础或稳定的机架上。

（2）应先空载运转进行检查、调整，确认运转正常后，方可作业。

（3）按加工管径选用板牙头和板牙，板牙应按顺序放入，作业中应用油润滑板牙。

（4）工件伸出卡盘端面的长度过长时，后部要用辅助托架，并调整好托架的高度。

（5）切断作业时，不得在旋转手柄上加长力臂，不得进刀过快。

（6）加工件的椭圆度或管径过大时，必须分两次进刀。

（7）作业中应用刷子清除切屑，不得敲打振落。

26．台钻安全操作规程：

（1）工件夹装必须牢固可靠，钻小件时应用工具夹持，不得手持工件进行钻孔；薄板钻孔时，应用虎钳夹紧，并在工件下垫好木板。使用平头钻头，操作时不得戴手套。

（2）严禁用手触摸旋转的刀具和将头部靠近机床的旋转部分，不得在旋转的刀具下翻转、卡压和测量工件。

（3）钻孔排屑困难时，进钻、退钻应反复交替进行。

（4）钻头上绕有长屑时，应在转头停转后用铁钩或刷子清除，不得用手拉或嘴吹。

（5）钻床上配置的皮带、防护罩应齐全，否则不得使用。

（6）使用手锤工作时不准戴手套，锤柄、锤头上不得有油污。甩大锤时，甩转方向不得有人。

27．尖头錾、扁錾、盘根錾头部被锤击成蘑菇状时不能继续使用，顶部有油时应及时清除。

28．锉刀必须装好木柄方可使用，锉削时不可用力过猛，不能将锉刀当撬棒使用。

29．使用钢锯锯削时用力要均匀，被锯的管子或工件要夹紧，即将锯断时要用手或支架托住，以免管子或工件坠落伤人。

30．使用扳手时扳口尺寸应与螺母尺寸相符，防止扳口尺寸过大用力打滑，在扳手柄上不应加套管。

31．使用管钳时，一手应放在钳头上，一手对钳柄均匀用力。在高空作业时，安装公称通径50mm以上的管子，应用链条钳，不得使用管钳。

32．使用台虎钳时，钳把不得用套管加力或用手锤敲打，所夹工件不得超过钳口最大行程的2/3。

四、管道工使用脚手架施工安全

1．钢管脚手架应用外径48～51mm，壁厚3～3.5mm，无严重锈蚀、弯曲、压扁或裂纹的钢管。木脚手架应用小头有效直径不小于8cm，无腐朽、折裂、枯节的杉篙，脚手杆件不得钢木混搭。

2．脚手架基础必须平整坚实，有排水措施，满足架体支搭要求，确保不沉陷、不积水。其架体必须支搭在底座（托）或通长脚手板上。

3．脚手架施工操作面必须满铺脚手板，离墙面不得大于20cm，不得有空隙和探头板、飞跳板。操作面外侧应设一道护身栏杆和一道18cm高的挡脚板。脚手架施工层操作面下方净空距离超过 3m 时，必须设置一道水平安全网，双排架里口与结构外墙间水平网无法防护时可铺设脚手板。架体必须用密目安全网沿外架内侧进行封闭，安全网之间必须连接牢固，封闭严密，并与架体固定。

4. 脚手架必须设置连续剪刀撑（十字盖）保证整体结构不变形，宽度不得超过 7 根立杆，斜杆与水平面夹角应为 $45°\sim60°$。

5. 特殊脚手架和高度在 20m 以上的高大脚手架必须有设计方案，并履行验收手续。

五、管道工使用提升设备的施工安全

1. 管道工施工过程中，所使用的提升机在安装完毕后，必须经正式验收，符合要求后方可投入使用。

2. 管道工施工过程中，所使用的提升机架体顶部的自由高度不得大于 6m。

3. 管道工施工过程中，所使用的提升钢丝绳不得接长使用。端头与卷筒应用压紧装置卡牢，在卷筒上应能按顺序整齐排列。当吊篮处于工作最低位置时，卷筒上的钢丝绳应不少于 3 圈。

4. 管道工施工过程中，所使用的提升机应具有安全防护装置并满足其要求。

5. 管道工施工过程中，所使用的附墙架的材质应与架体的材质相同，不得使用木杆、竹杆等作附墙架与金属架体连接。

6. 管道工施工过程中，所使用的提升机的缆风绳应经计算确定（缆风绳的安全系数 n 取 3.5）。缆风绳应选用圆股钢丝绳，直径不得小于 9.3mm。提升机高度在 20m 以下（含 20m）时，缆风绳不少于 1 组（4～8 根）；提升机高度在 21～30m 时，不少于 2 组。

7. 管道工施工过程中，所使用的缆风绳应在架体四角有横向缀件的同一水平面上对称设置，使其在结构上引起的水平分力，处于平衡状态。缆风绳与架体的连接处应采取措施，防止架体钢材对缆风绳的剪切破坏。对连接处的架体焊缝及附件必须进行设计计算。

8. 管道工施工过程中，在安装、拆除以及使用提升机的过程中设置的临时缆风绳，其材料也必须使用钢丝绳，严禁使用铅丝、钢筋、麻绳等代替。

9. 管道工施工过程中，所使用卷扬机应安装在平整坚实的位置上，应远离危险作业区，且视线应良好。

10. 管道工施工过程中，使用提升机时应符合下列规定：

（1）物料在吊篮内应均匀分布，不得超出吊篮。当长料在吊篮中立放时，应采取防滚落措施；散料应装箱或装笼；严禁超载使用；

（2）严禁人员攀登、穿越提升机架体和乘吊篮上下；

（3）高架提升机作业时，应使用通信装置联系。低架提升机在多工种、多楼层同时使用时，应专设指挥人员，信号不清不得开机。作业中不论任何人发出紧急停车信号，应立即执行。

11. 用链条葫芦（倒链）起重时，不能超出起重能力。在任何方向使用时，拉链方向应与链轮方向相同，注意防止手拉链脱槽，拉链子的力量要均匀，不能过快或过猛。如手拉链不动时，应查明原因，不能增加人数猛拉，以免发生事故。用链条葫芦吊起阀门或组装件时，升降要平稳。如需在起吊物下作业，应将链条打结保险，并必须用道木或支架等将部件垫稳。

12. 千斤顶操作人员应经培训，千斤顶置于平整坚实的地面上，并垫木板或钢板，防止地面沉陷。顶部与光滑物接触面应垫硬木，防止滑动，开始操作应逐渐顶升，注意防止顶歪，始终保持重物的平衡。

六、管道工内装修阶段采用门式脚手架

1. 构造情况和主要部件如下：

（1）基本结构和主要部件：门式脚手架由门式框架、交叉支撑（及斜拉杆）和水平架或脚手板构成基本单元，如图 13-1 所示。将基本单元相互连接，并增加梯子、栏杆等部件构成整片脚手架。并可通过上架（及接高门架）达到调整门式架高度以适应施工需要的目的。

（2）基本单元部件包括门架、交叉支撑和水平架，如图 13-2 所示。

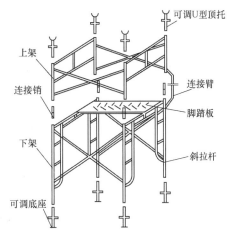

图 13-1 内装修门式脚手架构造（一）

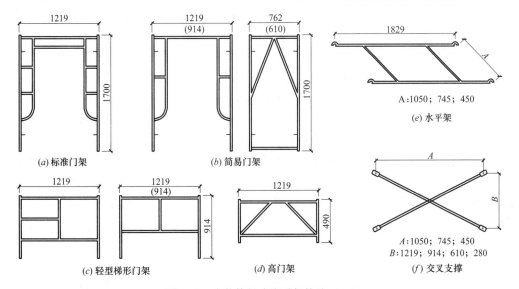

图 13-2 内装修门式脚手架构造（二）

1）门架是门式脚手架的主要部件，有多种不同形式。标准形式是最基本的形式，主要用于构成脚手架的基本单元，一般常用的标准型门架宽度为 1.219m，高度为 1.7m。结构门架是一种调节架，用于调节作业层高度，以适应层高变化时的需要。

2）门架之间的连接，在垂直方向使用连接棒和锁臂，在脚手架纵向使用交叉支撑，在架顶水平面使用水平架或脚手板。交叉支撑和水平架的规格根据门架的间距来选择，一般多采用 1.8m。

（3）底座和托座

1）底座有三种：可调底座的可调高度范围为 200～550mm，主要用于支模架以适应不同支模高度的需要。简易底座只起支撑作用，无调高功能，使用时要求地面平整。带脚

轮底座多用于操作平台，以满足移动的需要。

2）托座有平板和L型两种，置于门架竖杆的上端，带有丝杠以调节高度，主要用于支模架。门架是门式脚手架的主要部件，如图13-3所示。

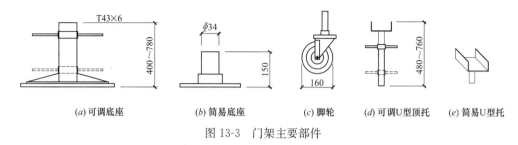

(a) 可调底座　　(b) 简易底座　　(c) 脚轮　　(d) 可调U型顶托　(e) 简易U型托

图13-3　门架主要部件

（4）其他部件：包括脚手板、梯子、扣墙器、栏杆、连接棒、锁臂和脚手板托架等。其中脚手板一般为钢脚手板，其两端带有挂扣，置于门架的横梁上并扣紧，脚手板也是加强门式架水平刚度的主要构件。

（5）门式架之间的连接构造：门式架连接不采用螺栓结构，而是采用方便可靠的自锚结构。主要形式包括制动片式、滑片式、弹片式和偏重片式。

2. 门式脚手架搭设施工顺序：拉线、放底座→自一端起立门架并随即安装交叉支撑→装水平架（或脚手板）→装梯子→安装顶部栏杆。

3. 在工程中主要应用形式

（1）内架子（砌筑或墙面面层施工用）：采用高度为1.7m的标准门架，可适应3.3m以下层高的施工；当层高大于3.3m时，可架设可调底座；当层高大于4.2m时，可再接0.9～1.5m的梯形门架。由于房间内净尺寸不一定是门架标准间距1.83m的整数倍，故可以不采用交叉拉杆，可用脚手管作横杆替代，其门架间距为1.2～1.5m。

（2）满堂红脚手架（顶棚装修用）：将门架按纵排和横排均匀排开，门架间的间距在一个方向上为1.83m，用剪刀撑连接；另一个方向为1.5～2.0m，用脚手管连接，其上满铺脚手板，其高度的调节方法同内架子。当层高大于5.2m时，可使用2层以上的标准门架搭设，使用非常方便。

第二节　文　明　施　工

一、文明施工管理目标、体系

文明施工管理目标：管道工操作过程中，现场的管理人员和操作人员不文明行为事件发生率控制为零；文明施工保证体系：成立文明施工领导小组，组长是项目文明施工第一责任人。

二、文明施工管理制度

全员教育制度；施工区域责任区负责制度，如：现场临建加工区，其中包括吸烟室、库房和加工场地，责任人确定为管工专业班长；定期检查制度，每天一次检查，并评定、汇总、建档，查出的问题立项、整改，落实责任人、整改期限；奖罚制度。

三、文明施工管理措施

1. 总平面管理

（1）加工区采取封闭管理。

（2）临建：按项目管理总的要求整洁、完好、美观设置围挡等临建设施。

（3）标识牌：布置明确标识牌的，明显位置设提示牌、警示牌、安全警示牌。

（4）材料堆放：符合总平面图要求，不得占用道路。

（5）场容：道路通畅，场地整洁、干净。

（6）卫生：专人每天保持现场干净清洁。专人每天对现场内及周边道路清扫。卫生设施及阴暗潮湿地带，定期投药、消毒，以防鼠害及传染病发生。

2. 其他措施

（1）施工操作人员：遵守有关文明施工规定，统一着装，胸前佩戴证件，言行举止文明、精神饱满、服从指挥，有良好精神风貌。

（2）材料、工具码放：各种材料报验、审批后方可进场，码放应符合要求。

（3）机械设备：标记、编号明显，周围清洁，操作处配挂相关的安全操作规程。

（4）车辆：按规定区域停放，专人指挥车辆出入，严禁场内任意停车。

（5）操作面：操作面及其周围清洁整齐，废旧钢管、型钢及时收集整理，废弃麻丝、垫片、保温棉碎片等垃圾施工过程中及时清运，活完场清。

（6）施工区、生活区垃圾：零星建筑垃圾袋装化，及时运至总包指定地点清运出现场；用密封式圈筒稳妥下卸建筑物内垃圾，严禁向外抛掷。生活区垃圾按照总包已经设置的垃圾堆放位置倾倒。

（7）安全围挡：封闭严密整齐，定期清洗。

（8）标识标牌：竖好、立正，丢失、损坏立即补齐。

第三节　职业健康和环境保护

一、管道工职业健康

1. 饮食卫生防病防疫职业健康

（1）目标：做好卫生防病防疫卫生管理和落实工作，保证施工生产的顺利进行。

（2）政策依循：在组织施工操作过程中，管道工负责人将认真贯彻执行住建部、地方省（市）建委、地方省（市）（市）政管理委员会、地方省（市）卫生局关于施工现场卫生与防疫管理的各项规定，重点落实《地方省（市）建设工程施工现场场容卫生标准》、《地方省（市）建设工程施工现场生活区设置和管理标准》，保证施工生产的顺利进行。

（3）建立防控传染病疫情的各项预案，杜绝传染病疫情在施工现场滋生。

2. 管道工职业健康组织管理

（1）建立卫生与防疫责任制。签订责任书，使卫生与防疫管理工作层层负责，责任落实到人，做到凡事有人管，事事有落实，违规必追究。

（2）成立卫生与防疫管理委员会，负责施工现场的卫生管理及流行病疫情预防和控制。

（3）根据现场情况，管道工施工项目部成立场容清洁队，配备保洁工具及其他消毒工具，每天负责生活区和办公区的卫生与消毒工作。

3. 管道工职业健康工作制度

（1）每半月召开一次"施工现场卫生与防疫管理"工作例会。

（2）建立并执行施工现场卫生与防疫工作检查制度。根据检查情况按"施工现场检查记录表"评比打分，对检查中所发现的问题，开出"隐患问题通知单"，应根据具体情况，定时间、定人、定措施予以解决，检查有关班组应监督落实问题的解决情况。

4. 管道工职业健康饮食卫生防病防疫安全管理

（1）食堂卫生管理

认真贯彻《食品卫生法》，食堂八项要求及卫生"五四制"，每半年组织一次卫生营养知识学习考试。

施工现场设置的临时食堂必须具备食堂卫生许可证、炊事人员身体健康证、卫生知识培训证。建立食品卫生管理制度，严格执行食品卫生法和有关管理规定。施工现场的食堂和操作间相对固定、封闭，并且具备清洗消毒的条件和杜绝传染疾病的措施。

食堂和操作间内墙应抹灰，屋顶不得吸附灰尘，应有水泥抹面锅台、地面，必须设排风设施。操作间必须有生熟分开的刀、盆、案板等炊具及存放柜橱。库房内应有存放各种佐料和副食的密闭器皿，有距墙、距地面大于 20cm 的粮食存放台。不得使用石棉制品的建筑材料装修食堂。

食堂炊事员上岗必须穿戴洁净的工作服帽，个人卫生做到"五勤"，操作时不吸烟、不化妆、不戴装饰品、不做有碍卫生的动作。

公共食具每餐后要洗净消毒，自备碗筷要用流动水冲洗。

食堂内外整洁、卫生，炊具干净，无腐烂变质食品，生熟食品分开加工保管，食品有遮盖，应有灭蝇灭鼠灭蟑螂措施。食堂操作间和仓库不得兼作宿舍使用。

严格实行食品验收验售制度，注意食品采购、运输、保管中的卫生，防止污染、生蛆，保证不买、不做、不卖、不吃腐烂变质食品。

生活区的食堂将饭菜做好后，送到施工现场指定的用餐地点，工人用餐后由卫生清洁人员负责把食用垃圾清理干净，生活垃圾实行装袋收集，并与施工垃圾分开，集中堆放，及时清运出场。

（2）办公室卫生管理；生活区卫生管理；厕所卫生管理。

（3）施工现场防病防疫安全

严把进场关，对新进场外施工人员进行强制健康检查，要求外施队 100% 办理健康证，在进行健康检查后，方准许分配宿舍及进入现场进行施工作业。对现场操作人员及施工队和各班组，进行防疫防病知识的教育，并发放宣传资料。

二、管道工环境保护

1. 方针目标

在组织施工中，贯彻落实《国务院关于环境保护若干问题的决定》，按照国家环境保护局颁布的环境管理体系审核指南（ISO 14001 标准），并以地方省（市）建委、地方省（市）环境保护局颁发的《地方省（市）建设工程施工现场环境保护工作基本标准》组织实施施工现场的环境保护工作。

2. 组织管理：建立责任制；成立管理委员会；根据现场情况，管道工施工项目部成立 1～2 人场容清洁队，每天负责清扫场内周围 20m 以内操作现场，负责清洁保洁，并洒水降尘。

3. 工作制度：每半月召开一次"施工现场环境保护管理"工作例会；建立并执行施工现场环境保护管理检查制度；实行"环保一票否决制"。

4. 防止大气污染措施：采取现场设立固定的垃圾临时存放点等措施。

5. 特殊施工工序的防污染措施：采用符合环保规定的材料，积极推广使用"绿色建材"；各种涂料、粘接剂、化学外加剂等的有机挥发性物质，其有关指标必须符合有关环保规定；做好各类安装材料的取样、留样、检验工作。

第二部分

操 作 技 能

第十四章 管道及阀门安装

第一节 钢管道的安装

一、管道量尺

通常说的两管件（或阀件）的中心线之间的长度称为构造长度，管段中管子的实际长度称为展开长度或下料长度；量尺的目的就是要得到管段的构造长度，进而确定管子加工的下料长度，如图 14-1 所示。

1. 直线管道的量尺：只需用钢尺或皮尺准确丈量实地距离即可得到管段的构造长度，如图 14-2 所示，对直管段 CD 量尺时，使尺头对准前方管件的中心，就后方管件中心点的尺位置读数，得 L_1 为直管段 CD 的构造长度。

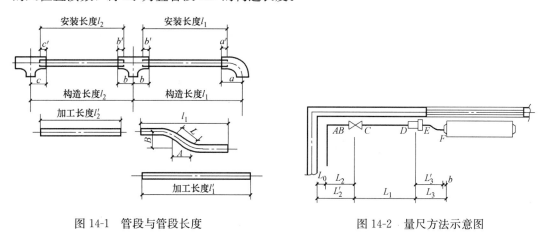

图 14-1　管段与管段长度　　　　　　　　　图 14-2　量尺方法示意图

2. 穿越基础洞的垂直管道量尺：使尺头对准基础预留孔洞的中心，读取尺面与一层地坪面接合点读数，再加上一层上第一个管件（或阀件）的设计安装高度，则得到该穿越管段的构造长度。

3. 跨越两个楼层的立管量尺：首先确定各楼层管段的安装标高并在墙上画出定位点，用线锤吊线画出立管安装的垂直中心线，再将皮尺穿过楼板洞，在中心线上测量两定位点之间的距离，即可得到该跨越楼层管段的构造长度。

4. 沿墙、梁、柱等建筑物实体安装的管道量尺：如图 14-2 所示，量管段 AB 的尺寸时，使尺头顶住建筑物的表面，在另一侧管件的中心位置进行读数为 L_2，那么从读数中减去管道安装中心线与建筑物实体的距离 L_0（L_0 为规范规定的数值）即可得到管段 AB 的构造长度。

5. 与设备连接的管段量尺：如图 14-2 所示，对管段 EF 量尺时，使尺头顶住设备的接管边缘，在另一侧管件的中心位置进行读数，L_3' 为管段 EF 的构造长度；若管道和设备采用螺纹连接时，还应加上螺纹拧入管件的深度。此时管段 EF 的构造长度为 L_3。管螺纹拧入深度的要求见表 14-1。

管螺纹拧入深度　　　　　　　　　　　　　　　　表 14-1

公称直径(mm)	15	20	25	32	40	50
螺纹旋入长度(mm)	11	13	15	17	18	20

二、焊接弯管制作

1. 管件展开样板制作的注意事项

（1）展开放样用 1:1 的比例放出管配件的实样，有时只需放半只或四分之一只实样即可。

（2）当样板材料较厚时，样板的实际展开长度应是管子外径 D 加上样板厚度 δ 再乘上圆周率 π。由于样板同管子紧贴时总有间隙，增加修正值 $1\sim1.5\text{mm}$ 为宜。

2. 划线、下料

（1）先在管子上沿管子轴线画两条对称直线（中线），它们间距等于管子外周长的一半。

（2）将样板背面的中心线对准其中一条线，并将样板紧包在管子外壁上，用粉笔画出切割线，即可进行切割下料。

3. 焊接：对各段焊接接头坡口加工，各节背部坡口角度应开小一些，腹部坡口应开大些。

4. 焊接弯管制作注意事项

（1）公称直径 $DN>400\text{mm}$ 焊接弯头可增加中节数量，但其腹高的最小宽度不得小于 50mm。

（2）虾壳弯头尺寸周长偏差：$DN>1000\text{mm}$ 时不超过 $\pm6\text{mm}$；$DN\leqslant1000\text{mm}$ 时不超过 $\pm4\text{mm}$。

端面与中心线的垂直偏差 Δ，其值不应大于管子外径的 1%，且不大于 3 mm，如图 14-3 所示。

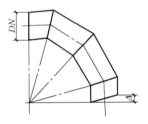

图 14-3　虾壳端面垂直偏差

三、三通的制作

1. 样板制作：在样板纸上根据已知条件（管外径 D、主支管长 L_1、L_2）画出三通展开图；用剪刀将展开图剪下，即为下料样板。

2. 划线、下料：根据样板，在主管和支管上划线。在主管上开孔时，可先在主管上划出十字中心线，使样板上的中心线与所划十字中心线对齐，再在样板上划线；主管上开孔应按支管的内径划线切割；切割时，需根据坡口要求进行。

3. 拼焊：焊接三通在拼焊前，先要在焊缝处坡口；焊接时，先在角焊处点焊一点，用角尺检查，调整好角度后，再点焊 $3\sim4$ 点，检查全部合格后正式施焊。

4. 坡口注意事项：支管上要全部坡口，坡口角度在角焊处为 $45°$，对焊处为 $30°$，从角焊处向对焊处（即尖角处）逐渐缩小坡口角度，均匀过渡；主管开孔处不全坡口，在角焊处不坡口，在向对焊处伸展的中间点处开始坡口，到对焊处为 30°。

四、弯管加工

在管道安装过程中，需要 90°和 45°弯、来回弯（乙字形弯）、抱弯（弧形弯）、方形补偿器等，按制作方法不同可分为冷弯弯头、热弯弯头、焊接弯头和冲压弯头。施工现场的冷弯弯头和热弯弯头的加工制作要求如下：

1. 管子弯曲的一般规定

管子弯制应符合《建筑给水排水及采暖工程施工质量验收规范》GB 50242—2002 中弯制钢管的弯管弯曲半径，弯制钢管时，弯曲半径 R 应符合以下规定：

热弯：应不小于管子外径的 3.5 倍；冷弯：应不小于管子外径的 4 倍；焊接弯头：应不小于管子外径的 1.5 倍；冲压弯头：应不小于管子外径。

2. 弯管的椭圆率：管子在弯制过程中，由于管壁受到拉力和压力的作用，使得弯管的截面由圆形变成椭圆形，弯管的椭圆率按下式计算：

$$椭圆率 = \frac{最大外径 - 最小外径}{最大外径} \times 100\% \tag{14-1}$$

弯管的椭圆率：管径小于或等于 150mm，不得大于 8%；管径小于或等于 200mm，不得大于 6%。

3. 管壁减薄率：管子弯曲时，由于管壁内侧和外侧受力性质的不同，使得内侧管壁受压缩而变厚，外侧管壁受拉伸而减薄，管壁减薄率按下式计算：

$$管壁减薄率 = \frac{弯制前壁厚 - 弯制后壁厚}{弯制前壁厚} \times 100\% \tag{14-2}$$

管壁减薄率不得超过 15%。

4. 折皱不平度：管径小于或等于 125mm，不得超过 3mm；管径小于或等于 200mm，不得超过 4mm。

五、弯管计算

1. 90°弯管的计算

90°弯管的弯曲部分（从 a 点到 b 点）的长度，即弯管的弯曲部分展开长度 L，正好是以 R 为半径所画圆周长的 1/4，如图 14-4 所示，即：

$$L = ab（弧长） = \frac{2\pi R}{4} = 1.57R \tag{14-3}$$

式中　ab（弧长）——以 R 为半径的 90°弧长；

　　　　R——弯管的弯曲半径；

　　　　L——弯管弯曲部分的展开长度。

例：计算煨制如图 14-5 所示的 90°弯管的下料长度。

解：按公式 $L = 1.57R$

$$下料长度 L' = A + B - 2R + 1.57R \tag{14-4}$$

式中　L'——弯管的下料长度；

　A、B——弯管两端的中心长度；

　　　R——弯管的弯曲半径。

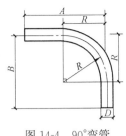

图 14-4　90°弯管

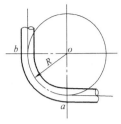

图 14-5　90°弯管

此弯管的划线如图 14-6 所示。在直管上量取 L'，然后从一端量取 A，再倒退 R 长，得到 a 点，a 点即为弯头的起弯点。再从 a 点向前量取长等于 $1.57R$ 的距离，得到 b 点，b 点即为终弯点。

2. 任意角度弯管的计算

（1）弯曲部分展开长度的计算：任意角度弯管弯曲部分的展开长度 L，如图 14-7 所示，可按下式计算：

$$L=\frac{2\pi R}{360}\alpha=0.01745\alpha R \tag{14-5}$$

式中　L——弯曲部分的展开长度；

R——弯管的弯曲半径；

α——弯管角度。

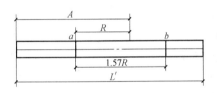

图 14-6　90°弯头划线图

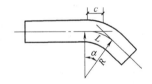

图 14-7　任意角度弯管

（2）起弯点和终弯点位置的确定。首先根据弯曲半径 R 及弯管角度计算切线长，确定管端距起弯点的尺寸。然后计算出弯曲部分的展开长度，最后在制作弯管的管道上划线，确定起弯点和终弯点。

例：用一根 $\phi57\times3.5$ 的无缝钢管冷弯成如图 14-8（a）所示的 50°弯管，弯管一端尺寸 $a=1000$mm，试计算和确定起弯点和终弯点的位置（已知 $R=4\phi$）。

解：$R=4\phi=4\times57=228$mm

半弯管中点到起弯点的切线长度为 BE：

$$BE=R\tan\frac{\alpha}{2}=228\times\tan\frac{50°}{2}=228\times0.4663=106\text{mm}$$

起弯点至管端距离为 AB：

$$AB=1000-106=894\text{mm}$$

弯曲部分展开长度为 L：

$$L=0.01745\alpha R=0.01745\times50\times228=199\text{mm}$$

最后，在制作弯管的直管上划线，确定起弯点和终弯点，如图 14-8（b）所示。

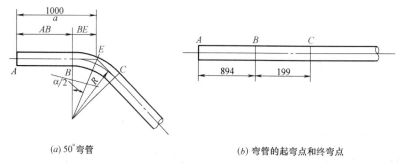

(a) 50°弯管

(b) 弯管的起弯点和终弯点

图 14-8 50°弯管

六、管道下料

1. 管道切割下料长度

管段的构造长度包括该管段的管子长度加上阀件或管件的长度，因而，要计算管子的下料长度，就要除去管件或阀件占有的长度，同时再加上丝扣旋入配件内或管子插入法兰内的长度。

常用的下料长度计算方法有计算法和比量法两种。计算法需要了解各种不同材质、不同管件的结构数值，因此，在实际安装施工过程中很少采用，常用到的是比量法。

比量法是在地面上将各种配件按实际安装位置的距离排列好，然后用管子比量，从而定出管子的实际切割线。具体方法是：先在钢管一端套丝、加填料、拧紧安装前方的管件，在管子的另一端用连接此管后方的管件进行比量，使两管件之间的中心距离等于构造长度，再从管件边缘向里量螺纹拧入深度后，即可得到实际的切割线。

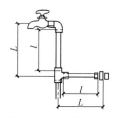

图 14-9 比量法下料

如图 14-9 所示，三通至活接头的构造长度为 L，按图中比量法在地面上进行实际比量，可量得实际下料时管子的长度为 l。法兰连接的管道，也可以采用比量法下料，只是螺纹拧入的长度，改为管子插入法兰的长度及管件加工的长度。

2. 管道切割

管道切割有锯割、磨割、割刀切割、砂轮机切割、切管机切割等多种方法。无论哪种方法，均应使切口表面平整，不得有裂纹、重皮、毛刺、缩口、铁屑等。切口平面倾斜偏差应不大于管子直径的 1%，且不得超过 3mm；高压管或不锈钢管切断后应及时标上原有标记。

七、钢管道螺纹连接

螺纹连接是指在管端加工外螺纹，然后拧上带内螺纹的管子配件，与其他管段相连接构成管路系统的连接形式；常用于 DN100 以下管子的连接，尤其是 DN50 以下管子的连接。

1. 管道螺纹连接形式

常见管螺纹的形状有圆锥形（KG）和圆柱形（G）两种，一般均为右旋螺纹。管子螺纹连接一般采用圆锥外螺纹和圆柱内螺纹连接、圆锥外螺纹和圆锥内螺纹连接。

2. 螺纹连接填料

管道螺纹连接时，为使接头处严密，应在管道外螺纹与管件或阀件内螺纹之间加一定的填料。填料如设计无要求时，可以按表 14-2 中的规定选用。

管道丝扣连接常用填料种类和适用介质　　　　　表 14-2

填料名称	适用介质
厚白漆、麻丝	水、压缩空气
黄粉(一氧化铅)、甘油	压缩空气、燃油
黄粉(一氧化铅)、蒸馏水	氧气
四氟乙烯生料带	水、压缩空气、氧气、燃油、乙炔，亦可用于腐蚀介质

3. 管道螺纹连接操作方法及注意事项：清理螺纹：首先清除管端外螺纹处的杂物；缠涂填料（铅油、缠油麻、生料带等）：在外螺纹上涂一层铅油，再用油麻或生料带缠绕4～5圈，油麻应顺着管螺纹方向缠绕；上管件：先用手将带内螺纹的管件旋入，待用手拧不动时，再用管钳旋转管件，直至上紧为止；管件上紧后要留有 2～3 圈螺尾，并且应将外露的麻丝割断并清除多余的铅油；不能在钳柄上加套筒。

八、钢管道法兰连接

1. 法兰连接的形式：如图 14-10 所示。法兰垫料选用：为保证法兰接口严密不漏，必须在法兰间加垫片；垫片材料应符合设计要求，设计无要求时，可按表 14-3 选用。

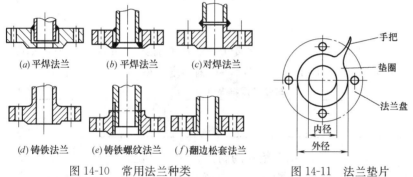

(a)平焊法兰　　(b)平焊法兰　　(c)对焊法兰

(d)铸铁法兰　　(e)铸铁螺纹法兰　　(f)翻边松套法兰

图 14-10　常用法兰种类

图 14-11　法兰垫片

法兰垫圈材料选用　　　　　表 14-3

材料名称	适用介质	最高工作压力(MPa)	最高工作温度(℃)
普通橡胶板	水、空气、惰性气体	0.6	60
耐热橡胶板	热水、蒸汽、空气	0.6	120
夹布橡胶板	水、空气、惰性气体	1.0	60
低压石棉橡胶板	水、空气、惰性气体、蒸汽、煤气	1.6	200
中压石棉橡胶板	水、空气、蒸汽、煤气	4.0	350
高压石棉橡胶板	空气、蒸汽、煤气	10.0	450
软聚氯乙烯板	水、空气、酸碱稀溶液		
聚四氟乙烯板		0.6	50
聚乙烯板			

2. 法兰连接的操作方法

(1) 焊接法兰：即将法兰盘焊接在管端。装配前首先清除法兰表面及密封面的铁锈、油污，将管端插入法兰 2/3 处，先进行点焊，再校正法兰盘与管中心线垂直，并上下左右均匀对称，然后进行施焊。

（2）制作并放置垫片：为使法兰接口严密，法兰之间应加法兰垫片。垫片的厚度应符合设计要求，设计无规定者，通常根据管的直径确定，一般情况下，管公称直径小于125mm时，采用厚度为1.6mm的垫片；管公称直径在125～500mm时，采用厚度为2.4mm的垫片；管公称直径大于500mm时，采用厚度为3.2mm的垫片。为便于安装定位，不涂粘接剂垫片制作要留一个"手把"，如图14-11所示。

（3）连接法兰：将两个法兰盘对正，使其对接端面相互平行，相应的螺栓孔对正，保证螺栓能自由穿入。穿入螺栓后，使用扳手拧紧法兰螺栓，拧紧时分两次或三次对称交叉进行，不得一次拧紧。图14-12所示分别为四个和六个法兰螺栓的拧紧顺序。

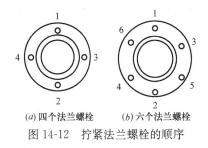

(a)四个法兰螺栓　　(b)六个法兰螺栓

图14-12　拧紧法兰螺栓的顺序

(a)用法兰靠尺检查　　(b)用90°角尺检查

图14-13　法兰偏斜度的检查

3. 操作要领及注意事项

（1）法兰与管子焊接时，应使法兰面垂直于管子中心轴线。可以采用法兰靠尺或90°角尺检查焊接法兰的偏斜度，如图14-13所示，其偏斜度不得超过表14-4的值。

法兰与管子焊接允许偏斜度　　　表14-4

法兰公称通径 DN(mm)	≤80	100～250	300～350	400～500
法兰允许偏斜度 δ(mm)	±1.5	±2	±2.5	±3

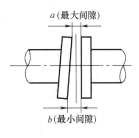

图14-14　法兰密封面不平行度偏差示意

（2）法兰垫片的材质、质量、规格应符合设计要求，设计无要求者应根据表14-4按照介质种类选用。不允许使用斜垫片或双层垫片，且垫片应安装在法兰的中心位置。

（3）连接法兰的螺栓应是同一规格，安装时，其端部伸出螺纹的长度大于螺栓直径的一半，但也不应少于2扣。全部螺母应位于法兰的同一侧。

（4）法兰接头的螺栓拧紧后，两个法兰盘的连接面应互相平行；直径方向两个对称点的偏差，如图14-14所示，不得超过表14-5的规定。

法兰密封面平行度允许偏差　　　表14-5

公称通径 DN(mm)	(a－b)最大值(mm)	
	$PN<160Pa$	$PN=160Pa$
≤100	0.20	0.10
>100	0.30	0.15

（5）法兰不得埋入地下，埋地管道或不通行地沟内管道的法兰接头处应设置检查井。法兰也不能安装在楼板、墙壁或套管内。为了便于装拆，法兰与支架边缘或建筑物的距离

一般不应小于 200mm。

九、钢管道焊接

$DN \leqslant 50mm$、壁厚 $\leqslant 3.5mm$ 的管子用气焊焊接；$DN65$ 及其以上、壁厚在 $4mm$ 以上的管子应采用电焊焊接。

管道焊接操作及注意事项如下：

1. 坡口加工：管壁厚小于 $3mm$ 的管子，对焊时一般可不开坡口，壁厚大于 $3mm$ 时，管端应开坡口。坡口形式和尺寸当设计无规定时，可按表 14-6 选用。坡口周围（内外侧均不小于 $10mm$）应清理干净，不得有油污、铁锈、毛刺等，清理合格后应及时施焊。

管道焊接坡口形式和尺寸　　　　　　　　　　　　表 14-6

坡口形式	手工焊坡口尺寸(mm)		
	S	$\geqslant 3 \sim 9$	$> 9 \sim 26$
	α	$70° \pm 5°$	$65° \pm 5°$
	C	1 ± 1	2
	P	1 ± 1	2

2. 管口组对：管道对口间隙要符合表 14-6 的规定。同壁厚管道，内壁应平齐。壁厚不同时，应对厚壁进行适当加工，使其平坦过渡。为便于对口，可借助对口工具，如图 14-15 所示。

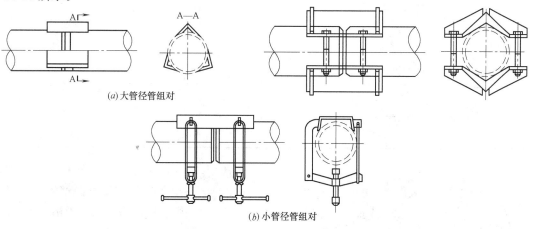

(a) 大管径管组对

(b) 小管径管组对

图 14-15　管口组对工具

3. 点焊定位：管口对好后，在上下左右四处实施定位焊（最少 3 处），定位焊长度一般为 $10 \sim 15mm$，高 $2 \sim 4mm$，不超过管壁 2/3。

4. 施焊：管道点焊定位后，再经检查调直无误后，即正式施焊；施焊时管道应垫牢固定，适时转动管子，实施焊工作业，减少仰焊。焊接时，焊缝应焊透，不得有裂纹、夹渣、气孔、砂眼等缺陷。

十、钢管道沟槽式连接和开孔式机械配管

包括管道与管道的连接、管道与阀门的连接、管道与设备的连接、管道分支等内容。

1. 管道沟槽式连接

（1）管道与管道沟槽式连接

管接头由管道沟槽、密封圈和卡箍组成，分刚性接头和挠性接头，如图 14-16 所示，规格参考生产厂提供槽式连接刚性接头规格表 14-7。

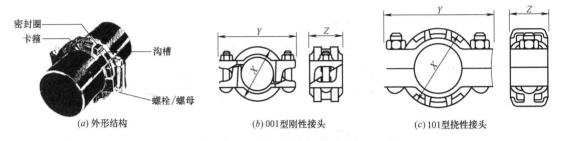

（a）外形结构　　　　（b）001型刚性接头　　　　（c）101型挠性接头

图 14-16　管道沟槽式连接接头

沟槽式连接刚性接头规格
表 14-7

公称通径	实际外径	最大工作压力（Pa）	允许管道末端间隙（mm）	尺寸（mm）			理论重量（kg）
				X	Y	Z	
DN50	57	280	1.7	81	116	80	0.7
DN50	60.3			87	114		0.7
DN65	76			104	137		0.9
DN80	89	280	4.1	115	153	53	1
DN100	108			140	178		1.4
DN100	114.3			145	182		1.4
DN125	133			165	206		2
DN125	139.7	280	4.1	173	215	150	2.2
DN150	159			193	238		2.5
DN150	165			199	247		2.3
DN200	219		4.8	264	335	64	5.1
DN250	273		3.3	327	426	65	11.3
DN300	325			378	470		12.8

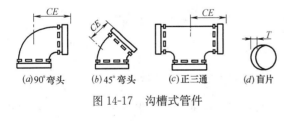

（a）90°弯头　（b）45°弯头　（c）正三通　（d）盲片

图 14-17　沟槽式管件

作业时，首先用专用开槽工具在管端开出一定规格的沟槽（薄壁管采用滚槽，厚壁管采用割槽。沟槽规格见表 14-7），再将连接管管口对好，并装好密封圈，然后将专用的卡箍包住管口和密封圈（卡箍内缘嵌入管道端部环形沟槽之中），并用螺栓将卡箍上紧即可。

由于卡箍内缘嵌入管道端部环形沟槽之中，可以保证管道轴向不会发生窜动；由于卡箍通过螺栓将两根管道紧紧包住，成为一个整体，故管道径向不会产生位移；由于密封方式采用"C"型密封环，可形成二重密封，从而保证管端不泄漏。所谓二重密封即"C"型密封圈被卡箍紧紧压在管端表面形成一次密封，再者当流体流入"C"型密封圈内圈时，作用于垫圈唇边，从而使垫圈唇边与管壁紧密配合无间隙，形成二重密封，且流体压力越大密封性越好。

（2）管道与管件、阀门连接：采用专用沟槽产品，目前开发使用的系列产品有接头、管件（包括各种弯头、三通、变径管）、阀门等，形状如图 14-17 所示；规格参考生产厂提供的资料。

在这些专用的沟槽系列产品两端，已预先做好沟槽。当其与管道连接时，将管道端部用专用工具加工出沟槽后，再使其（阀门或管件等）与管口对正，装上"C"型垫圈，然后用卡箍包紧即可。

（3）管道与法兰式设备连接：管道与法兰式设备连接时，可采用单片沟槽式法兰进行连接。形式同上述情况。单片沟槽式法兰如图 14-18 所示，规格参考生产厂提供的资料。

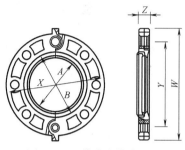

图 14-18　单片沟槽式法兰

2. 开孔式机械配管：利用开孔工具在需要接出支管的母管上钻出一个圆孔，然后在开孔处安装一个装配式环行支管接头，如图 14-19 所示。

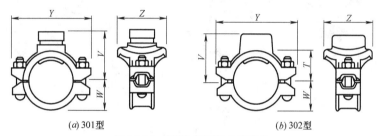

(a) 301型　　　　　　　　　　　　(b) 302型

图 14-19　装配式环行支管接头

如图 14-20 所示，平端管快装接头是一种安装于平端钢管上的快装管件，安装时，不需套丝、不需焊接，只需打磨平管端部即可安装。它靠制动螺栓将其固定在管端，靠反应式的橡胶密封圈保证密封，平端管快装接头有三通和弯头。

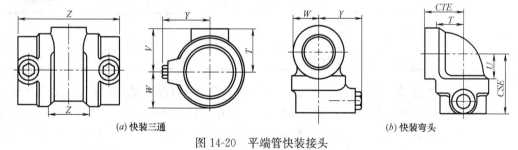

(a) 快装三通　　　　　　　　　　　　(b) 快装弯头

图 14-20　平端管快装接头

第二节　聚丙烯（PP-R）管安装

一、PP-R 管道连接方法及其选用

1. PP-R 管道的连接方法：有热熔连接、电熔连接、法兰连接和丝扣连接，热熔连接、电熔连接适用于同质的 PP-R 管材与管件的连接；法兰连接是法兰管件和 PP-R 法兰式管套的连接，它适用于大口径管道的连接；丝扣连接是丝扣管件和带金属丝扣嵌件的管件连接，它适用于小口径管道的连接。

同样材质的给水 PP-R 管及管配件之间，应优先采用热熔连接。安装部位狭窄处，施工不方便的场合，宜采用电熔连接（成本较高）。

2. PP-R 管与金属管件连接或与不同材质的管件连接，应采用带金属嵌件的 PP-R 管件作为过渡，该管件与塑料管采用热熔连接。

3. PP-R 管与金属管件、卫生洁具五金配件、水表及阀门等连接宜采用法兰或丝扣连接。暗敷墙体、地坪面层内管道不得采用丝扣或法兰连接。

二、热熔连接法

1. 热熔连接机具——专用热熔器：主要由带温控的电加热装置、焊头、固定支架组合而成，如图 14-21 所示。

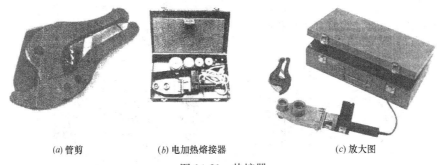

(a) 管剪　　　　　(b) 电加热熔接器　　　　　(c) 放大图

图 14-21　热熔器

目前，市场上供应的热熔焊接设备，有 $\phi 20 \sim 63$mm、$\phi 75 \sim 110$mm 两种。按操作方法分为手工作业（$\phi 16 \sim 32$mm）和半自动作业（$\phi 40 \sim 110$mm）两类。

2. 热熔焊接器选用：可参考表 14-8。

热熔焊接器选用参考　　　　　　　　　　　　表 14-8

管径(mm)	$\phi 16 \sim 32$	$\phi 40 \sim 63$	$\phi 75 \sim 160$
功率(W)	500	$600 \sim 750$	>1000
作业方式	手工操作	手工或半自动操作	半自动操作

3. 预热套的选择：又称焊套、模套、模头等，它是热熔焊接设备中重要的组成部分。

4. 热熔连接的操作步骤：如图 14-22 所示，具体操作如下：

（1）接通电源，热熔工具加热：热熔工具接通电源（单相 220V± 10%，50Hz），升温约 6min，焊接温度控制在约 260℃，达到工作温度指示灯亮后方能开始操作。

（2）切割管材：必须使端面垂直于管轴线，管材切割一般使用管子剪或管道切割机，必要时可使用锋利的钢锯，但切割后，管材端面应去除毛边和毛刺，如图 14-22（a）所示。

（3）清洁管材与管件连接端面，标绘出热熔深度，用卡尺和合适的笔在管端测量并标绘出热熔深度，如图 14-22（b）所示。

（4）加热管材与管件：无旋转地把管端导入加热套内，插入到所标志的深度，同时，无旋转地把管件推到加热头上，达到规定标志处，如图 14-22（c）所示。加热时间应满足表 14-9 的规定（也可按热熔工具生产厂家的规定）。

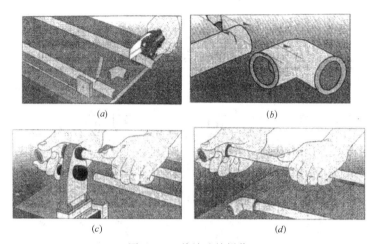

图 14-22　热熔连接操作

（5）熔接：达到加热时间后，立即把管材与管件从加热套与加热头上同时取下，迅速无旋转地沿轴线均匀压入到所标深度，使接头处形成均匀凸缘，如图 14-22（d）所示。在表 14-9 规定的调节时间内，刚熔接好的接头还可校正，但严禁旋转。

5. 热熔连接操作技术参数

（1）热熔连接操作时间参数见表 14-9。

热熔连接操作时间参数　　　　　　　　　　　　　表 14-9

公称外径(mm)	加热时间(s)	调节时间(s)	冷却时间(s)
20	5	4	3
25	7	4	3
32	8	4	4
40	12	6	4
50	18	6	5
63	24	6	6
75	30	10	8
90	40	10	8
110	50	10	10

（2）热熔连接管件的承口尺寸应符合图 14-23 和表 14-10 的规定。

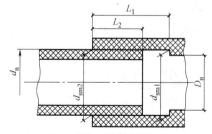

图 14-23　热熔连接管件的承口尺寸

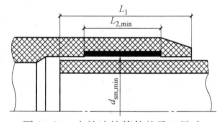

图 14-24　电熔连接管件的承口尺寸

三、电熔连接法

1. 电熔连接件及电熔接口设备

（1）电熔连接件：由加热线圈、控制器插座组成。电流通过控制箱导线进入连接件插座，承口加热线圈升温并使管子表面受热，当达到熔点时，承口与管表面熔合成一体，此时，控制箱能自动切断电源。

热熔连接管件的承口尺寸（单位：mm）　　　　表 14-10

公称外径 D_n	最小承口深度 L_1	最小承插深度 L_2	承口平均内径				最大不圆度	最小通径 D
			d_{sm1}		d_{sm2}			
			最小	最大	最小	最大		
16	13.3	9.8	14.8	15.3	15.0	15.5	0.6	9
20	14.5	11.0	18.8	19.3	19.0	19.5	0.6	13
25	16.0	12.5	23.5	24.1	23.8	24.4	0.7	18
32	18.1	14.6	30.4	31.0	30.7	31.3	0.7	25
40	20.5	17.0	38.3	38.9	38.7	39.3	0.7	31
50	23.5	20.0	48.3	48.9	48.7	49.3	0.7	39
63	27.4	23.9	61.1	61.7	61.6	62.2	0.8	40
75	31.0	27.5	71.9	72.7	73.2	74.0	1.0	58.2
90	35.5	32.0	86.4	87.4	87.8	88.8	1.2	69.8
110	41.5	38.0	105.8	106.8	107.3	108.5	1.4	85.4

（2）电熔接口设备

1）一种是有管接头夹具，它是在同一座体上由同一轴心的两环形夹箍及调节螺栓组成；另一种是鞍形管件夹具，它是由鞍形座、紧固螺栓和调节手柄组成。

2）电熔控制箱：由小型发电机、电器操纵箱组合而成；小型发电机功率为 2kW（40V，5A），输出电压稳定在 ±0.5V。电熔控制箱设有自动显示、自动检查、对比、调整系统的自动控制系统及手动调节系统。

2. 电熔连接操作及注意事项

（1）断管：按设计要求量好尺寸，用专用工具或细齿锯断管。管端口应垂直，并应用洁净棉布擦净管材和管件连接面上的污物，并标出插入深度，刮除其表皮。电熔管件与管材的熔接部位不得受潮。

（2）管子定位：在夹具上将连接管固定，校直两对应的连接件，使其处于同一轴线上。

（3）接线：正确连通电熔连接机具与电熔管件的导线。接线前，应检查通电加热的电压。

（4）通电加热熔接：接通电源加热熔接，加热时间应符合电熔连接机具与电熔管件生产厂家的有关规定，在熔合及冷却过程中，不得移动、转动电熔管件和熔合的管道，不得在连接件上施加任何压力。

（5）拆卸接口夹具：焊接完毕，细心拆卸接口夹具和接线。

3. 电熔连接的有关技术参数

（1）电熔连接标准加热时间应由生产厂家提供，并应随环境温度的不同而加以调整。电熔连接的加热时间与环境温度的关系应符合表 14-11 的规定。若电熔机具有温度自补偿功能，则不需调整加热时间。

环境温度(℃)	修正值	举例(s)
−10	$T+12\%T$	112
0	$T+8\%T$	108
+10	$T+4\%T$	104
+20	标准加热时间 T	100
+30	$T-4\%T$	96
+40	$T-8\%T$	92
+50	$T-12\%T$	88

（2）电熔连接管件的承口尺寸应符合图 14-24 和表 14-12 的规定。

电熔连接管件的承口尺寸（单位：mm）　　　　　　　表 14-12

连接管公称外径 D_n	熔合段最小内径 D_{min}	熔合段最小长度 L_{2min}	插入长度 L_1	
			L_{1min}	L_{1max}
16	16.1	10	20	35
20	20.1	10	20	37
25	25.1	10	20	40
32	32.1	10	20	44
40	40.1	10	20	49
50	50.1	10	20	55
63	63.2	11	23	63
75	75.2	12	25	70
90	90.3	13	28	79
110	110.3	15	32	85
125	125.3	16	35	90
140	140.3	18	38	95
160	160.4	20	42	101

四、法兰连接

1. 断管：应使管口端面垂直管中心线并去除毛刺，当紧固螺栓时不应使管道产生轴向拉力。

2. 上接头：将 PP-R 管过渡接头与管道按热熔连接方法步骤连接到管道上。

3. 上法兰：校直两对应的连接件，使连接的两片法兰垂直于管道中心线，表面相互平行。将法兰垫放入，用螺栓将法兰上紧。法兰的衬垫，应采用耐热无毒橡胶圈，螺栓、螺帽宜采用镀锌件。

4. 法兰连接部位应设置支吊架。

五、丝扣连接

当 PP-R 管与金属管道及用水器连接时，必须使用厂家提供的钢塑转换过渡件，不能直接在 PP-R 管上采用丝扣或法兰连接形式，弯头、三通等过渡件一端可现场热熔连接，而另一端则通过内或外嵌金属镀铬丝扣与金属管道及用水器连接。

六、管道固定

PP-R管必须按设计要求进行固定，设计无要求时可参照表14-13、表14-14进行。

PP-R冷水管道支吊架最大间距（单位：mm） 表14-13

公称外径 D_e	20	25	32	40	50	63	75	90	110
横管	800	850	950	1100	1250	1400	1500	1600	1900
立管	1000	1200	1500	1700	1800	2000	2000	2100	2500

PP-R热水管道支吊架最大间距（单位：mm） 表14-14

公称外径 D_e	20	25	32	40	50	63	75	90	110
横管	500	600	700	800	900	1000	1100	1200	1500
立管	900	1000	1200	1400	1600	1700	1700	1800	2000

第三节 聚乙烯（PE）和交联聚乙烯（PE-X）管道安装

一、聚乙烯和交联聚乙烯管道连接方法及其选用

聚乙烯管道主要采用热熔连接与电熔连接方法。交联聚乙烯管道主要有卡箍式连接、卡套式连接、U型夹式连接和扩口法兰连接等机械连接方法。

当 D_e（管外径）≤25mm 时，管道与管件连接宜采用卡箍式连接；D_e≥32mm 时宜采用卡套式连接；中口径受力不大的情况下，可采用 U 型夹式连接；大口径并且受力较大情况下，可采用扩口法兰连接方式。

二、卡箍式管件连接

卡箍式连接是将铜制的卡紧环套在管道的外周，用工具将卡紧环卡紧，使环将管紧紧地压入插入式管件凹槽中，形成永久性的密封连接。具体操作步骤如下：

1. 断管、套环插管：选择相应口径紫铜紧箍环套入管道，将管口压入管件插口，直至管件插口根部。

2. 紧环：将紧箍环推向已插入管件的管口方向，使环的端口距管件插口根部2.5～3mm为止，然后用相应管径的专用夹紧钳夹紧铜环直至钳的头部二翼合拢为止。

3. 用专用定径卡板检查紧箍环周边，以不受阻为合格。

三、卡套式管件连接

对小口径 PE-X 管，常用带插管的卡套连接法和带扩口插管的卡套锁紧法，如图14-25 和图14-26 所示，它用在密封性要求较高和抽拔力较大的场合。

操作方法如图14-27 所示，具体为：

1. 断管：管口应平整，端面应垂直于管轴线。

2. 坡口：用专用铰刀对管内口进行坡口，坡度为 20°～30°，深度为 1～1.5mm，坡口结束后再用清洁布将残屑揩擦干净，如图14-27（a）、（b）所示。

3. 管子整圆并扩孔：管子若不圆整，用专门的整圆铰刀将管子整圆并扩孔，如图

14-27（c）所示。

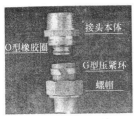

（a)管件分解图　　　　（b)管接头剖面图

图 14-25　卡套连接

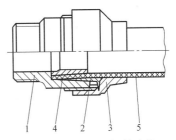

图 14-26　带扩口插管连接
1—连接体；2—卡套；3—锁紧螺母；4—扩口缠管；5—交联管

4. 套入锁紧件：将卡套螺帽和 C 型锁紧环套入管口，如图 14-27（d）所示。

5. 将管子插入管件：将管口一次用力推入管件插口至根部。管道推入时应注意橡胶圈位置，不得将其延位或顶歪，如发生顶歪情况应修正管口的坡口，放正胶圈后，重新推入。

6. 将 C 型锁紧环推到管口位置，用扳手把螺帽旋紧固定在管件本体外螺纹上，如图 14-27（e）所示。

卡套式连接橡胶密封圈材质，应符合卫生要求，且应采用耐热的氟橡胶或硅橡胶材料。

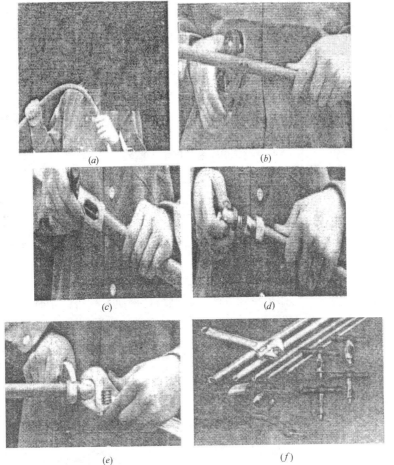

（a)　　　　　　　　　　　　（b)

（c)　　　　　　　　　　　　（d)

（e)　　　　　　　　　　　　（f)

图 14-27　卡套式管件连接操作程序

四、管道固定

管道固定必须按设计要求施工，设计无要求时可参考表 14-15 进行。

PE-X 管道支承间距   表 14-15

公称外径 D_e(mm)		20	25	32	40	50	63
立管支承间距(mm)		800	900	1000	1300	1600	1800
横管支承间距(mm)	冷水管	600	700	800	1000	1200	1400
	热水管	300	350	400	500	600	700

第四节 PVC-U 管道的安装

一、管道承插粘接（TS）法

1. PVC-U 管道承插粘接接口适用于管外径 D_e 为 20～200mm 的管道连接；部分管材承插口断面和尺寸详见图 14-28 和表 14-16。

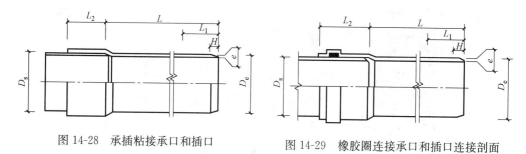

图 14-28 承插粘接承口和插口   图 14-29 橡胶圈连接承口和插口连接剖面

承插粘接承口和插口尺寸（单位：mm）   表 14-16

公称外径 D_e	承口 D_s				L_1	L_2	H	L
	稀粘接剂		稠粘接剂					
	min	max	min	max				
110	110.2	110.6	110.4	110.8	54	48	6	5000
125	125.2	125.7	125.3	125.9	61	51	6	
160	160.2	160.7	160.5	161.0	74	58	7	6000
200	200.2	200.8	200.6	201.1	90	66	9	

2. 管道承插粘接接口操作步骤和方法：管材与管件质量检查、切管、坡口、试承插、清理工作面、涂刷粘接剂、连接、承插口的养护；管端插入承口深度不应小于表 14-16 中的规定；承插接口操作完成后必须保持表 14-17 所规定的时间。承插应一次完成，当插入 1/2 承口时应稍加转动，但不应超过 1/4 圈，然后一次插到底部，插到底后不得再旋转；全部过程应在 20s 内完成。当施工期间气温较高，发现涂刷部位粘接剂已部分干燥，应按以上规定重新涂刷；24h 内不得通水试压。

承插接口操作完成后应保持最少时间   表 14-17

公称外径(mm)	＜63	63 以上
保持时间(s)	＞30	＞60

二、管道橡胶圈连接（R-R）法

1. 橡胶圈连接适用于管外径 D_e 为 63～315mm 管道的连接；依据《无压埋地排污、排水用硬聚氯乙烯（PVC-U）管材》GB/T 20221—2006，部分管材橡胶圈连接承口和插口连接剖面尺寸如图 14-29 和表 14-18 所示。

橡胶圈连接承口和插口连接剖面尺寸　　　　　　　表 14-18

公称外径 D_e	壁厚			L_1	L_2	H	D_s	L
	强度等级（kPa）							
	2	4	8					
110	—	3.2	3.2	54	54	6	110.4	
125	3.2	3.2	3.7	61	61	6	125.4	5000
160	3.2	4.9	4.7	74	74	7	160.5	
200	3.9	4.9	5.9	90	90	9	200.6	
250	4.9	6.2	7.3	125	125	9	250.8	
315	6.2	7.7	9.2	132	132	12	316.0	
400	7.8	9.8	11.7	140	140	15	401.5	6000
500	9.8	12.3	14.6	160	160	18	501.5	

2. 管道橡胶圈连接应严格按下列操作规程进行：

（1）认真检查管道和管件的质量，主要包括直管式管材、弹性密封圈（R-R）承插连接型管材、弹性密封圈（R-R）承口连接配件。

（2）切管及坡口：在插口端另行倒角 15°～20°，坡口端厚度为管壁的 1/3～1/2。

（3）划出插入长度的标线，插入长度应使管接头承口预留约 5～10mm。管子接头承口长度应符合表 14-18 的规定。

（4）清理配合面承口内橡胶圈及插口端工作面。

（5）将擦干净的橡胶圈放入承口内，涂润滑剂。

（6）连接：将连接管道的插口对准承口，保持插入管段的平直，用手动葫芦或其他拉力机械将管一次插入至标线。若插入阻力过大，切勿强行插入，以防橡胶圈扭曲。

（7）检查用塞尺顺承口间隙插入，沿管圆周检查橡胶圈的安装是否正常。

三、法兰连接法

法兰盘方式连接，主要用于大口径 PVC-U 管与钢、铜管道、各种机械的金属接口的连接。这种连接方法，首先用 TS 承插粘接法，将 PVC-U 管与法兰承口粘接，再垫上橡胶圈以螺栓对角均匀锁紧法兰。

四、螺纹连接法

PVC-U 管与金属管配件采用螺纹连接，其连接的 PVC-U 管径不宜大于 63mm。必须采用注射成型的螺纹塑料件，不得在 PVC-U 管及管件上车制螺纹或用铰板制作螺纹。

第五节　建筑给水氯化聚氯乙烯（PVC-C）管道安装

一、管道敷设

管道支承点的最大间距，可按表 14-19 确定（设计有要求者，按设计施工）。活动支吊架不得支承在管道配件上，支承点距配件不宜小于 80mm；伸缩接头的两侧应设置活动支架，支架距接头承口边不宜小于 80mm；阀门和给水栓处应设支承点。

管道支承点的最大间距（单位：mm） 表 14-19

公称外径 D_e	20	25	32	40	50	63	75	90	110	125	140	150
立管	1000	1100	1200	1400	1600	1800	2100	2400	2700	3000	3400	3800
横冷水管	800	800	850	1000	1200	1400	1500	1600	1700	1800	2000	2000
横热水管	600	650	700	800	900	1000	1100	1200	1200	1300	1400	1500

二、管道配管及连接

1. 管道的粘接连接应按下列工序进行：

（1）管道切割后，倒角宜为 15°～20°；

（2）清洁管与配件连接端部；

（3）试插管：将管试插入承口至插不进为止，在管上标出插入深度标线，试插深度应为承口深度的 1/3～3/4，并在管上标出承口深度标线；

（4）涂刷粘接剂：用鬃刷或尼龙刷将粘接剂均匀的涂刷在承口和插口上，刷子宽度应为管径的 1/3～1/2。涂刷时应先涂承口，后涂插口（当 $D_n \geqslant 75mm$ 时，应由两人同时涂刷承口和插口），应轴向涂刷，重复 2～3 次。涂刷承口应由里向外，涂刷插口应从承口深度标线至管端；

（5）插管连接：当管径大于 75mm 时，宜采用机械插入，并保证承插接口的直度。在保持时间内不得松懈，插入保持时间可按表 14-20 确定；在达到插入保持时间后，应用布擦净多余的粘接剂，并静置 15min；粘接操作不宜在 0℃ 以下的低温环境中进行。

插入保持时间 表 14-20

公称外径 D_e（mm）	保持时间（s）	
	夏季	冬季
20～50	15～20	30～60
63～160	30～60	60～120

2. 螺纹、法兰连接

（1）螺纹连接：螺纹连接专用过渡件的管径不宜大于 63mm；严禁在管子上套丝扣；螺纹连接应采用聚四氟乙烯生料带作填料，不得使用麻丝、稠白漆。

（2）法兰连接：将法兰与管道粘接连接后（应按表 14-20 保持插入时间），并在静止 15min 后方可进行法兰连接。连接时，法兰孔应对准连接的阀门、设备的法兰孔。

（3）与铜管连接时，应先将铜质内螺纹管接头或法兰与铜管进行钎焊，待冷却后再进行管道连接。

第六节　铝塑复合管安装

一、铝塑复合管加工

1. 铝塑复合管调直：管道在安装之前要先调直，管径≤20mm 的铝塑复合管可直接用手调直；管径≥25mm的铝塑复合管调直，一般在比较平整的地面上进行，用脚踩住管子，滚动管子盘卷向前延伸，压直管子，再用手调直。

2. 铝塑复合管切断：用专用的管剪进行切断。

3. 铝塑复合管弯曲：将弯管弹簧塞进管内到弯曲部位，均匀加力弯曲成型后抽出弹簧，一般弯曲半径 $R \geq 5D$，D 为管子外径，对管子同一部位不能多次进行弯曲与回直操作，应尽可能做到一次弯管成型。

二、铝塑复合管敷设

1. 明敷：铝塑复合管明敷时，管道支承最大间距可按表 14-21 的规定确定，安装允许偏差见表 14-22。

管道支承最大间距（单位：mm）　　　　　表 14-21

规格尺寸	横管支承间距	立管支承间距
1014	500	700
1216	600	900
1620	800	1300
2025	1000	1600
2632	1300	2000

明敷铝塑复合管安装允许偏差　　　　　表 14-22

安装方式	管子长度(m)	允许偏差(mm)	检查方法
水平管道纵横向	1	5	用水平尺、直尺
弯曲	10	10	拉线检查
立管垂直度	1	3	吊线、直尺检查
	10	10	

管道敷设部位应远离热源，立管与炉灶距离不小 400mm，不得在炉灶或火源的正上方敷设水平管。

2. 暗敷：外管径小于 32mm 的管道主要采用暗敷法。

（1）管槽宽度为管子外径 D_e＋40mm，槽深为管子外径 D_e＋20mm。敷设完用高标号砂浆分层嵌槽保护。

（2）装修暗敷法：沿墙脚、梁边贴顶明装，必要时穿梁，也可将管子暗设于吊顶内或地板下。

3. 管道穿墙和楼板、绕梁：应设镀锌钢套管，穿楼层下面与饰面相平，上面高出地面 100mm。

三、铝塑复合管连接

卡套式连接又称紧固式连接，压力连接法又称钳压式连接，图 14-30 所示为其连接件外形。

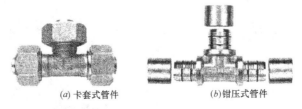

(a) 卡套式管件　　　　(b) 钳压式管件

图 14-30　铝塑复合管连接管件

215

1. 铝塑复合管与其专用管件之间的卡套式连接构造如图 14-31 所示，操作步骤：管子截断、调直；管口整圆扩孔；将 C 型环和螺帽套在管子端头；将管件本体内芯全部插入管口内；拉螺帽和 C 型环，用扳手将螺帽拧紧，固定在管件本体外螺纹上即可。

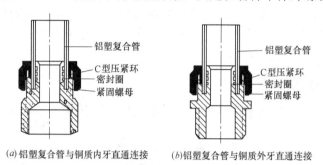

(a)铝塑复合管与铜质内牙直通连接   (b)铝塑复合管与铜质外牙直通连接

图 14-31　铝塑复合管卡套式连接

2. 铝塑复合管和管件的压力连接：用专用工具，管件两端外圆带有沟槽管，沟槽上套有 O 型密封橡胶圈，管件外圆有外压套筒，压力连接适用于 16～75mm 管径；连接方法如图 14-32 所示，切管、整圆与倒角、套管、钳压连接。

3. 铝塑复合管与 PVC-U 管连接：PVC-U 管管端与铜质内牙接头粘接起来，然后将外牙接头旋入内牙接头。如图 14-33 所示。

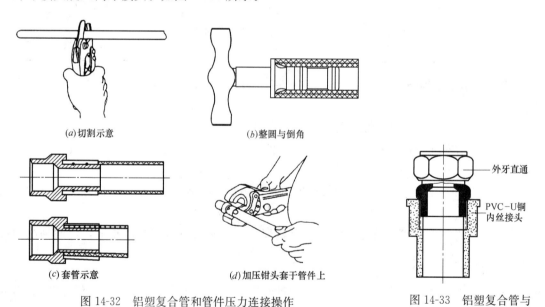

(a)切割示意   (b)整圆与倒角

(c)套管示意   (d)加压钳头套于管件上

图 14-32　铝塑复合管和管件压力连接操作

图 14-33　铝塑复合管与
PVC-U 管连接示意

第七节　铜塑复合管（塑覆铜管）安装

一、管道布置和敷设

1. 塑覆铜管暗敷设：采用直埋式（嵌墙敷设或直埋于楼板）或非直埋式敷设方式。

（1）$D_0 \leqslant 25$mm 的塑覆铜管，在楼板埋设时保护层厚度不得小于 20mm。

（2）嵌墙埋设时，管槽深度为 $D_0 + 20$mm，宽度为 $D_0 + (40 \sim 60)$mm；管卡间距为 $1.0 \sim 1.2$m。

（3）管道嵌装终端配水口的金属管件表面与建筑墙面或饰面相平，管口用管堵进行临时封堵。

（4）嵌槽用 M10 水泥砂浆窝嵌牢固，第一次应超过管中心，待初硬后，第二次再嵌到与墙面相平。

（5）直埋管道宜用整管，不设管件，阀门明设；$D_0 \geqslant 32$mm 的塑覆铜管，宜在管道井或吊顶内暗设。

2. 管道明设：管外壁离墙净距不宜小于 12mm，不宜大于 15mm；管道明设应远离热源，立管与炉灶的距离不得小于 400mm，冷水管不得因热源的热辐射而使管外壁温度高于 60℃；横管不得从炉灶或热源的正上方通过；不应明设在阳光直接照射处；铜管在室外明设时，应采取保温措施；管道应避免在有腐蚀性气体的空间内明设，若不可避免时，应采取有效防腐处理。

3. 埋地敷设：当沟底为硬质土壤时，应敷设 100mm 厚的砂垫层；管沟回填时，管道两侧及管顶上 200mm 范围内填土应采用砂土或粒径小于 12mm 的不含尖硬物体的土壤回填，并洒水夯实。其他部位也应分层回填、分层夯实；埋地管道的管件，应作防腐处理，一般可采用外涂环氧树脂或环氧煤沥青；室外埋地管道，管顶以上的覆土深度在人行道和绿地不宜小于 300mm；在车行道不宜小于 700mm，当小于 700mm 时，应采取防护措施。

二、管道连接

管道连接有卡套式和焊接式。焊接方式分为气焊和钎焊。

1. 卡套式连接

卡套式连接安装操作如图 14-34 所示，方法步骤如下：切管；塑覆层剥离：用专用割刀剥离管端头不小于 2cm 长度的塑覆层，注意不要割伤铜管；连接：应先把管件的铜螺帽套在铜管上，再套铜箍圈，然后把管子插入管件至管缘再回抽 $1 \sim 2$mm，作为热膨胀空隙，注意铜管端面一定要垂直于管件底部平面；管件固定先用手将螺母拧紧，然后再用两个大扳手将螺母拧紧 $1/3 \sim 2/3$ 圈。

2. 焊接：多用钎焊，钎焊要得到牢固的接头，关键是熔化的钎料要能很好地流入缝隙，并填满缝隙。

（1）钎焊焊料：有银钎焊料、铜磷钎焊料、钎剂（又称钎焊熔剂）。

（2）塑覆铜管钎焊的操作步骤可参见图 14-35。

1）割管、剥管端塑覆层：将距接头处 3cm 长塑覆层剥开并翻卷，避免加热铜管和配件时损坏塑覆层。

2）脱脂清洁插入管管端和管件承口。

3）将铜管插入配件中，应保持均匀的间隙，并在所露铜管末端加一块湿布。

4）用氧-乙炔或氧-丙烷焊枪对接头处预热。用乙炔加热时，用外焰进行加热，火焰应呈中性或略带还原性，加热时焊炬沿管子作环向转动，使之均匀加热。当管直径较大时，可用 $2 \sim 3$ 个焊炬同时加热，一般预热至管呈暗红色为宜。

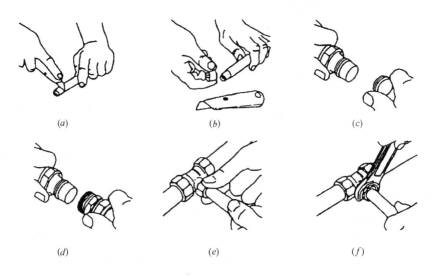

图 14-34　卡套式连接

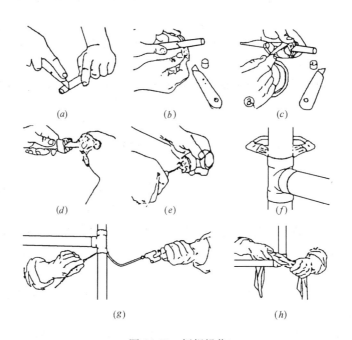

图 14-35　钎焊操作

5）当均匀加热被焊接管件后，用加热的钎料沾取适量钎剂（焊粉）均匀抹在焊缝，当温度达 650～750℃时送入钎料，由于毛细管作用和润湿作用能使熔化后的液态钎料在缝内渗透，当钎料全部熔化时停止加热，否则钎料会不断地往里渗透，不能形成饱满的焊角。

6）清洁焊接头：钎焊结束间隔几分钟后，用湿布揩拭连接部分，既可稳定焊接部分，又可以去掉焊接面上的焊渣，以防腐蚀；焊接后正常的焊缝应无气孔、裂纹和未熔合等缺陷，但一定不要使接头处受力。

三、管道固定

1. 嵌墙敷设时，可采用管卡固定。
2. 管道明设时，最大支承间距参考表 14-23。

铜管卡架最大支承间距　　　　　　　　　　表 14-23

铜管直径×厚度(mm)	立管支承间距(m)	水平管支承间距(m)
15×0.7	1.8	1.2
19×0.8	1.8	1.2
22×0.9	2.4	1.8
28×0.9	2.4	1.8
35×1.2	3.0	2.4
42×1.2	3.0	2.4
54×1.2	3.0	2.7
67×1.2	3.6	3.0
76×1.5	3.6	3.0

第八节　薄壁不锈钢管和不锈钢塑料复合管的连接方法

一、伸缩可挠性接头

伸缩可挠性接头具有伸缩性和可挠性，用于热水管道系统可不设伸缩节，接头拆装容易，连接可靠。伸缩可挠性头的配管与接头结构如图 14-36 所示，伸缩可挠原理如图 14-37 所示。

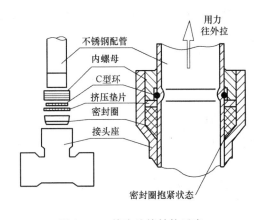

图 14-36　接头连接结构示意

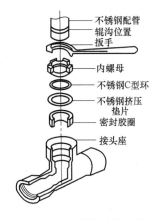

图 14-37　伸缩可挠原理

不锈钢伸缩可挠性接头不怕温度变化而引起的膨胀，耐折动和耐伸缩。如果以 60 次/min 频率、连续 10h 用大于 0.75MPa 水压垂直折动或纵向抽动 10mm，能保持不漏水。此接头耐水压 5MPa 以上，负压为 0.093MPa 以上，破坏压力 20MPa 以上，使用温度为 −10～20℃。

用此种接头连接，安装方便，不需要生料带，只需简单扳手旋紧即可。伸缩可挠性接头与管子连接的方法和步骤如下：

1. 截管：可用手动切割机或砂轮机，按需要长度截取管长。

图 14-38　沟槽的深度及距管端的距离示意

2. 打磨管口，清除毛刺：用细砂纸打磨管口，清除毛刺，管口一定要光滑，避免损伤密封圈。

3. 滚沟槽：用厂家提供的专用电动或手动滚沟机，在管的两端滚出沟槽，滚出的沟槽要光滑，深浅要均匀，不得成螺旋状。沟槽的深度及距管端的距离如图 14-38 所示。详见表 14-24。

沟槽的深度及距管端的距离　　表 14-24

管材公称直径(mm)	沟深(m)	沟槽距管端的距离(mm)
13	0.7	15～20
20	0.7	15～20
25	1.0	15～20
30	1.0	20～25
40	1.0	20～25
50	1.0	25～33
60	1.0	25～33

4. 管件与管子连接：用厂家提供的专用扳手旋松接头螺母，将滚好沟的管插入管接头，插好后应外拉一下，要感觉到 C 型环套在沟里方可（C 型环不能在沟内时，管道连接部位将会漏水）。然后用扳手拧紧螺母，螺母与接头口平齐或拧进一个螺距即可，不要拧得过紧，以免损坏密封圈。

二、不锈钢形状记忆管箍件连接

1. 切管：用割刀切割钢管，并去除管端毛刺。

2. 将管或管件插入管箍内，再用专用工具加热管箍至 140～150℃，再加压管箍收缩固紧管道或管件，从而使管箍与管和管件紧密结合。

3. 注意事项

（1）薄壁不锈钢管搬运时要小心轻放，严禁撞击、摔、滚、拖。管材应平放，避免弯曲、重压。

（2）管道嵌墙暗敷时，宜配合土建预留凹槽，凹槽宽度及深度一般可按 $D+20$mm。

（3）薄壁不锈钢管自重轻，而有时接头较重，所以固定管道应优先固定接头部位，特别是拐弯处和立管与支管连接处。

（4）立管固定：层高≤5m 时，每层设一个支架；层高＞5m 时，每层不得少于 2 个支架。

（5）水平管的固定：水平管的支吊架距离不得大于表 14-25 的规定。

（6）当采用生铁或镀锌铁等金属材料作支架时，要用塑料或橡胶材料隔离。

（7）不锈钢与镀锌管连接时，需在带螺纹的可挠性接头后加铜接头作过渡，再与镀锌管连接。若不锈钢管与镀锌管直接连接，将产生电化学反应，会腐蚀不锈钢管。

薄壁不锈钢管水平管的支吊架距离　　表 14-25

管公称直径 DN(mm)		13	20	25	30	40	50	60
最大间距(m)	有保温层	1.0	1.5	1.5	2.0	2.5	2.5	3.0
	无保温层	1.5	2.0	2.0	2.5	3.0	3.0	3.5

三、薄壁不锈钢管卡压式连接

1. 公称直径大于 50mm 的管道采用法兰等其他连接方式。

2. 卡压式连接的管件与管材内、外径允许偏差应分别符合现行国家标准《不锈钢卡压式管件组件 第 2 部分：连接用薄壁不锈钢管》GB/T 19228.2—2011 和《不锈钢卡压式管件组件 第 1 部分：卡压式管件》GB/T 19228.1—2011 的规定。

3. 不锈钢卡压式管件的承口结构如图 14-39 所示，规格尺寸应符合表 14-26、表 14-27 的要求。

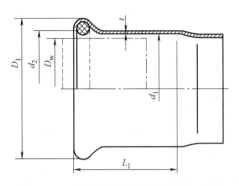
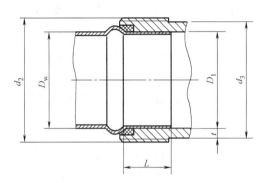

图 14-39 不锈钢卡压式管件的承口结构 　　　　图 14-40 不锈钢压缩式管件的承口结构

Ⅰ系列不锈钢卡压式管件承口尺寸（单位：mm）　　　　表 14-26

公称直径 DN	管外径 D_w	最小壁厚 t	承口内径 d_1	承口端内径 d_2	承口端外径 D_1	承口长度 L_1
15	18.0		18.2	18.9	26.2	20
20	22.0		22.2	23.0	31.6	21
25	28.0		28.2	28.9	37.2	23
32	35.0	1.2	35.3	36.5	44.3	26
40	42.0		42.3	43.0	53.3	30
50	54.0		54.4	55.0	65.4	35
65	76.1		76.7	78.0	94.7	53
80	88.9	1.5	89.5	91.0	109.5	60
100	108.0		108.8	111.0	132.8	75

Ⅱ系列不锈钢卡压式管件承口尺寸（单位：mm）　　　　表 14-27

公称直径 DN	管外径 D_w	最小壁厚 t	承口内径 d_1	承口端内径 d_2	承口端外径 D_1	承口长度 L_1
15	15.88	0.6	16.3	16.6	22.2	21
20	22.22	0.8	22.5	22.8	30.1	24
25	28.58		28.9	29.2	36.4	
32	34.00		34.8	36.6	45.4	39
40	42.70	1.0	43.5	46.0	56.2	47
50	48.60		49.5	52.4	63.2	52

4. 不锈钢压缩式管件的承口结构如图 14-40 所示，规格尺寸应符合表 14-28 的要求。

不锈钢压缩式管件的承口规格尺寸（单位：mm）   表 14-28

公称直径 DN	管外径 D_w	承口内径 D_1	螺纹尺寸 d_2	承口外径 d_3	壁厚 t	承口长度 L
15	14	14＋(0.07～0.02)	G1/2	18.4	2.2	10
20	20	20＋(0.09～0.02)	G3/4	24.0	2.0	10
25	26	26＋(0.104～0.02)	G1	30.0	2.0	12
32	35	35＋(0.15～0.05)	G11/4	38.6	1.8	12
40	40	40＋(0.15～0.05)	G11/2	44.4	2.2	14
50	50	50＋(0.15～0.05)	G2	56.2	3.1	14

5. 不锈钢卡压式管件连接：管件端口部分有环状 U 形槽，且内装有 O 型密封圈，连接时需用专用卡压工具使 U 形槽凸部缩径，且将薄壁不锈钢水管、管件承插部位卡成六角形，具体方法步骤如下：

（1）用专用划线器在管端画标记线一周，以确认管的插入长度，插入长度应满足表14-29 的规定。

管子插入长度基准值（单位：mm）   表 14-29

管子公称直径	10	15	20	25	32	40	50	65
管子插入长度基准值	18	21	24		39	47	52	64

（2）将 O 型密封圈安装在正确的位置上。安装时严禁使用润滑油。

（3）应将管子垂直插入卡压式管件中，不得歪斜，以免 O 型密封圈割伤或脱落。插入后，应确认管子上所画标记线距端部的距离，公称直径 10～25mm 时为 3mm；公称直径 32～65mm 时为 5mm。

（4）用卡压工具进行卡压连接操作前，应仔细阅读卡压工具使用说明书。操作时，卡压工具钳口的凹槽应与管件凸部靠紧，工具的钳口应与管子轴心线成垂直状。然后开始卡压作业，凹槽部应咬紧管件，直到产生轻微振动才可结束卡压连接过程。卡压连接完成后，应采用六角量规检查卡压操作是否完好。如卡压连接不能到位，应将工具送修。卡压不当处，可用正常工具再做卡压，并应再次采用六角量规确认。当与转换螺纹接头连接时，应在锁紧螺纹后再进行卡压。

6. 不锈钢压缩式管件连接：不锈钢压缩式管件端口部分拧有螺母，且内装有硅胶密封圈。安装时，先用专用工具把配管与管件的连接端内胀成山形台凸缘或外加一档圈，依次将密封圈放入管件端口内、把配管插入管件内和拧紧螺母。具体方法步骤如下：

（1）断管：用砂轮切割机将配管切断，切口应垂直，且把切口内外毛刺修净。

（2）将连接管件端口部分螺母拧开，并把螺母套入配管上。

（3）用专用工具（胀形器）将配管内胀成山形台凸缘或外加一档圈；胀形器按不同管径附有模具，公称直径 15～20mm 用卡箍式（外加一档圈），公称直径 25～50mm 用胀箍式（内胀成一个山形台），装、卸合模时可借助木锤轻击；配管胀形过程凭借胀形器专用模具自动定位，上下拉动摇至手感力约 30～50kg，配管卡箍或胀箍位置按表14-30 确定。

管子胀形位置基准值（单位：mm）   表 14-30

管子公称直径	15	20	25	32	40	50
胀形位置外径	16.85	22.86	28.85	37.70	42.80	53.80

（4）将硅胶密封圈放入管件端口内。硅胶密封圈应平放在管口内，严禁使用润滑油。

（5）将事先套入螺母的配管插入管件内，插入管件时，切忌损坏密封圈或改变其平整状态。

（6）手拧螺母，并用扳手拧紧，即完成配管与管件的连接。需要说明，水嘴等管路附件连接时，在常规管件丝口处应缠麻丝或生料带。

四、管道固定

1. 固定支架固定：薄壁不锈钢管固定支架间距不宜大于 15m，热水管固定支架间距应根据管线热胀量、膨胀节允许补偿量等确定。固定支架宜设置在变径、分支、接口及穿越承重墙、楼板的两侧等处。

2. 活动支架固定：薄壁不锈钢管活动支架间距应符合设计要求，设计无要求者可按表 14-31 确定。

薄壁不锈钢管活动支架最大间距（单位：mm）　　　　　　　　表 14-31

公称直径 DN	10～15	20～25	32～40	50～65
水平管	1000	1500	2000	2500
立管	1500	2000	2500	3000

3. 其他固定方式：公称直径不大于 25mm 的管道安装时，可采用塑料管卡固定。采用金属管卡或吊架时，金属管卡或吊架与管道之间应采用塑料或橡胶等软物隔垫。在给水栓和配水点处应采用金属管卡或吊架固定；管卡或吊架宜设置在距配件 40～80mm 处。

五、管道补偿

1. 当热水薄壁不锈钢管的直线段长度超过 15m 时，应采取补偿管道的措施。当公称直径不小于 40mm 时，宜设置不锈钢波形膨胀节，其补偿量按 1.2mm/m 计算（供水温度不大于 75℃时）。

2. 当热水水平干管与水平支管连接、水平干管与立管连接、立管与每层热水支管连接时，应采取在管道伸缩时相互不受影响的措施。

第九节　铸铁管安装

一、铸铁管及管件的质量检查

沿直线安装管道时，宜选用管径公差组合最小的管节组对连接，接口的环向间隙应均匀，承插口之间的纵向间隙不应小于 3mm。

二、铸铁管柔性接口安装

承插口连接有刚性接口和柔性接口之分，柔性接口方法：

1. 楔形橡胶圈接口：楔形橡胶圈是与承、插口形状相配合的特制胶圈。铸铁管承口内部为斜形槽，插口端部为坡形，安装时先在承口楔形槽内嵌入楔形橡胶圈，再将插口插入。如图 14-41 所示。

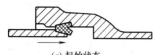

(a) 起始状态

(b) 插入后状态

图 14-41　铸铁管承插口
楔形橡胶圈接口

图 14-42　螺栓压盖接口

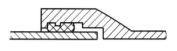

图 14-43　中缺形胶圈接口

2. 螺栓压盖接口：螺栓压盖接口如图 14-42 所示，用于法兰承口铸铁管，承口成坡形，将橡胶圈套在承口后，将插口插入承口内，再用螺栓压盖压紧橡胶圈且与承口法兰用螺栓紧固。

3. 中缺形胶圈接口如图 14-43 所示，承口为中突形，而胶圈则为中缺形。安装时，先将胶圈套在承口上，再将插口插入承口内，将胶圈挤压密实。

4. 角唇形胶圈接口：角唇形胶圈接口如图 14-44 所示。这种接口承口和胶圈均成角唇形，安装时先将胶圈套入承口，再将插口插入承口内，将胶圈压紧。

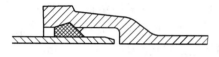

图 14-44　角唇形胶圈接口

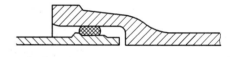

图 14-45　圆形橡胶圈接口

5. 圆形橡胶圈接口如图 14-45 所示。将插口做成台形，安装时先将胶圈套在插口上，再将插口连同胶圈插入承口，将胶圈挤压密实即可。

三、铸铁管安装注意事项

1. 管道沿曲线安装时，接口的允许转角，不得大于表 14-32 的规定。

沿曲线安装接口的允许转角　　　　　　　　　　　　表 14-32

接口种类	管径(mm)	允许转角(″)
刚性接口	75～450	2
	500～1200	1
滑入式丁形、梯唇形橡胶圈接口及柔性机械式接口	75～600	3
	700～800	2
	900 以上(含 900)	1

2. 当柔性接口采用滑入式丁形、梯唇形橡胶圈接口及柔性机械式接口时，橡胶圈的质量、性能、细部尺寸，应符合现行国家铸铁管、球墨铸铁管及管件标准中有关橡胶圈的规定。每个橡胶圈的接头不得超过 2 个。

安装滑入式丁形橡胶圈接口时，推入深度应达到标记环，并复查与其相邻已安好的第一至第二个接口推入深度。安装柔性机械式接口时，应使插口与承口法兰压盖的纵轴线相重合；螺栓安装方向应一致，并均匀、对称地紧固。

橡胶圈安装后不得扭曲，当用探尺检查时，沿圆周各点应与承口端面等距，其允许偏差应为±3mm。

3. 因特殊需要采用铅接口施工时，管口表面必须干燥、清洁，严禁水滴落入铅锅内；灌铅时铅液必须沿注孔一侧灌入，一次灌满，不得断流；脱模后将铅打实，表面应平整，凹入承口深度宜为1～2mm。铅的纯度不应小于99%。

4. 铸铁管道安装轴线位置及高程偏差应符合表14-33的规定，闸阀安装应牢固、严密，启闭灵活，与管道轴线垂直。

铸铁管道安装允许偏差　　　　　表14-33

项目	允许偏差(mm)	
	无压力管道	压力管道
轴线位置	15	30
高程	±10	±20

5. 热天或昼夜温差较大地区的刚性接口，宜在气温较低时施工，冬期宜在午间气温较高时施工，并应采取保温措施。刚性接口填打后，管道不得碰撞及扭转。

第十节　阀门安装

一、阀门安装一般要求

1. 阀门安装前应进行强度、严密性试验，如图14-46所示。

2. 阀门安装位置：立管上阀门，安装高度距地面1～1.2m为宜；水平管道上的阀门，阀杆宜朝上安装或向左、右成45°斜装，不得朝下安装；并排立管上的阀门，其中心标高力求一致，且手轮之间的净距不小于100mm，同一平面内平行管道上的阀门，应错开布置。

3. 阀门较重时，应设阀门架；阀门安装高度较高（1.8m以上）且操作频繁的阀门，应设置操作平台。

4. 减压阀、止回阀、安全阀、疏水阀、节流阀安装时必须使箭头指向同介质流向一致，不得反装。

5. 法兰垫片材质、厚度均应符合设计要求，并且只能使用单层法兰垫片，不得使用双层或多层法兰垫片。

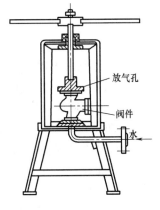

图14-46　阀门试压检查台示意

6. 在管路上安装螺纹阀，应在阀门近处安装活接头，以便于投入使用后拆卸维修或更换。

7. 搬运吊装阀门时，绳索应拴在阀体与阀盖的连接法兰处，严禁拴在手轮或阀杆上。

8. 安装法兰阀门应沿对角线方向对称旋紧螺栓，用力要均匀，以防垫片偏斜或引起阀体变形损坏。

9. 法兰、丝机阀门在安装时应处于关闭状态。

二、常用阀门的安装要点

1. 截止阀：如图14-47所示，管道中的流体低进高出流经阀门，也就是进水管接阀门低端，出水管接于高端，不能装反。

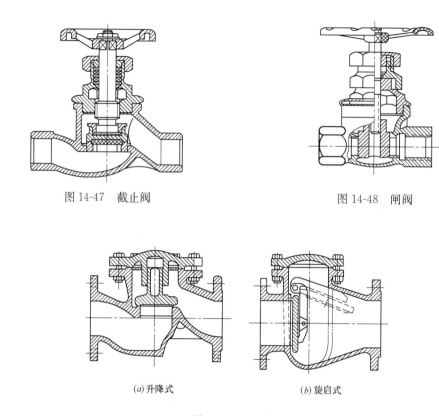

图 14-47　截止阀　　　　　　　　　　　　　图 14-48　闸阀

(a)升降式　　　　　　　　　　　　(b)旋启式

图 14-49　止回阀

2. 闸阀：利用阀板来控制启闭的阀门，如图 14-48 所示，安装没有方向限制。双闸板结构的闸阀应向上直立安装，即阀杆处于铅垂位置；单闸板结构的闸阀，除不允许倒装外，其他任何方向均可安装。明杆闸阀只能装在地面以上，以防阀杆锈蚀。

3. 止回阀：是一种在阀门前后压力差作用下自动启闭的阀门，有升降式和旋启式两种，升降式又有卧式和立式之分，如图 14-49 所示，安装时应特别注意介质流向。卧式升降止回阀只能安装在水平管路上，立式升降式和旋启式止回阀既可安装在水平管道上，也可安装在介质自下而上流动的垂直立管上。

4. 减压阀：减压阀的两侧应装设截止阀，阀后管径应比阀前管径大一级，阀前后还应装设旁通管，阀前后管道上应设置压力表。薄膜式减压阀的均压管，应装在低压管道上；低压管道上应设置安全阀；用于蒸汽减压时，要设置泄水管；净化要求较高的系统，减压阀前应设过滤器。

（1）垂直安装的减压阀组一般沿墙设置在型钢托架上，减压阀中心距墙面不应小于200mm。水平安装的减压阀组一般安装在永久平台上。

（2）减压阀组安装时组成尺寸应符合设计要求，设计无明确要求时，薄膜式减压阀安装可参照图 14-50 施工，膜片-活塞式减压阀安装可参照图 14-51 施工，具体尺寸可参照表14-34 确定。

（3）减压阀应直立安装在水平管道上，阀体箭头应与介质流动方向一致，不能反装。

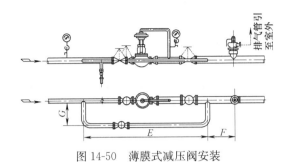

图 14-50　薄膜式减压阀安装

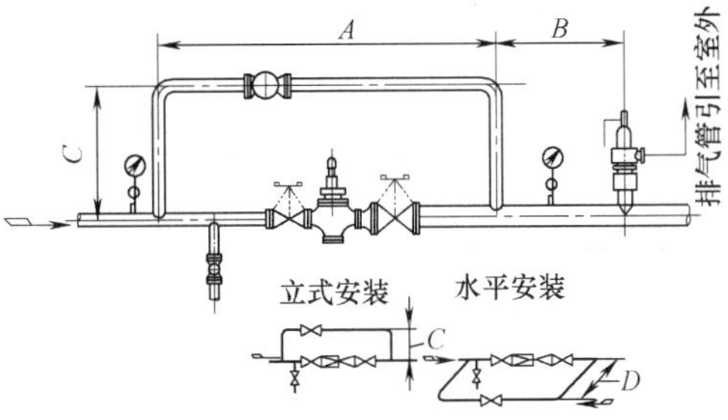

图 14-51　Y43H-16 膜片-活塞式减压阀安装

减压阀组安装尺寸（单位：mm） 表 **14-34**

型　号	A	B	C	D	E	F	G
$DN25$	1100	400	350	200	1350	250	200
$DN32$	1100	400	350	200	1350	250	200
$DN40$	1300	500	400	250	1500	300	250
$DN50$	1400	500	450	250	1600	300	250
$DN65$	1400	500	500	300	1650	350	300
$DN80$	1500	550	650	350	1750	350	350
$DN100$	1600	550	750	400	1850	400	400
$DN125$	1800	600	800	450	—	—	—
$DN150$	2000	650	850	500	—	—	—

注：膜片-活塞式减压阀水平安装时，尺寸 C 改为 D。

5. 疏水阀：疏水阀又称疏水器、回水器、阻气排水阀等，是用于自动排泄系统中凝结水、阻止蒸汽通过的阀门。疏水阀有高压、低压之分。按结构不同，分为浮筒式、倒吊桶式、热动力式及脉冲式。

（1）疏水阀安装图示：疏水阀安装设计无明确要求时可参照图 14-52～图 14-54。

（2）疏水阀安装尺寸：当疏水阀不带旁通管时，安装尺寸见表 14-35。当疏水阀带旁通管时，应配合图 14-55 使用，安装尺寸见表 14-36。

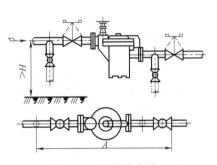

图 14-52　浮筒式安装

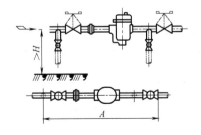

图 14-53　倒吊桶式安装

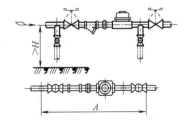

图 14-54　热动力式（脉冲式）安装

（3）疏水阀安装注意事项：高压疏水阀应直立安装在冷凝水管道的最低处和便于检修的地方。进出口应位于同一水平，不得倾斜。阀体箭头方向应和介质流向一致，不得反装。低压疏水阀组对安装时，应按设计图样进行。当 $DN<25mm$ 时，应以螺纹连接，安

装时应设胀力圈，且两端应装活接头，阀门应垂直，胀力圈应与旁通管平形，安装图示见图 14-56，安装尺寸见表 14-37。

疏水阀不带旁通管安装尺寸（单位：mm）　　表 14-35

型号	规格	DN15	DN20	DN25	DN32	DN40	DN50
浮筒式疏水阀	A	680	740	840	930	1070	1340
	H	190	210	260	380	380	460
倒吊桶式疏水阀	A	680	740	830	900	960	1140
	H	180	190	210	230	260	290
热动力式疏水阀	A	790	860	940	1020	1130	1360
	H	170	170	180	190	210	230
脉冲式疏水阀	A	750	790	870	960	1050	1260
	H	170	180	180	190	210	230

疏水阀带旁通管安装尺寸（单位：mm）　　表 14-36

型号	规格	DN15	DN20	DN25	DN32	DN40	DN50
浮筒式疏水阀	A_1	800	860	960	1050	1190	1500
	B	200	200	220	240	260	300
倒吊桶式疏水阀	A_1	800	860	950	1020	1080	1300
	B	200	200	220	240	260	300
热动力式疏水阀	A_1	910	980	1060	1140	1250	1520
	B	200	200	220	240	260	300
脉冲式疏水阀	A_1	870	910	990	1080	1170	1420
	B	200	200	220	240	260	300

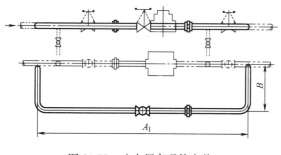

图 14-55　疏水阀旁通管安装

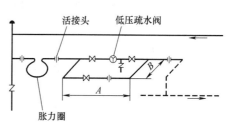

图 14-56　低压疏水阀安装示意

低压疏水阀安装尺寸（mm）　　表 14-37

规格	DN15	DN20	DN25	DN32	DN40	DN50
A_1	800	860	960	1050	1190	1500
B	200	200	220	240	260	300

6. 安全阀：按结构不同分为杠杆式（重锤式）和弹簧式。安全阀应按设计安装，设计不明确时可参照图 14-57 进行。安装时应注意下列问题：

（1）设备的安全阀应装在设备容器的开口上，也可装在接近容器出口的管道上，但安全阀的入口管道直径应不小于安全阀进口直径，出口管道（如需设排出管时）直径不得小于阀门的出口直径。

（2）安全阀应垂直安装，不得倾斜。杠杆式安全阀杠杆应保持水平，应使介质从下向

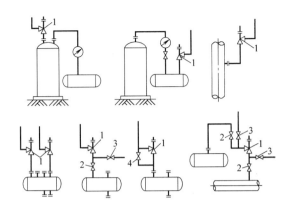

图 14-57　安全阀安装示意
1—安全阀；2—截止阀；3—检查阀；4—旁通阀

上流出。

（3）安全阀泄压。当介质为液体时，一般排入管道或其他密闭容器，当介质为气体时，一般排至室外大气。对于单独排入大气的安全阀，应在其入口处装设一个常开的截断阀，并铅封。对于排入密闭系统或用集气管排入大气的安全阀，则应在它的入口和出口处各装一个常开的截断阀，且铅封。截断阀应选用明杆闸阀、球阀或密封好的旋塞阀。安全阀排出管过长，则应加以固定。

（4）安全阀定压。安全阀安装后，应进行试压，并校正开启压力，即称为定压。开启压力由设计及有关部门规定，一般为工作压力的1.05～1.1倍。当工艺设备或管道内的介质压力达到规定压力时，才对安全阀定压，定压时，应与该系统中的压力表相对照，边观察压力表指示数值，边调整安全阀。具体操作如下：

1）弹簧式安全阀：首先拆下安全阀顶盖和拉柄，然后旋转调整螺钉。当调整螺钉被拧到规定的开启压力时，安全阀便自动放出介质来，此时，再微拉拉柄，若立即有大量介质喷出，即认为定压合格。然后，打上铅封，定压完毕。

2）杠杆式安全阀：首先旋松重锤定位螺钉，然后慢慢移动重锤，待到安全阀出口自动排放介质为止，旋紧定位螺钉，定压即告完成。最后要加以铅封。

第十一节　管沟开挖与回填

一、管沟开挖

1. 管道沟槽底部的开挖宽度

管道沟槽底部的开挖宽度，可按下式计算：$B=D_1+2(b_1+b_2+b_3)$　　　　（14-6）

式中　B——管道沟槽底部的开挖宽度，mm；

　　　D_1——管道结构的外缘宽度，mm；

　　　b_1——管道一侧工作面宽度，mm，见表14-38；

　　　b_2——管道一侧支撑厚度，150～200mm；

b_3——现场浇筑混凝土或钢筋混凝土管渠一侧模板的厚度，mm。

2. 深度 5m 以内（含 5m）的管沟边坡最陡坡度见表 14-39。

管道一侧工作面宽度（单位：mm）　　　　表 14-38

管道结构的外缘宽度 D_1	管道一侧工作面宽度	
	非金属管道	金属管道
$D_1 \leq 500$	400	300
$500 < D_1 \leq 1000$	500	400
$1000 < D_1 \leq 1500$	600	600
$1500 < D_1 \leq 300$	800	800

深度 5m 以内（含 5m）的管沟边坡最陡坡度　　　　表 14-39

土的类别	边坡坡度		
	坡顶无荷载	坡顶有静载	坡顶有动载
中密砂土	1 : 1.00	1 : 1.25	1 : 1.50
中密的碎石类土（填充物为砂土）	1 : 0.75	1 : 1.00	1 : 1.25
硬塑的轻亚黏土	1 : 0.67	1 : 0.75	1 : 1.00
中密碎石类土（填充物为黏性土）	1 : 0.50	1 : 0.67	1 : 0.75
硬塑的亚黏土、黏土	1 : 0.33	1 : 0.50	1 : 0.67
老黄土	1 : 0.10	1 : 0.25	1 : 0.33
软土（经井点降水后）	1 : 1.00	不宜设置荷载	

注：大于等于 5m 深基坑防护必须经专家论证合格方可进行下道工序施工。

3. 承插式接口工作坑尺寸见表 14-40。

接口工作坑尺寸（单位：mm）　　　　表 14-40

管材种类	管径	宽度	长度		深度
			承口前	承口后	
刚性接口铸铁管	75～300	$D_1 + 800$	800	200	300
	400～700	$D_1 + 1200$	1000	400	400
	800～1200	$D_1 + 1200$	1000	450	500
预应力、自应力混凝土管、滑入式柔性接口铸铁和球墨铸铁管	≤500	承外径加	800	200	承口长度加 200	200
	600～1000		1000		400
	1100～1500		1600		450
	>1600		1800		500

注：D_1 为管外径，mm；柔性机械式接口铸铁和球墨铸铁管接口工作坑尺寸按照预应力、自应力混凝土管一栏的规定，但承口前的尺寸宜适当放大。

4. 管沟开挖

（1）人工开挖管沟深度超过 3m 时，应分层开挖，每层的深度不宜超过 2m；采用机械挖沟时，沟槽分层深度应按机械性能确定；分层开挖中间留台宽度，放坡时不应小于 0.8m，直槽时不应小于 0.5m，安装井点设备时不应小于 1.5m。

（2）挖沟时，沟边每侧临时堆土或施加其他荷载时，不得影响建筑物、各种管线和其他设施的安全（靠近建筑物外墙堆土时，其高度不得超过 1.5m）；不得掩埋消火栓、管道闸阀、雨水口、测量标志及各种地下管道的井盖，且不得妨碍其正常使用；人工挖沟时，推土高度不宜超过 1.5m，且距沟边不宜小于 0.8m。

（3）采用坡度板控制沟底高程和坡度时，坡度板应设置牢固，选用不易变形的材料制作；平面上成直线的管道，坡度板设置的间距不宜大于 20m，成曲线管道的坡度板间距应加密，井底位置、折点和变坡点处，应增设坡度板；坡度板距沟底的高度不宜大于 3m。

（4）管沟开挖应确保沟底土层不被扰动，当无地下水时，挖至设计标高以上 5～10cm 可停挖；遇地下水时，可挖至设计标高以上 10～15cm，待到下管之前平整沟底。

（5）沟底高程的允许偏差：开挖土方时为 ±20mm，开挖石方时应为 +20mm、-20mm。

5. 沟槽支撑

（1）沟槽支撑材料选择

1）沟槽支撑应根据沟槽的土质、地下水位、开槽断面、荷载条件等因素进行设计；支撑的材料可选用钢材、木材或钢材木材混合使用。

2）撑板支撑采用木材时，撑板厚度不宜小于 50mm，长度不宜大于 4m；横梁或纵梁宜为方木，其断面不宜小于 150mm×150mm。横撑宜为圆木，其梢径不宜小于 100mm。

（2）沟槽支撑结构

1）每根横梁或纵梁不得少于 2 根横撑；横撑的水平间距宜为 1.5～2.0m，横撑的垂直间距不宜大于 1.5m。

2）撑板支撑应随挖土的加深及时安装。在软土或其他不稳定土层中采用撑板支撑时，开始支撑的开挖沟槽深度不得超过 1.0m；以后开挖与支撑交替进行，每次交替的深度宜为 0.4～0.8m。

3）撑板的安装应与沟槽壁紧贴，当有空隙时，应填实。横排撑板应水平，立排撑板应顺直，密排撑板的对接应严密。

4）横梁应水平，纵梁应垂直，且必须与撑板密贴，连接牢固；横撑应水平并与横梁或纵梁垂直，且应支紧，连接牢固。

5）采用横排撑板支撑，当遇有地下钢管道或铸铁管道横穿沟槽时，管道下面的撑板上缘应紧贴管道安装；管道上面的撑板下缘距管道顶面不宜小于 100mm。

6）钢板桩支撑可采用槽钢、工字钢或定型钢板桩；钢板桩支撑按具体条件可设计为悬臂、单锚或多层横撑的钢板桩支撑，并应通过计算确定钢板桩的入土深度和横撑的位置与断面；钢板桩支撑采用槽钢作横梁时，横梁与钢板桩之间的孔隙应采用木板垫实，并应将横梁和横撑与钢板桩连接牢固。

（3）支撑检查管理：当发现支撑构件有弯曲、松动、移位或劈裂等迹象时，应及时处理。尤其雨期及春季解冻时期更应加强检查。上下沟槽应设安全梯，不得攀登支撑。

（4）支撑的施工质量标准

1）支撑安装应牢固，安全可靠；支撑后，沟槽中心线每侧的净宽不应小于施工设计的规定。

2）横撑不得妨碍下管和稳管。

3）钢板桩的轴线位移不得大于 500mm；垂直度偏差不得大于 1.5％。

4）承托翻土板的横撑必须加固。翻土板的铺设应平整，与横撑的连接必须牢固。

（5）支撑的拆除

1）拆除支撑前，应对沟槽两侧的建筑物、构筑物和槽壁进行安全检查，并应制定拆除支撑的实施细则和安全措施。

2）拆除撑板支撑时，支撑的拆除应与回填土的填筑高度配合进行，且在拆除后应及时回填。

3）采用排水沟的沟槽，应从两座相邻排水井的分水岭向两端延伸拆除。

4）多层支撑的沟槽，应待下层回填完成后再拆除其上层槽的支撑。

5）拆除单层密排撑板支撑时，应先回填至下层横撑底面，再拆除下层横撑，待回填至半槽以上，再拆除上层横撑。当一次拆除有危险时，应采取替换拆撑法拆除支撑。

6）拆除钢板桩支撑时，在回填达到规定要求高度后，方可拔除钢板桩；钢板桩拔除后应及时回填桩孔；回填桩孔时应采取措施填实。当采用砂灌填时，可冲水助沉；当控制地面沉降有要求时，宜采取边拔桩边注浆的措施。

6. 管道交叉处理

（1）混凝土或钢筋混凝土预制圆形管道与其上方钢管道或铸铁管道交叉且同时施工，当钢管道或铸铁管道的内径不大于 400mm 时，可在混凝土管道两侧砌筑砖墩支承，如图14-58所示。

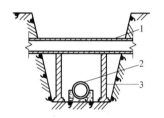

图 14-58　圆形管道两侧砖墩支承

1—铸铁或钢管道；2—混凝土圆形管道；3—砖支墩

图 14-59　矩形管渠上砖墩支承

1—铸铁或钢管道；2—矩形管渠；3—砖支墩

当钢或铸铁管道为已建，在开挖沟槽时应采取保护措施，并及时通知有关单位处理后再砌筑砖支承。

（2）混合结构或钢筋混凝土矩形管渠与其上方钢管道或铸铁管道交叉，当顶板至其上方管道底部的净空在 70mm 及以上时，可在侧墙上砌筑砖墩支承管道，如图14-59所示。

当顶板至其上方管道底部的净空小于 70mm 时，可在顶板与管道之间采用低强度等级的水泥砂浆或细石混凝土填实，其荷载不应超过顶板的允许承载力，且其支承角不应小于 90°，如图14-60所示。

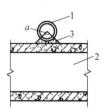

图 14-60　矩形管渠上填料支承

1—铸铁或钢管道；2—混合结构或钢筋混凝土矩形管渠；
3—水泥砂浆或细石混凝土；α—支承角

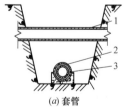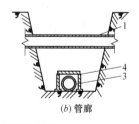

（a）套管　　　　　（b）管廊

图 14-61　套管和管廊

1—排水管道；2—套管；
3—铸铁或钢管；4—管廊

（3）圆形或矩形排水管道与其下方的钢管道或铸铁管道交叉且同时施工时，对下方的管道宜加设套管或管廊。套管的内径或管廊的净宽，不应小于管道结构的外缘宽度加 300mm；套管或管廊的长度不宜小于上方排水管道基础宽度加管道交叉高差的 3 倍，且不宜小于基础宽度加 1m；套管可采用钢管、铸铁管或钢筋混凝土管；管廊可采用砖砌或其他材料砌筑的混合结构；套管或管廊两端与管道之间的孔隙应封堵严密，如图14-61所示。

（4）当排水管道与其上方的电缆管块交叉时，宜在电缆管块基础以下的沟槽中回填低强度等级的混凝土、石灰土或砌砖。其沿管道方向的长度不应小于管块基础宽度加300mm。

排水管道与电缆管块同时施工时，可在回填材料上铺一层中砂或粗砂，其厚度不小于100mm，如图14-62所示。电缆管块已建时，当采用混凝土回填时，混凝土应回填到电缆管块基础底部，其间不得有空隙。当采用砌砖回填时，砖砌体的顶面宜在电缆管块基础底面以下不小于200mm，再用低强度等级的混凝土填至电缆管块基础底部，其间不得有空隙。

二、管沟回填

1. 管沟回填应具备的条件

（1）管沟回填前，预制管铺设管道的现场浇筑混凝土基础强度、接口抹带或预制构件现场装配的接缝水泥砂浆强度应不小于5N/mm²；现场浇筑混凝土管渠的强度应达到设计规定；混合结构的矩形管渠或拱形管渠，其砖石砌体水泥砂浆强度应达到设计规定；管渠顶板应装好。

回填时，现场浇筑或预制构件现场装配的钢筋混凝土拱形管渠或其他拱形管渠应采取措施，防止回填时发生位移或损伤。

（2）压力管道水压试验前，除接口外，管道两侧及管顶以上回填高度不应小于0.5m，水压试验合格后，应及时回填其余部分。管径大于900mm的钢管道，应控制管顶的竖向变形。

（3）无压管道的沟槽应在闭水试验合格后及时回填。

2. 管沟回填材料选择

（1）槽底至管顶以上50cm范围内，不得含有机物、冻土以及大于50mm的砖、石等硬块；在抹带接口处、防腐绝缘层或电缆周围，应采用细粒土回填；沟槽回填时，砖、石、木块等杂物应清除干净。

（2）冬期回填时管顶以上50cm范围以外可均匀掺入冻土，其数量不得超过填土总体积的15%，且冻块尺寸不得超过100mm。

（3）采用石灰土、砂、砂砾等材料回填时，其质量要求应按设计规定执行。

（4）管道沟槽回填土，当原土含水量高且不具备降低含水量以达到要求压实度时，管道两侧及沟槽位于路基范围内的管道顶部以上，应回填石灰土、砂、砂砾或其他可以达到要求压实度的材料。

3. 管沟回填操作要点及注意事项

（1）采用明沟排水时，管沟回填时应保持排水沟畅通，沟槽内不得有积水；采用井点降低地下水位时，其动水位应保持在槽底以下不小于0.5m。

（2）回填土或其他回填材料运入槽内时不得损伤管节及其接口，根据一层虚铺厚度的用量将回填材料运至槽内，且不得在影响压实的范围内堆料；需要拌和的回填材料，应在运入槽内前拌和均匀，不得在槽内拌和。

（3）管道两侧和管顶以上50cm范围内的回填材料，应由沟槽两侧对称运入槽内，不得直接扔在管道上；回填其他部位时，应均匀运入槽内，不得集中推入。

（4）回填土的含水量，宜按土类和采用的压实工具控制在最佳含水量附近。

（5）回填土的每层虚铺厚度，应按采用的压实工具和要求的压实度确定。对一般压实工具，铺土厚度可按表14-41中的数值选用。

回填土的每层虚铺厚度 表14-41

压实工具	虚铺厚度（cm）
木夯、铁夯	≤20
蛙式夯、火力夯	20～25
压路机	20～30
振动压路机	≤40

（6）回填土每层的压实遍数，应按要求的压实度、压实工具、虚铺厚度和含水量，经现场试验确定。当采用重型压实机械压实或较重车辆在回填土上行驶时，管道顶部以上应有一定厚度的压实回填土，其最小厚度应根据压实机械的规格和管道的设计承载力，通过计算确定。

4. 回填土的压实

（1）沟槽回填土或其他材料的压实应逐层进行，不得损伤管道。

（2）管道两侧和管顶以上5cm范围内，应采用轻夯压实，管道两侧压实面的高差不应超过300cm。

（3）管道基础为土弧基础时，管道与基础之间的三角区应填实。压实时，管道两侧应对称进行，且不得使管道位移或损伤。

（4）同一沟槽中有双排或多排管道的基础底面位于同一高程时，管道之间的回填压实应与管道与槽壁之间的回填压实对称进行；同一沟槽中有双排或多排管道且基础底面的高程不同时，应先回填基础较低的沟槽；当回填至较高基础底面高程后，再按上述原则回填。

（5）分段回填压实时，相邻段的接茬应成阶梯形，且不得漏夯；采用木夯、蛙式夯等压实工具时，应夯夯相连；采用压路机时，碾压的重叠宽度不得小于20cm；采用压路机、振动压路机等压实机械压实时，其行驶速度不得超过2km/h。

（6）管道沟槽位于路基范围内时，管顶以上25cm范围内回填土表层的压实度不应小于87%，其他部位回填土的压实度应符合规范的规定。

（7）管道两侧回填土的压实度：混凝土、钢筋混凝土和铸铁圆形管道，不应小于90%；钢管道，不应小于95%；矩形或拱形管渠的压实度应按设计文件规定执行，设计文件无规定时，其压实度不应小于90%；有特殊要求管道的压实度，应按设计文件执行。

（8）当沟槽位于路基范围内，且路基要求的压实度大于上述有关条款的规定时，按第（6）条执行。

（9）当管道覆土较浅，管道的承载力较低，压实工具的荷载较大，或原土回填达不到要求的压实度时，可与设计单位协商采用石灰土、砂、砂砾等具有结构强度或可以达到要求的其他材料回填。为提高管道的承载力，可采取加固管道的措施。

（10）没有修路计划的沟槽回填土，在管道顶部以上高为50cm，宽为管道结构外缘范围内应松填，其压实度不应大于85%；其余部位，当设计文件没有规定时，不应小于90%，回填部位划分如图14-63所示。处于绿地或农田范围内的沟槽回填土，表层50cm

范围内不宜压实，但可将表面整平，并宜预留沉降量。

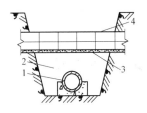

图 14-62　电缆管块下方回填
1—排水管道；2—回填材料；
3—中砂或粗砂；4—电缆管块

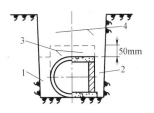

图 14-63　没有修路计划的沟槽回填土部位划分
1—圆形管道两侧；2—矩形或拱形管渠两侧；
3—管道顶部以上松填部位；4—其余部位

（11）检查井、雨水口及其他井室周围的回填，应符合下列规定：现场浇筑混凝土或砌体水泥砂浆强度应达到设计规定；路面范围内的井室周围，应采用石灰土、砂、砂砾等材料回填，其宽度不小于 40cm；井室周围的回填，应与管道沟槽的回填同时进行，当不便同时进行时，应留台阶形接茬；井室周围回填压实时应沿井室中心对称进行，且不得漏夯；回填材料压实后应与井壁紧贴。

（12）新建给水排水管道与其他管道交叉部位的回填应符合要求的压实度，并应使回填材料与被支承管道紧贴。

第十五章 配管、附件及仪表安装

第一节 空调水系统设备配管、附件及仪表安装

一、制冷机组构造及其配管、附件和仪表的安装

1. 制冷机组构造，见图 15-1

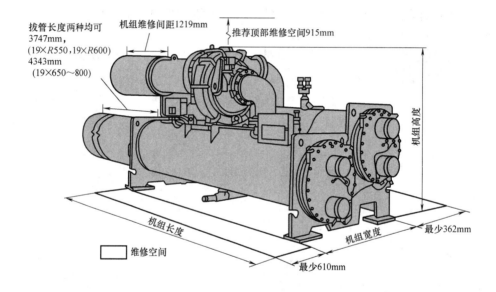

图 15-1 制冷机组构造

2. 制冷机组安装

（1）机组安装流程图

（2）安装要点

1）制冷机组的检查流程图：

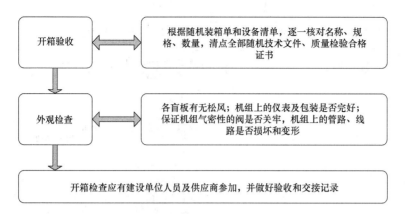

2）基础放线：

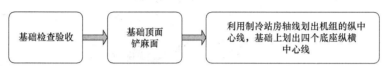

3）机组弹性减振支座安装

将四块弹簧减振支座置于底板及橡胶减振垫板之上，再按图 15-2 所示调整穿过底板的膨胀螺栓，使底板与基础的高度为 30mm；利用水准仪确定四个底板之间的高度，高度允许偏差不大于 0.5mm，用水平尺检测地板水平度，水平度允许偏差不大于 0.5/1000；弹性减振支座安装见图 15-2。

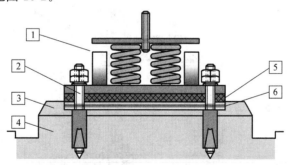

图 15-2　弹性减振支座安装

1—弹簧减振支座；2—膨胀螺丝；3—抹平；4—设备基础；5—橡胶减振垫；6—底板

4）机组调整：用水平仪测量，拧住地板上螺栓进行调整，机组纵向、横向的水平偏差均不大于 1/1000；特别注意保证机组的纵向（轴向）水平度。

5）设备接管，机组设备不承受管道、管件以及阀门的重量。

二、冷却塔构造及其配管、附件的安装

1. 机组安装程序

2. 安装要领

基础面的标高应在同一水平面上，标高误差 3mm。安装弹簧减振支架：为了防止冷却水系统的振动通过基础传递给结构，根据技术规范规定冷却塔设弹簧减振支座，见图 15-3。

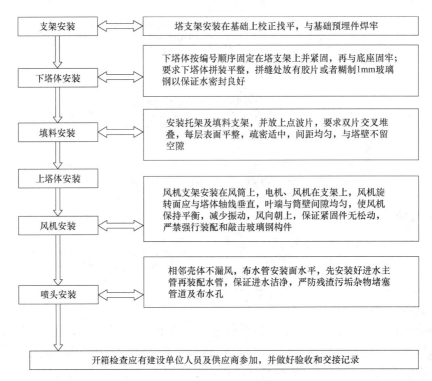

支架安装	⟺	塔支架安装在基础上校正找平，与基础预埋件焊牢
下塔体安装	⟺	下塔体按编号顺序固定在塔支架上并紧固，再与底座固牢；要求下塔体拼装平整，拼缝处放有胶片或者糊制1mm玻璃钢以保证水密封良好
填料安装	⟺	安装托架及填料支架，并放上点波片，要求双片交叉堆叠，每层表面平整，疏密适中，间距均匀，与塔壁不留空隙
上塔体安装		
风机安装	⟺	风机支架安装在风筒上，电机、风机在支架上，风机旋转面应与塔体轴线垂直，叶端与筒壁间隙均匀，使风机保持平衡，减少振动，风向朝上，保证紧固件无松动，严禁强行装配和敲击玻璃钢构件
喷头安装	⟺	相邻壳体不漏风，布水管安装面水平，先安装好进水主管再装配水管，保证进水洁净，严防残渣污垢杂物堵塞管道及布水孔

开箱检查应有建设单位人员及供应商参加，并做好验收和交接记录

3. 冷却塔的管道安装形式，见图15-4。

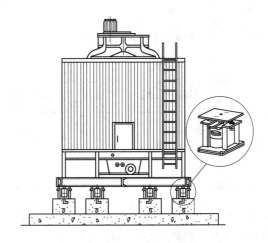

图15-3　弹簧减振支座

三、循环泵或补水泵配管、附件及仪表的安装

1. 水泵安装流程

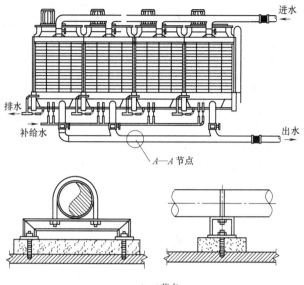

图 15-4　冷却塔管道安装

2. 安装要领

（1）安装前对水泵基础进行复核验收，基础尺寸、标高、地脚螺栓的纵横向偏差符合标准规范要求。

（2）水泵开箱检查：按设备的技术文件的规定清点泵的零部件，并做好记录，对缺损件与供应商联系妥善解决；管口的保护物和堵盖要完善。核对泵的主要安装尺寸要与工程设计相符。

（3）水泵就位后要根据标准要求找平找正，其横向水平度不得超过 0.1mm/m，水平联轴器轴向倾斜不超过 0.8mm/m，径向位移不超过 0.1mm。

（4）找平找正后进行管道附件安装，安装不锈钢伸缩节时，要保证在自由状态下连接，不得强力连接。在阀门附近要设固定支架。

（5）立式水泵安装及隔振：优选国家建筑标准设计《立式水泵隔振及其安装》图集，选橡胶隔振垫，若水泵型号与图集上不符，按橡胶隔振垫选择方法选用偏大的橡胶隔振垫及钢板。隔振垫为 4 个，隔振垫必须与水泵基础固定，具体安装效果见图 15-5。

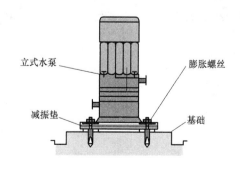

图 15-5　立式水泵安装

图 15-6　卧式水泵型钢基座安装形式

239

（6）卧式水泵安装、隔振与防震：严格按照设计图纸中安装指南施工，优选国家建筑标准设计《卧式水泵隔振及其安装》图集，型钢基础作惰性块，隔振器为弹簧隔振器的安装方法。与图集上型号不符的水泵，可按弹簧隔振器选择要求套用图集上相对应偏大的型钢与弹簧隔振器。隔振器支承点数为 4 个，减振垫数量及防水平移动支撑 4 个或 6 个。采用型钢基座的水泵安装见图 15-6。

（7）水泵的调试

水泵调试前要检查电动机的转向是否与水泵的转向一致、各固定连接部位有无松动、各指示仪表、安全保护装置及电控装置是否灵敏、准确可靠。泵在运转时，转子及各运动部件运转要正常，无异常声响和摩擦现象；附属系统运转正常；管道连接牢固无渗漏，运转过程中还要测试轴承的温升，其温升要符合规范要求。水泵试运转结束后，要将水泵出入口的阀门和附属管路系统的阀门关闭，将泵内的积水排干净，防止锈蚀。

四、软化水设备配管、附件及仪表的安装

1. 基本要求

（1）进水压力应在 0.2～0.6MPa 之间，当水源压力无法满足要求时，可安装增压水泵提高进水压力。如果压力过高，应安装减压阀来控制进水压力。

（2）进水温度应在 5～45℃ 之间，此装置不允许在冰点状态下工作。

（3）电源采用交流 200V/50Hz，运行中需保证电源不间断，并不可被其开关切断。

（4）软水器应安装在牢固的平台上，附近有畅通的排水，并留有足够的操作和维修空间。

2. 软化水设备接管，见图 15-7。

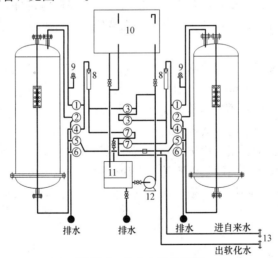

图 15-7　软化水设备接管

1—上进阀；2—上部排气阀；3—泵进盐液阀；4—下进阀；5—出软化水阀；6—下部排水阀；
7—进自来水阀；8—流量计；9—压力表和隔离盒；10—盐溶液箱；11—溶盐箱；12—再生泵

五、新风或空调机组配管、附件及仪表的安装

1. 空调机组安装

（1）安装流程

1) 空调机组落地安装流程图

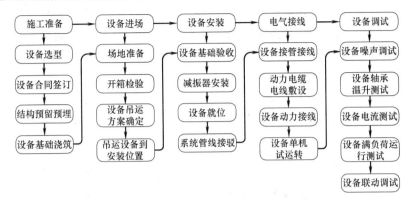

2) 空调机组悬挂安装流程图

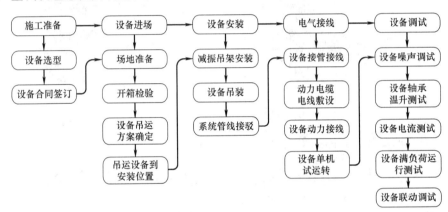

（2）施工准备：根据所选设备外形尺寸考虑解决吊装和运输通道问题；校对设备尺寸与现浇混凝土基础尺寸是否相符，基础找平；机组安装前开箱检查清点，核对产品说明书、操作手册等技术文件。

（3）机组安装

1）安装前核对空调机组与图纸上的设备编号，由于部分空调机组分段组装，对分段运输的空调机组要检查清楚所含组件。

2）基础安装，见图 15-8。

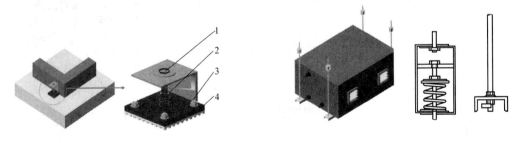

图 15-8　机组基础大样图

1—调节螺母；2—减振弹簧；

3—固定螺栓；4—减振橡胶垫

图 15-9　悬挂吊装

3）组对安装：安装前对各段体进行编号，按设计对段位进行排序，分清左式、右式（视线顺气流方向观察）。从设备安装的一端开始，逐一将段体抬上底座校正位置后，加上衬垫，将相邻的两个段体用螺栓连接严密牢固，每连接一个段体前，将内部清除干净，安装完毕后拆除风机段底座减振装置的固定件，见图15-9，与系统管线接驳。

（4）设备运输

设备通过施工电梯、吊车吊装至安装楼层，设备进行水平长距离运输时采用特制的专用运输小车（以小坦克为四角底座，上敷3mm厚钢板）或直接将设备固定在设备搬运专用小坦克上，然后利用卷扬机进行牵引运输。设备搬运专用小坦克，见图15-10。

图15-10　设备搬运专用小坦克

2. 压力表的安装，具体见图15-11。

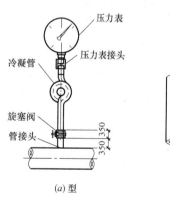
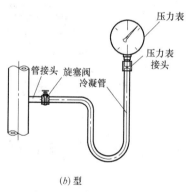
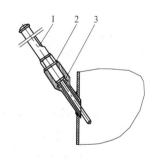

(a)型　　　　　　　　　　(b)型

图15-11　压力表安装示意

图15-12　温度计安装示意
1—内标式玻璃液体温度计；
2—垫片；3—45°连接头

3. 温度计的安装

（1）温度计的安装要求

1）安装在管道和设备上的套管温度计，底部应插入流动介质内，不得装在引出的管段上或死角处。

2）压力式温度计的毛细管应固定好并有保护措施，其转弯处的弯曲半径不应小于50mm，温包必须全部浸入介质内。

3）热电偶温度计的保护套管应保证规定的插入深度。

（2）温度计安装见图 15-12。

4. 温度计与压力表在同一管道上安装时，按介质流动方向温度计应在压力表下游处安装，如温度计须在压力表上游安装时其间距不应小于 30mm。

六、风机盘管配管、附件的安装

1. 风机盘管的安装

（1）工艺流程：

（2）风机盘管就位前，按照设计要求的形式、型号及接管方向进行复核，确认无误。每台应进行单机三速试运转及水压检漏试验后才能安装。试验压力为系统工作压力的 1.5 倍，试验观察时间为 2min，不渗不漏为合格。

（3）暗装的风机盘管与室内装饰工作密切配合，防止在施工中损坏装饰的顶棚或墙面。

（4）风机盘管安装位置及高度正确，安装时通电侧可稍高于通水侧，以利于凝结水的排放。

（5）吸顶式风机盘管采用减振吊架（充分考虑噪声控制）固定。

（6）风机盘管安装见图 15-13。

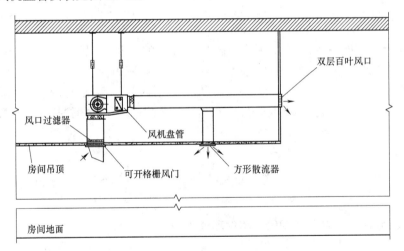

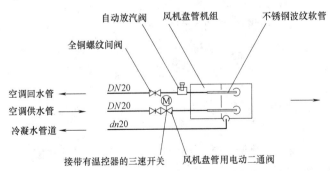

图 15-13　风机盘管安装示意

2. 风机盘管配管要求

（1）风机盘管同进出风管处均按设计要求设软接头，以防振动产生噪声。

（2）紧固时应用扳手卡住六方接头以防损坏管道。冷凝水管宜采用软性连接，软管长度一般不大于300mm；凝结水盘不得倒坡，应无积水现象。

（3）风机盘管接管，见图15-14。

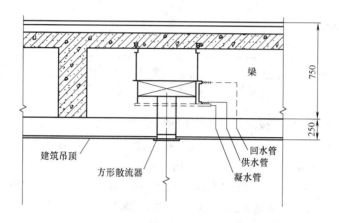

图15-14　风机盘管接管示意

七、分集水器配管、附件及仪表的安装

1. 工艺流程：设备开箱检查→基础验收→底座的制作→吊装、搬运就位→找正找平→强度、严密性、灌水试验→附件安装→保温→冲洗→试运行。

2. 找正找平：利用水平仪，在分水器、集水器等容器顶盖法兰上测量水平度或利用连通管水平仪测量管体上的水平标记线，利用铅锤坠测量罐体上的铅垂标记线或侧缘垂直度，用垫铁找正找平后点焊。

第二节　热力系统设备配管、附件及仪表安装

一、快装锅炉的构造及其配管、附件和仪表的安装

1. 锅炉就位

（1）基础验收合格后，按锅炉基础图划好锅炉安装基准线，横向以轴中心线为基准线，锅炉基准要有明显标记，其他以偏差不大于5mm。

（2）锅炉的牵引与起吊必须在规定位置进行，其余位置不能随意起吊和牵引，以免损坏锅炉设备。

（3）在牵引锅炉时应在拖板下放8～10根钢管，用钢丝绳拉动使锅炉大件缓缓移动，并注意安全。

（4）链条炉排就位前，先将渣斗放入出渣坑内。将链条炉排就位并校正水平，左右倾斜不大于5mm，否则应将低的一侧用垫铁垫高。

（5）锅炉本体安装。

2. 阀门及安全附件安装

（1）管道阀门仪表按图安装，凡配有电动泵的将电动泵连接并以其为基准起头安装。

（2）安全阀应在调试合格后安装，安全阀排空管引至室外安全处。

（3）排污管接至排污箱或其他安全处，管道固定以防止排污时移位。

二、换热器的构造及其配管、附件和仪表的安装

1. 设备基础验收及处理：混凝土基础的外形尺寸、坐标应符合设计图样的要求；换热器安装后利用垫铁进行找正，因此在基础验收合格后，在放置垫铁的位置处凿出垫铁窝，水平度±10mm/m。

2. 垫铁的选用及安装要求：垫铁组尽量靠近地脚螺栓，设备安装后垫铁露出设备支座底板边缘10～20mm。斜垫铁成对使用，斜面要相向使用，搭接长度不小于全长的3/4，偏斜角度不超过3°。

3. 设备及其附件检查：进场后应进行检验，并需提供出厂合格证及安装说明书。采用氮气密封或其他惰性气体密封的换热设备，应保持气封压力。设备及附件检验合格后，方可进行设备及其附件的安装。

4. 板式换热器安装

（1）设备就位：换热设备安装前，设备上的油污清除干净，设备孔的保护塞或盖不得拆除；按照设计图样对设备的管口方位、中心线和重心位置进行校对，确认无误后方可就位。

（2）换热器设备的找平、找正：按基础上的安装基准线对设备上的基准点进行找正、找平；测定立式设备的垂直度，应以设备表面上0°、90°等母线为基准；测定卧式设备的水平度，应以设备两侧的中心线为基准；设备找平应采用垫铁或其他调整件进行，严禁采用改变地脚螺栓紧固程度的方法。

（3）支座的安装：地脚螺栓与相应的长圆孔两端的间距，应符合设计图样或技术文件的要求。不符合要求时，允许扩孔修理；换热器设备安装合格后应及时紧固地脚螺栓；换

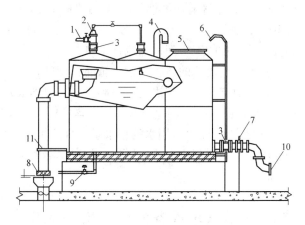

图 15-15　水箱周围水管的布置

1—市政水干管；2—恒定水位阀；3—挠性接头；4—透气管；

5—检修孔；6—外部梯；7—蝶阀；8—防虫网；

9—泄水阀；10—连接给水泵；11—管道支架

热设备的工艺配管完成后，应松动滑动端支座螺母，使其与支座板面间留出 1～3mm 的间隙，然后再安装一个锁紧螺母。

三、膨胀、软化或补水水箱配管、附件的安装

1. 水箱周围管道的安装

（1）水箱与水管的连接，用挠性接头；水箱周围水管的布置参见图 15-15、图 15-16。

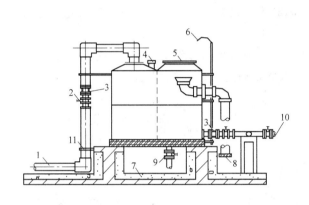

图 15-16　高位水箱周围水管的布置及管道支撑

1—给水泵供水管；2—闸阀；3—挠性接头；4—透气管；
5—检修孔；6—外部梯 7—基座；8—防虫网；
9—泄水阀；10—连接用水点；11—管道支架

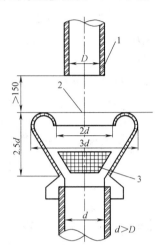

图 15-17　水箱溢水管间接排放示意

1—间接排放管；2—溢水线；3—铁丝网

（2）在挠性接头的前后，与水箱的支撑点要分开，采取防振措施；泄水管应安装在水箱底部；溢出管不应直接与排放管连接（中间应有间隔），参见图 15-17。

（3）膨胀水箱各配管的安装位置

1）膨胀管：在重力循环系统中接至总立管的顶端，在机械循环系统中接至系统的恒压点。

2）循环管：接至系统定压点前 2～3m 水平回水干管上，以防水箱结冰。

3）信号检查管：接向建筑物的卫生间地漏或排水口。

4）溢流管：当水膨胀使系统内水的体积超过水箱溢水管口时，水自动溢出。

5）排水管：清洗水箱及放空用，可与溢流管一起接至附近排水处。

2. 水箱安装：水箱基础表面应找平，应与基础接触紧密，安装位置正确，端正平稳；水箱的溢流管、泄水管不得与生产或生活用水的排水系统直接相连。水箱间的主要通道宽度不应小于 1.0m；钢板消防水箱四周应设检修通道，其宽度不小于 0.7m；消防水箱顶部至楼板或梁底的距离不得小于 0.6m。

第三节　给水系统设备配管、附件及仪表安装

一、消防水泵配管、附件及仪表的安装

1. 一般要求：消防水泵出水管上应安装止回阀和压力表，并安装检查和试水用的放

水阀（管径由设计定）；泵组的总出水管上还应安装止回阀和泄压阀；压力表安装应加设缓冲装置、旋塞阀；压力表量程应为工作压力的2～2.5倍。

2. 吸水管和附件的安装

（1）吸水管在安装时应使用水平尺找平；吸水喇叭口与水池底部距离由设计确定，喇叭口口径应比吸水管管径大2倍左右；喇叭口与吸水管的连接方式采用焊接，并要用支架固定于池底，喇叭口上应安装防护网；与水泵吸入口的连接应采用偏心异径管，上平下斜安装；吸水管不得呈现倒坡向及产生气襄的弯曲、变形现象，参见图15-18。

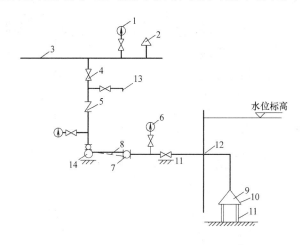

图 15-18　消防水泵配管及附件安装

1—压力表；2—可调式安全泄压阀；3—总出水管；4—明杆闸阀；5—缓闭式止回阀；
6—真空压力表；7—软接头；8—偏心变径；9—吸水喇叭；10—防护网；
11—固定支架；12—预埋套管；13—放水试验管；14—水泵

（2）吸水管上应安装明杆控制阀门，吸水管上的柔性接头应安装在控制阀之后，吸水管上宜安装真空压力表，安装位置宜靠近水泵吸水口，阀门应用支架、支撑其重量防止下垂。

（3）吸水管与池壁预埋套管之间的间隙应用防水材料填塞密实；并参照标准图集中柔性防水套管有关规定进行。

3. 消防水泵出水管及其附件安装

（1）当设计无规定时，水泵出水管上应安装压力表、止回阀、闸阀及试验检查用的DN65放水阀，放出的水宜返回水池；消防水泵泵组总出水管上还应安装压力表和安全泄压阀。试验检查用的放水阀安装位置要能保证水泵单独检查试验和操作方便。条件可能时，应安装在泵出水管止回阀与闸阀之间；不应安装在止回阀之前。

（2）止回阀应采用缓闭式的，控制阀应采用明杆阀门，泄压阀应采用可调式安全泄压阀。

（3）水泵出水管上所安装的柔性接头的位置和数量应符合设计规定；通常应分别安装在水泵出口处及出水管架空管段上；要既能防振又要保持管道位移在允许范围之内；水泵出水管上的压力表宜带有放气的旋塞及缓冲装置；其量程应为工作压力的2～2.5倍，表上应有校验标志。

（4）水泵出水管及其附件应用支吊架固定，不得使管道重量承压在水泵设备上。

二、无负压给水装置配管、附件及仪表的安装，参见图 15-19。

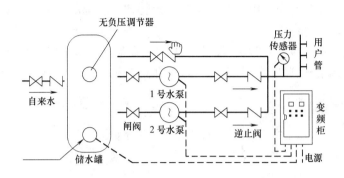

图 15-19　无负压给水装置安装示意

第十六章　管道试验

第一节　给水系统试验方法

一、室内给水工程的试验方法

1. 管道工程施工过程中可以进行分段试验，系统安装完成后再进行系统试验。

管道工程安装过程中，对需要进行隐蔽的分项工程或某一检验批可以先进行分段试验，然后进行隐蔽开始下一道工序，最后做系统试验。

2. 管道工程的分项工程或某一检验批安装完成，需要班组自检合格后，再对管道进行分段或系统强度严密性试验，特别应该对管道的承重支吊架进行逐一自检至合格，试验之前准备好试验用机具、仪表、阀部件和临水临电用料，例如：手动或电动打压泵、压力表、球阀、管件、临电照明、配电箱、临水管材等。

3. 打压泵要求放置在试验管段或系统的最低点，压力表要求设置在试验管段或系统最高点和最低点至少各一块，最高点设计无排气阀处，打压时应该设置灌水放气用的临时排气阀，最低点设置临时丝堵或可拆卸盲板，灌水甩口的位置可根据施工现场实际临水管所在位置就近考虑，高层建筑的管道系统试验可以考虑临时加压泵灌水后再配打压泵加压至试验压力。

4. 试验之前应考虑试验泄水排放去处，能循环利用的尽量做循环试验使用，以便节约用水；试验过程中必须做好试验时间和试验压力数据的记录，并且填写规范规定要求的表格。

5. 系统冲洗应该按照设计水流方向单向冲洗，系统内设备阀门不参加冲洗，以免杂物进入设备或阀门里影响使用功能，导致阀门关闭不严或者水泵叶轮受到损害；冲洗入口一般选择在系统或试验管段的进水入口处，冲洗排水口一般选择在系统或试验管段的末端。

6. 系统通水时要求采用正式系统水源或设备运转通水，利用单机试运转验收合格后的设备进行系统调试通水，通水之前必须考虑室外水源入户的时间与通水调试相吻合。

7. 生活给水管道系统冲洗完成后进行消毒，消毒液配好后可以采用系统设计设置的设备或临时加压泵注入消毒液，系统末端配水点放气，由系统低处向高处可给系统逐渐灌满消毒液，消毒时间达到要求后采用正式水源或设备系统给水进行冲洗，然后取样报送卫生防疫站检验。

二、自动喷水灭火给水系统的调试方法

1. 系统调试内容主要包括：水源测试、消防泵性能试验、稳压泵试验、报警阀性能

调试、排水装置试验、系统联动试验、灭火功能模拟试验。

（1）水源测试

测试消防水箱的容积、设置高度和消防储水不被他用的技术措施。测试水泵接合器的数量和能力，可用移动水泵试验。

（2）消防泵性能试验

用自动或手动方式启动消防泵，在 5min 内运行正常；用备用电源切换后，在 90s 内运行应正常。

（3）稳压泵试验

模拟设计启动和系统稳定压力条件下，稳压泵能立即启动和停运。

（4）报警阀性能调试

湿式报警阀调试：在试水装置处放水，报警阀应立即动作，延时 5～90s 后，水力警铃发出响亮警报，水表指示器应输出报警电信号，压力开关应接通电路报警，启动消防水泵。

干式报警阀调试：开启调试阀后，报警阀启动的时间、启动地点的压力、水流到试验装置出口所需时间，均应符合设计要求。

（5）排水装置试验

按系统灭火最大排水量做排水试验，开启排水阀后，从系统排出的水才能全部排出。

（6）系统联动试验

1）用专用测试仪器对报警系统的各种探测器输入模拟火灾信号，自动报警器应发出声光报警信号并启动系统。

2）启动一只喷头，水流指示器压力开关、水力警铃和消防水泵应及时动作并发出信号。

2．水源调试应符合下列要求：

（1）用压力表、皮托管式流速测定管测定并计算外水源管道的压力和流量，应符合设计要求。

（2）核实消防水箱的容积是否符合有关规范规定，是否有保证消防蓄水量不被他用的技术措施。

（3）核实水泵接合器数量和供水能力是否满足系统灭火要求，通过移动式消防泵供水试验予以验证。

3．消防泵性能试验应符合下列要求：

（1）以自动或手动方式启动消防泵达到设计流量和压力时，其压力表稳定运转时应无异常响声和振动；各密封部位不得有泄漏现象。备用电源切换后，消防水泵应在 1.5min 内投入正常运行。

（2）以自动或手动方式启动稳压泵后，在其共管区域末端试水装置开启放水的情况下，5min 内应能达到设计压力，且压力表指针稳定。

4．排水装置试验

应将控制阀全部打开，全开主排水阀，按最大设计灭火水量做排水试验，并保持到系统压力稳定为止。若系统所排出的水能及时进入排水系统，未出现任何水害，认为试验合格。

5. 系统联动试验应符合下列要求

（1）用感烟探测专用测试仪输入模拟信号，应在15s输出报警和启动系统执行信号，并准确可靠地启动整个系统。试验完毕后应填写《系统联动试验记录表》。

（2）启动一只喷头或以0.94～1.5L/s的流量从末端试水装置处放水，水流指示器、压力开关、水力警铃和消防泵等应及时动作并发出相应信号。

6. 当消防监督部门认为有必要时，应做灭火功能模拟试验。

三、消火栓给水系统的调试

1. 室外消防水泵接合器测试：采用消防专用救火车配置的水龙带将救火车的加压泵与室外消火栓消防水泵接合器连接，对大楼内消火栓给水系统进行加压并进行试射试验，在大楼的首层抽查两处，在屋顶层选用试验用消火栓进行试射，测试消火栓水枪出口处充实水柱的长度是否达到设计和规范要求，出口水压是否达到消防设计要求，并填写记录。

2. 室内消火栓给水泵的测试：采用手动启动泵对室内消火栓给水系统进行加压，并进行试射试验，测试合格后再采用消火栓箱报警按钮自动启动泵对室内消火栓给水系统进行加压，并进行试射试验，直至测试合格。

3. 测试消火栓给水系统设置的安全阀性能：当系统压力大于等于此安全阀的启动压力时安全阀应该自动开始泄压，当系统压力小于等于此安全阀的启动压力时安全阀应该自动关闭停止泄压。

第二节　排水系统试验方法

一、室内重力流污废水排水管道的试验方法

1. 管道工程施工过程中可以进行分段试验，系统安装完成后再进行系统试验。

管道工程安装过程中，对需要进行隐蔽的分项工程或某一检验批可以先进行分段试验，然后进行隐蔽开始下一道工序，最后做系统试验。

2. 二层及其以上排水支管灌水试验时采用在其下层的立管检查口处进行封堵，首层及地下设备层出户的干管可以在出户管口处进行封堵，封堵时采用专用球胆，球径要求与试验管段管径相匹配，球胆采用充气筒进行充气。

3. 排水干管、立管通球试验采用的是专用塑料球，在立管的透气管口处或水平干管的末端放入球体，向管内球体位置冲水，球体应该从出户管的出口随水流出。

4. 设有溢流孔的卫生器具要求采用正式水源测试溢流孔的排水畅通能力；地漏、清扫口进行通水试验检测其通畅情况，因为其特别容易被二次装修堵塞。排水管道系统通水试验时采用正式水源是与给水通水试验同时进行的。

二、室外雨水、重力流污废水排水管道的试验方法

室外排水管试验管段下游端常采用防水水泥砂浆及砖砌筑进行封堵，排水构筑物调试检查构筑物的过水及贮水能力、水面流速及淤积程度等。

三、压力排水管道的试验方法

每台水泵电机能在泵房通过紧急停止按钮停止运行；每组排水泵应设有先后启动选择和自动交替装置使水泵交替运行。当一台泵工作一个周期后，另一台泵在下一个周期自动转换为工作状态；压力排水管道规范要求做水压试验，做法参考给水压力试验。

四、室内雨水排水管道的试验方法

室内高层雨水管出户封堵一般采用盲板进行临时封堵，以承受立管至雨水斗高度内的净压强。

第三节　空调水及采暖系统试验方法

一、空调水及采暖系统的试验方法

空调水及采暖系统的试验包括软化水管道、补水管道、风机盘管、散热器组、换热器、分集水器以及阀门等的试验，管道试验参考给水排水试验方法。

二、空调水及采暖系统的水力平衡调试

1. 热水采暖系统水力失调引起的故障及排除

（1）水力失调引起的故障指因热水流动阻力不平衡，引起供热量不平衡的故障。

热用户离锅炉房的远近、室内各并联环路离入口的远近，均有远近环路流动阻力不平均的问题。近环路流动阻力小，通过热量大，室温多偏高。远环路流动阻力大，通过的热流量偏小，室温一般偏低。

（2）排除方法：把近环路的阀门开启度适当调小或装调压板，使流动阻力增大，远环路管径应适当加大，阀门开度调大。当远近用户之间、系统各并联环路之间的流动阻力调整到接近平衡时，因水力失调引起的热力失调故障就有可能排除。

2. 热水采暖管道系统调试的具体故障检查方法

热水采暖管道系统调试故障的检查，一般采用手摸测温法和放水检查法。

（1）手摸测温法：当阀门、管道或散热器的两侧有明显温差时，此部位即为堵塞处，手摸检查的重点是阀门、散热器。

（2）放水检查法：在不热的管线中部取可拆卸处作为放水点放水，如放出热水，则堵塞处在放水点后部。如放出凉水或温水，则堵塞部位在放水点之前，如此即可大致确定下一步检查的方向，从放水点到堵塞段端部，再取一放水点放水检查，依次逐步缩小检查范围，即可找到污物的堵塞点。

三、低温热水地板辐射采暖系统通热水、初次启动运行操作方法

所有安装项目完成，且室内已封闭，热源、电源具备，可进行系统调试工作，初次启动运行通热水时，首先将加热至25～30℃水温的热水通入管路，循环一周，检查地上接口无异常情况，然后每天将水温提高5～10℃，再运行一周后重复检查，照此循环，每隔

一周，提高 5～10℃温度，直到供水温度为 60～65℃为止。检查系统各部位、各接口不渗不漏，各项试验指标达到要求值后，系统调试完成。沿管道敷设方向对埋地管道进行标识保护。

第四节 热力管道系统试验方法

一、高温热水管道系统的试验方法

参考热水采暖管道系统试验。

二、蒸汽管道系统的试验方法

1. 直埋蒸汽管道应该用蒸汽进行吹洗，吹洗的蒸汽压力和流量无计算资料时，可按照压力不大于管道工作压力的 75%，流速不低于 30m/s 进行吹洗；吹洗次数应根据管道长度确定，但不应少于 3 次，每次吹洗时间不应少于 15min。当吹洗流速较低时，应增加吹洗次数。

2. 工作管的现场接口焊接焊缝，应进行 100% 的 X 射线探伤检查。

第五节 管工用材料、设备进场时的见证取样复试

一、风机盘管和绝热材料进场时的见证取样复试

风机盘管机组和绝热材料进场时，应对其下列技术性能参数进行复验，复验应为见证取样送检。

1. 风机盘管机组

检查内容：风机盘管机组的供冷量、供热量、风量、出口静压、噪声及功率。

2. 绝热材料

检查内容：绝热材料的导热系数、密度、吸水率。设备、材料出厂质量证明文件及检测报告是否齐全；实际进场设备、材料的类型、材质、规格、数量等是否满足设计和施工要求；设备、材料的外观质量是否满足设计要求或有关标准的规定。

3. 检验方法

现场随机见证取样送检复验；核查复验检验（测）报告的结果是否符合设计要求报告的结果是否符合设计要求，是否与进场时提供的产品检验报（测）告中的技术性能参数一致。

4. 检查数量

风机盘管机组的抽样数量按同一厂家的进场数量的 2% 随机抽取，但不得少于 2 台，由监理监督执行。抽取的风机盘管要有代表性，不同的规格都要抽取。同一厂家同材质的绝热材料见证取样送检的次数不得少于 2 次。抽样应在不同的生产批次中进行。考虑到绝热材料品种的多样性，以及供货渠道的复杂性，抽取不少于 2 次是比较次是比较合理的。现场可以根据工程的大小，在方案中确定抽检的次数并得到监理的认可，但不得少于 2

次。对于分批次进场的，抽取的时间可以定在首次大批量进场时以及供货后期；如果是一次性进场，现场应随机抽检不少于 2 个测试样品进行检验。

二、散热器和保温材料进场时的见证取样复试

采暖系统节能工程采用的散热器和保温材料等进场时，应对其下列技术性能参数进行复验，复验应为见证取样送检。

1. 散热器

检查内容：核查散热器复验报告中的单位散热量、传热系数、金属热强度等技术性能参数，是否与设计要求及散热器进场时提供的产品检验报告中的技术性能参数一致；

2. 保温材料

检查内容：核查保温材料的导热系数、密度、吸水率等技术性能参数，是否与设计要求及保温材料进场时提供的产品检验报告中的技术性能参数一致。

3. 检验方法

现场随机见证取样送检复验；核查复验检验（测）报告的结果是否符合设计要求，是否与进场时提供的产品检验报中的技术性能参数一致。

4. 检查数量

1）同一厂家相同材质和规格的散热器按其数量的 1% 进行见证取样送检，但不得少于 2 组；如果是不同厂家或不同材质或不同规格的散热器，则应分别按其数量的 1% 进行见证取样送检，且不得少于 2 组。

2）同一厂家相同材质的保温材料见证取样送检的次数不得少于 2 次；不同厂家或不同材质的保温材料应分别见证取样送检，且次数不得少于 2 次。取样应在不同的生产批次中进行，考虑到保温材料品种的多样性，以及供货渠道的复杂性，抽取不少于 2 次是比较合理的。现场可以根据工程的大小，在方案中确定抽检的次数，并得到监理的认可，但不得少于 2 次。对于分批次进场的，抽取的时间可以定在首次大批量进场时以及供货后期；如果是一次性进场，现场应随机抽检不少于 2 个测试样品进行检验。

第十七章 管道绝热

第一节 管道绝热操作

一、保温层施工

1. 胶泥涂抹法：涂抹法适用于粉粒状保温材料，如石棉灰、硅藻土、石棉硅藻土等。有两种不同做法，一是胶泥直接涂抹法，包括调泥、涂泥；另一种是草绳辅助胶泥涂抹法。

立管保温时，应自下而上地进行。为防止胶泥下坠，应在立管上先焊上托环，然后再涂抹保温胶泥，如图17-1所示。设计无要求时，托环钢板厚度可为6mm，宽度为保温层厚度的1/2～2/3，托环间距2～3m。当管子不允许焊接时，可采用夹环，当管径小于150mm时，也可以在管道上捆扎几道镀锌铁丝代替托环。

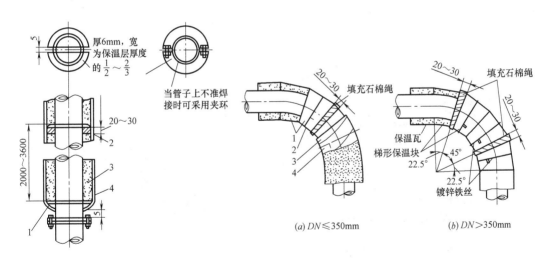

图 17-1　立管保温示意
1—托环；2—石棉绳；3—保温层；
4—保护层；5—装卸螺栓空隙

图 17-2　弯管瓦块保温示意图
1—保温层；2—镀锌铁丝；
3—玻璃丝布；4—镀锌铁丝或钢带

胶泥涂抹法施工，应在环境温度高于0℃的条件下进行。为加速保温胶泥干燥，可在管道内通入温度不高于150℃的热介质。胶泥涂抹保温层外面，应按设计要求做油毡玻璃丝布保护层，或涂抹石棉水泥保护壳。最外面有时还要按照要求涂上色漆。

2. 预制瓦块保温
常用保温瓦块有泡沫混凝土瓦、膨胀蛭石瓦、石棉硅藻土瓦及矿棉瓦等。施工方法和操作要点如下：调制胶泥、瓦块安装、填缝；立管装配保温瓦块时，也应在管子上先焊接托环，托环间距 2～3m，装配时应自下而上地进行。托环与法兰间应留出供装卸螺栓用的空隙，托环下面应留出膨胀缝，缝宽 20～30mm，并填充石棉绳，如图 17-1 所示；弯管保温需将保温瓦块按弯管形状锯割成若干段，并以相同的方法进行拼装。拼装时，$DN \leqslant$ 350mm 的弯管，留 1 条膨胀缝，$DN > 350$mm 的弯管，留 2 条膨胀缝，间隙均为 20～30mm，如图 17-2 所示。

3. 聚苯乙烯泡沫塑料管壳保冷：使用聚苯乙烯泡沫塑料管壳保冷时，管壳扣在保冷管道上，并用塑料带绑牢，注意不宜用镀锌铁丝绑扎。

4. 缠绕式：玻璃纤维制品（如矿渣棉毡、玻璃棉毡）保温，常采用缠绕式。操作方法步骤包括裁料、包扎保温毡。保温毡在包扎时应同时用镀锌铁丝缠绑，保温管外径为 500mm 及其以下时，铁丝直径为 1～1.6mm，绑线间距为 150～200mm；当管径大于 500mm 时，应再包以镀锌铁丝网，铁丝直径为 0.8～1.0mm，网孔为（20mm×20mm）～（30mm×30mm）。

5. 填充法

填充法保温，是将纤维状或散状保温材料，如矿渣棉、玻璃棉或泡沫混凝土等，填充在管子周围特制的套子或铁丝网中。步骤如下：支撑环制作与安装。支撑环用直径 6～8mm 圆钢焊制，可做成环形或半环形，如图 17-3（a）所示；半环形钢支撑环，如图 17-3（b）所示；支撑环也可用泡沫混凝土（或石棉硅藻土）瓦块制作，如图 17-3（c）所示。包铁丝网（或铁皮、铝皮）。按保温层外径周长裁剪好镀铝皮，由下向上包拢在支撑环上，铁丝网接口朝上。填充保温材料，外面再做保护层。

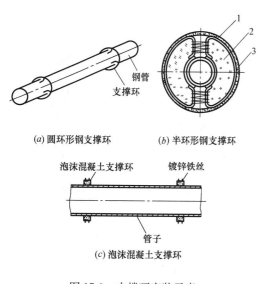

图 17-3　支撑环安装示意

1—保护壳；2—保温材料；3—支撑环

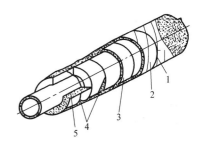

图 17-4　油毡玻璃布保护层做法示意

1—镀锌铁丝或钢带；2—玻璃布；

3—油毡；4—镀锌铁丝；5—保温层

二、防潮层施工

以沥青为主体材料的防潮层：用沥青或沥青玛蹄脂粘沥青油毡；以玻璃丝布作胎料，

两面涂沥青或沥青玛蹄脂。聚乙烯薄膜作防潮层，直接将薄膜用粘接剂贴在保温层的表面。

三、保护层施工

常用的保护层有：油毡玻璃布保护层、石棉水泥保护层、玻璃布保护层、铁皮保护层。

1. 油毡玻璃布保护层：油毡玻璃布保护层做法如图 17-4 所示。

2. 石棉水泥保护层：调制胶泥时，设计无要求者可按表 17-1 配比选用。

石棉水泥胶泥配比 表 17-1

材料名称	室内管道（%）	室外管道（%）
32.5 级水泥	36	53
5 级石棉	12	9
膨胀珍珠岩粉	34	25
碳酸钙	18	13

包铁丝网；涂抹胶泥；涂漆完成保护层施工。

3. 玻璃布保护层：首先在保温层外，贴一层石油沥青油毡；用厚度 0.1mm 的玻璃布贴在玛蹄脂上，玻璃布起点和终点封闭，并用镀锌铁丝捆牢；涂漆。玻璃布保护层外面，必须按设计规定涂刷涂料。

4. 铁皮（或铝皮）保护层：铁皮（或铝皮）保护层做法如图 17-5 所示。

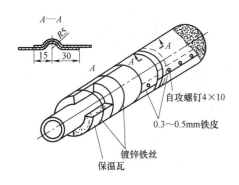

图 17-5 铁皮（或铝皮）保护层做法示意

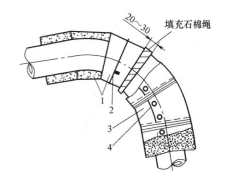

图 17-6 弯管铁皮保护层做法
1—保温层；2—镀锌铁丝；3—铁皮；4—自攻螺钉

弯管处铁皮下料应按虾米弯下料方法下料，然后再接缝，用螺钉固定，如图 17-6 所示。

第二节 伴热管道绝热施工

蒸汽外伴热管有单伴管和双伴管，与水平介质管道平行敷设的伴热管，应敷在介质管道下半部 45° 范围内，如图 17-7 所示。

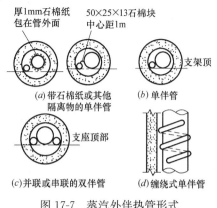

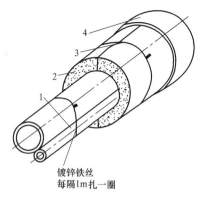

图 17-7　蒸汽外伴热管形式

图 17-8　蒸汽伴热管保温
1—伴热管；2—保温层；
3—镀锌铁丝；4—保护层

蒸汽伴热管连同介质管道一起，要做保温。如图 17-8 所示。

第三节　阀门、法兰保温施工

阀门或法兰处的保温施工，当有热紧或冷紧要求时，应在管道热、冷紧完毕后进行。阀门、法兰保温有固定式（涂抹式、捆扎式）和装配式等形式，如图 17-9、图 17-10 所示。

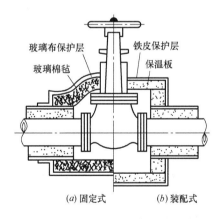

图 17-9　阀门保温

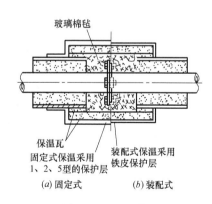

图 17-10　法兰保温

第十八章　质量自检与问题处理

第一节　质量自检

一、管道施工质量的检查和评定

1. 管道施工质量的检查

（1）安装前进场材料、设备的检查

管道工程各系统的设备与其附属设备、管道、管配件及阀门的型号、规格、材质及连接形式必须与设计规定的内容进行核对检查，例如：空调水系统的风机盘管，首先检查其合格证及检测报告上的型号、规格、材质是否符合设计规定的内容要求，并与每台风机盘管实物核对，特别应该检查其是立式、吊式还是壁挂的安装方式，检查其进出口管甩口方向是否与施工现场的左式或右式一致，检查其是两管制还是四管制，检查其进出口管管径是否符合设计要求，检查其上配备的翼片、手动放风阀、脱水盘、电动机、过滤网等是否完好，检查数量按总数抽查 10%，且不得少于 5 件。检查方法：观察检查外观质量并检查产品质量证明文件、出厂验收记录等相关文件。注意：风机盘管是需要复试的设备，在其安装之前必须进行见证取样，并送到有相关资质的检测部门进行复试检测，检测合格之后并附有复试检测合格的报告方可以使用，复试检测报告未出结果之前严禁使用，以避免造成返工浪费等损失。

（2）管道系统安装后按照其所属分部或子分部工程、分项工程的检验批进行实测实量的自检。

安装后的管道首先应该按照设计图纸的坐标、标高以及规范规定的支吊架间距和坡度等进行操作班组自检，即操作班组自己进行符合性的实测实量检查，包括支吊架的做法和类型是否符合标准图集、规范的要求，然后再按照相关规范的要求进行施工试验的检查，相关的施工试验检查合格后进行检验批验收，接着进行分项、子分部、分部以及单位工程的验收。例如：室内给水排水管道安装后，操作班组应该对完成的分项工程检验批进行自检。

（3）实测实量自检后进行相关的强度严密性或满水灌水试验、冲洗试验等。

1）给水系统交付使用前必须进行通水试验并做好记录，检验方法：观察和开启阀门、水嘴等放水。

2）生活给水系统管道在交付使用前必须冲洗和消毒，并经有关部门取样检验，符合国家《生活饮用水标准》方可使用，检验方法：检查有关部门提供的检测报告。

2. 管道施工的质量评定

（1）进场材料或设备评定合格的方法

对进场的管道工程各系统的设备及其附属设备、管道、管配件及阀门的型号、规格、材质及连接形式进行检查，符合设计及相关产品标准规定的内容，并且需要复试检测的材料、设备已经得到相关的复试合格检测报告后，此部分进场材料或设备即评定为合格。

（2）管道及其阀部件或设备安装后评定合格的方法

安装后的管道操作班组自己进行符合性的实测实量检查，当检查总点数中超差点小于或等于20％，符合点大于或等于80％，并且检验批中所属的主控项目和一般项目均符合设计、规范的要求时，此检验批即评定为合格。

（3）自检合格、试验合格、检验批合格后，再按照相关规范的要求进行分项、子分部、分部以及单位工程的质量评定。

二、有关竣工资料的提交

提交有关竣工资料的过程，包括施工过程中资料的最后归集、汇总、编目录、组卷、竣工图绘制、装订成册等，下边是以空调水系统子分部工程为例进行竣工验收和涉及提交的相关竣工资料的列项。

1. 空调水工程的竣工验收，是在工程施工质量得到有效监控的前提下，施工单位通过整个子分部工程的无生产负荷系统联合试运转与调试和观感质量的检查，按相关规范要求将质量合格的子分部工程移交建设单位的验收过程。

2. 空调水工程的竣工验收，应由建设单位负责，组织施工、设计、监理等单位共同进行，合格后即应办理竣工验收手续。

3. 空调水工程竣工验收后，应提交下列文件及记录：

（1）图纸会审记录、设计变更通知书和竣工图；

（2）主要材料、设备、成品、半成品和仪表的出厂合格证明及进场检（试）验报告；

（3）隐蔽工程检查验收记录；

（4）工程设备、管道系统安装及检验记录；

（5）管道试验记录；

（6）设备单机试运转记录；

（7）系统无生产负荷联合试运转与调试记录；

（8）分部（子分部）工程质量验收记录；

（9）观感质量综合检查记录；

（10）安全和功能检验资料的核查记录。

4. 观感质量检查应包括以下项目：

（1）制冷及水管系统的管道、阀门及仪表安装位置正确，系统无渗漏；

（2）管道的支、吊架形式、位置及间距应符合本规范要求；

（3）管道的柔性接管位置应符合设计要求，接管正确、牢固，自然无强扭；

（4）制冷机、水泵、风机盘管机组的安装应正确牢固；

（5）组合式空气调节机组外表平整光滑、接缝严密、组装顺序正确，喷水室外表面无渗漏；

（6）管道及支架的油漆应附着牢固，漆膜厚度均匀，油漆颜色与标志符合设计要求；

（7）绝热层的材质、厚度应符合设计要求；表面平整、无断裂和脱落；室外防潮层或保护壳应顺水搭接、无渗漏。

检查数量：管道按系统抽查 10%，且不得少于 1 个系统。各类部件、阀门及仪表抽检 5%，且不得少于 10 件。

检查方法：尺量、观察检查。

第二节　管道工程施工质量问题处理

一、分析处理管道系统的一般质量问题

1. 预留给水排水甩口尺寸的几个问题

给水排水管位置正确与否将决定卫生器具的安装位置。如果给水排水管位置留得不正确，卫生器具将装不上去，或虽能装上却不美观，也影响使用，因此在预留给水排水管甩口时，一定要了解卫生器具的具体型号和实际尺寸，如果是一般常用卫生器具，安装尺寸可以在标准图集或安装图册、操作规程等技术资料中找到；如果是新产品或第一次碰到的，一定要对实物的给水排水口具体位置尺寸进行测量调查后再确定接口甩口尺寸。因为国内外卫生器具规格非常之多，因此只能考虑一般的注意事项。

（1）排水管甩口的预留

1）预留排水管甩口，有坐标、标高、管径大小等问题，即坐标位置的准确与偏斜、标高的高低、管径的大小及连接方式等问题。例如：蹲式大便器，用 S 型存水弯或 P 型存水弯，管道甩口预留的位置就不同。坐式大便器可分里 S、外 S、高 P 式等多种存水弯形式，所以，排水管安装位置也不同。而且上述大便器，虽然都采用 DN100 的铸铁或 DN100 的 PVC-U 排水管，但预留的甩口、蹲式、外 S、高 P 等都要留管子承口或 PVC-U 接箍，因为这些大便器排水口外径大于 DN100，而里 S 式大便器就只要 100mm 管子小头。露出地坪的高度也不同，有的露出地坪一个承口，有的与地坪相平。这就需要了解卫生器具本身的构造尺寸及排水口的尺寸，再按照实际需要来决定排水管应预留的尺寸位置、高低及管径的大小等。

2）排水管的位置有时还与配套带来的排水管尺寸有关，如立式洗脸盆，本身配套带来了排水短管及 P 型存水弯，那么毛坯暗管排水管端究竟预留多高，就要按配套带来的铜器尺寸决定，总得让它能连接得上，一般宁高勿低，太低了配套铜器无法接长。

3）又如一种小便斗的排水直接排入墙内暗管。暗管与小便斗排水口连接时，连接管件也具有一定的长度，所以，暗管的埋墙深度要达到一定的要求，过深或过浅都会影响卫生器具的镶接，解决此问题最好的办法是与精装修配合先让瓦工在需要配合处放样粘贴灰饼。

4）一般大便槽、盥洗槽、污水盆等，也都有一个正确预留管甩口的问题，对于镶接时再安装存水弯的器具，必须预计存水弯尺寸，才能留出正确的排水管位置尺寸。

对于安装好的毛坯排水管甩口端部，必须做好保护，如地漏、大便器排水管等都要封闭好，防止地坪上水泥浆流入管内，造成堵塞或通水不畅。

（2）给水甩口的预留

1）给水甩口的预留要了解水龙头的规格，冷热水管子中心距与卫生器具的冷热水

孔中心是否一致。暗装时还要注意管子埋入深度，使将来阀门或龙头装上去时，阀件上的法兰装饰罩与粉刷面平齐。

2）又如用角阀铜管镶接的水箱及洗脸盆等，要使铜管具有一定的长度，理论上要求铜管是笔直的，但实际施工中，建筑、安装两方面都有误差，铜管不可避免地要进行弯曲，为了能进行弯曲和弯出质量好的弯头，一般在考虑角阀预留管的位置时，铜管至少应留150mm长，以备弯管连接，太短就会造成镶接困难。

3）对于一般暗装的管道，预留的给水甩口在粉刷时会被遮盖而找不到，因此水压试验时用的堵头，可采用管子做的堵头，长度在100mm左右，粉刷后这些甩口都露在外面，便于镶接。

2. 消火栓给水系统运行故障的处理方法

（1）消火栓口渗水

1）用双手握住消火栓手轮按照顺时针的方向轻轻地使小股劲再次试着关严阀口，仅限这样操作1～3次，每次采用干棉纱擦干停留1min左右观察，第3次采用干棉纱擦干停留1min左右观察渗水，停止此种操作。

2）将水龙带与此消火栓连接严密，并将水枪位置指向无人和物的空地或排水槽处专人看护，另一人用双手握住消火栓手轮按照逆时针的方向轻轻地使小股劲试着打开阀口出水后，再次试着关严阀口，仅限这样操作1～3次，每次拆卸下水龙带采用干棉纱擦干停留1min左右观察，第3次采用干棉纱擦干停留1min左右观察仍渗水，停止此种操作。

3）将本消火栓所在立管上端的阀门、下端的阀门分别关闭严密，再将立管中的水采用水龙带泄到本栓口以下的位置即可，拆下此漏水的消火栓，再安装一个新的消火栓，打开立管上下的阀门充满水后，观察不漏，挂好水龙带，关好箱门，故障维修结束。

（2）压力表、水位计损坏更换时，直接关闭表前旋塞阀和连接水位计的三通旋塞阀，安装好新的压力表和水位计后再打开旋塞阀。

（3）浮球阀开关失灵

1）浮球阀严重失灵时，首先紧急关闭浮球阀前进水管上与浮球阀最近的切断阀门，然后检查浮球阀阀杆及阀芯是否被较大异物卡死，若有较大异物需要拆除浮球阀清洗后再将浮球阀重新安装调试至正常为止；清洗后仍然严重失灵，更换新的同型号同规格的浮球阀，H142X液压水位控制阀见图18-1。

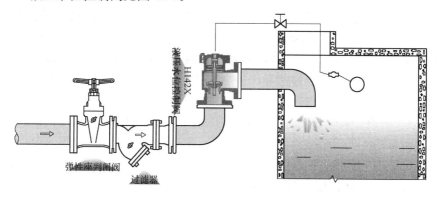

图 18-1　H142X 液压水位控制阀

2）浮球阀轻微失灵时，采用水池或水箱排污泄水阀降低其液面，打开浮球阀大流量冲洗阀芯后，随着液面上升观察浮球是否关闭严密，关闭严密后说明较小的异物被冲掉了，浮球阀可以恢复正常；或者无较小异物就调整浮球阀杆与正常水位液面的角度，使浮球阀杆与阀体动作灵活，不扭劲，直至浮球受到水的浮力漂浮到关严阀体为止，F745X隔膜式遥控浮球阀见图18-2。

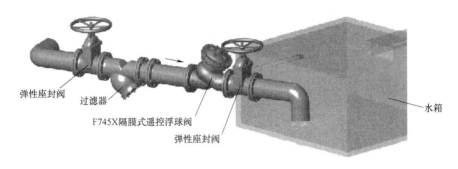

图 18-2　F745X 隔膜式遥控浮球阀

（4）自动排气阀失灵

1）关闭自动排气阀前起切断作用的控制阀后，拆下自动排气阀按照其使用说明书进行解体清洗再组装成成品，安装到原位置同时打开其前端的控制阀，不排水排气即可。

2）清洗后的自动排气阀排水不排气时，需要更换新的同规格同型号的自动排气阀。

（5）止回阀失灵，拆下清洗阀瓣及密封圈，安装后再失灵就需要更换新的同规格同型号的止回阀。拆下前需要关闭其前后两侧最近的起切断作用的阀门，这样可以减少泄水量。

（6）过滤器清洗时，拆下前需要关闭其前后两侧最近的起切断作用的阀门，这样可以减少泄水量。过滤器前后有安装尺寸条件的应该安装2块压力表，以便直观地观察压力表的读数差值大小，得知过滤器应该清洗的程度，Y型过滤器见图18-3。

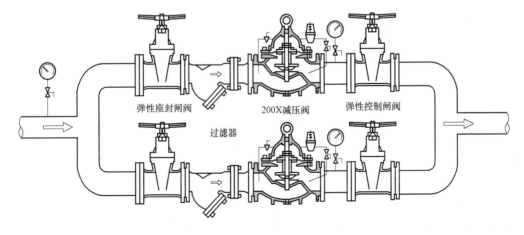

图 18-3　Y 型过滤器

（7）管网中阀门压盖或法兰渗漏

1）阀门压盖渗漏，需要更换阀门压盖内原材质的密封填料，检修时必须将其所处的

263

管道泄压或泄水，严禁带压操作。阀门填料材质按照阀门原配的密封填料材质及其耐温情况选用，管网中阀门如图18-4所示。

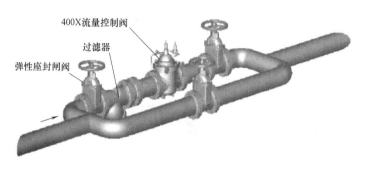

图18-4　管网中阀组

2）阀门法兰或丝扣处渗漏，需要更换阀门法兰间的法兰密封垫片或更换丝扣间的铅油麻密封填料，检修时必须将其所处的管道泄压或泄水，严禁带压操作。丝接及法兰间填料材质按照阀门流通的介质要求的密封填料材质及其耐温情况选用。

（8）水泵运转泵体内噪声异常

水泵进出口处阀部件见图18-5。

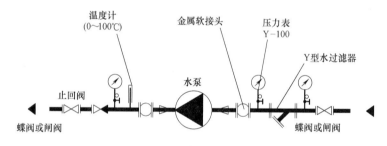

图18-5　水泵进出口处阀部件

1）泵体内进入粒状异物造成的噪声异常，关闭水泵进出水口的控制阀门，拆下水泵进行解体，立式多级离心泵解体前必须与厂家联系好此种规格型号的泵体配件备用数量情况，按照泵体结构说明书对即将拆卸的泵体组件逐一做好解体编号，以便清洗泵壳及叶轮后或更换破损的叶轮时再次按照原次序组装水泵，提前准备足够的泵体密封垫。

2）水泵叶轮与壳体之间摩擦造成的噪声异常，关闭水泵进出水口的控制阀门，拆下水泵进行解体，立式多级离心泵解体前必须与厂家联系好此种规格型号的泵体配件备用数量情况，按照泵体结构说明书对即将拆卸的泵体组件逐一做好解体编号，以便调整泵壳及叶轮后或更换破损的叶轮时再次按照原次序组装水泵，提前准备足够的泵体密封垫。

（9）安全阀不动作

换上备用的安全阀，不动作的安全阀及时拆下送到地方技术监督检测部门检测或修整，拆下前需要关闭其附近最近的起切断作用的阀门，这样可以减少泄水量。

3. 自动喷水灭火给水系统运行故障的处理方法

（1）喷洒头接口渗水或损坏

1）喷洒头接口渗漏，关闭本层水流指示器前的信号阀门，打开本喷洒头所在配水管

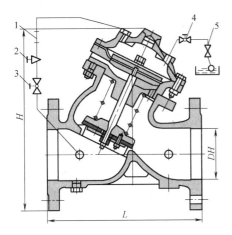

图 18-6　浮球阀剖面图

1—过滤器；2—针阀；3—小球阀；

4—小球阀；5—小浮球阀

末端试验装置阀门泄水，喷洒头处配水支管无压后卸下自动喷洒头，将丝扣处清理干净后再缠生料带或麻丝铅油重新上紧喷洒头，然后打开关闭的信号阀门系统冲水升压至正常后，观察喷洒头丝扣处 24h 内不再渗漏即可。

2）喷洒头损坏喷水，及时关闭本层水流指示器前的信号阀门，打开本喷洒头所在配水管末端试验装置阀门泄水，喷洒头处配水支管无压后卸下破损的喷洒头，将新的喷洒头丝扣处清理干净后再缠生料带或麻丝铅油重新上紧喷洒头，然后打开关闭的信号阀门系统冲水升压至正常后，观察喷洒头丝扣处 24h 内不再渗漏即可。

（2）压力表、水位计损坏更换、浮球阀开关失灵，参照消火栓给水系统中的相关操作方法处理，浮球阀剖面见图 18-6。

（3）自动排气阀失灵、止回阀失灵、过滤器清洗、管网中阀门压盖或法兰渗漏、水泵运转泵体内噪声异常、安全阀不动作，参照消火栓给水系统中的相关操作方法处理。

4. 给水排水操作施工问题的分析和处理

（1）给水管穿过伸缩缝、沉降缝时的处理

给水管道不宜穿过伸缩缝、沉降缝。如必须穿过时，应采取措施。一般有两种方法，一是在墙中或墙的两侧装软管，另一种方法是用弯头盘过沉降缝，这时支架的安装也应考虑能保证管子可作相应位移。

（2）管道试压和冲洗问题

1）混淆强度试验和严密性试验。强度试验压力高于工作压力，时间短；严密性试验压力等于工作压力，时间长，不能互相代替。

2）试压放水替代管道冲洗。应使用自来水或经过泵加压的水来冲洗管道，否则管内渣滓杂物不能冲走，水质将被污染且阀门的严密性也会受影响。

3）试压时管内有空气，致使压力表读数不稳定。应在系统最高处加装放气阀。

4）用分区控制阀门作为区段试压的隔离手段，常因阀门渗漏而导致试压失败。应用堵板或丝堵作为临时隔离。

5）管道整体试压时故意关闭部分区段隔离阀，导致试压管道变短使容量合格，但失去了整体合格的真实性。监督人应认真检查并作标记，防止舞弊。

6）压力表不合格。监督人应先检查压力表能否复零位，最好装两个合格压力表作对照。

（3）化粪池、检查井及室外排水管的质量问题

化粪池、检查井及室外排水管等工程内容属建筑给水排水专业设计范畴，但却由土建专业施工，水专业常忽视检查而导致质量问题。

1）化粪池的进出水孔和隔墙连通孔未遵守设计标高，或出水口过低，粪水直流而过，影响使用效果。

2）将检查井误当成留泥井，或检查井底未按规定做导流槽，致使井底沉积大量粪渣。

3）室外埋地排水管未遵守设计敷设规定坡度，以致排水不畅，沉渣经常堵塞管道。

4）排水管接口质量差，不按规定做渗漏试验，致使污水渗漏危害环境及地下设施和基础结构。

（4）地漏常见问题

1）使用水封高度小于50mm的不合格地漏易造成干涸和堵塞，丧失隔臭功能。应采用合格产品。为了可靠，宜在地漏下加存水弯。

2）钟罩式地漏使用太滥，公共卫生间、大厨房及食堂洗碗槽等场合均用之。这些场所渣滓多，极易堵塞，常需冲洗。建议公共卫生间用格栅加存水弯；大厨房用排水地沟加格栅；食堂洗碗槽加活动网隔渣，做存水弯隔臭并增设隔油装置；浴室、厨房应采用网框式地漏；家庭厨房可不设地漏。

3）地漏安装过高，影响排水功能；安装过低，影响地面美观。在安装排水管承水口前，应确切了解地漏规格和地面装饰层厚度，计算出排水承口的合理标高。

（5）室内排水系统的设计和操作问题

1）忽视充水检验。规范强制性条文规定，隐蔽或埋地的排水管在隐蔽前必须做灌水试验，无渗漏时合格。可采用专用的充气橡胶囊作临时堵头，如灌水后发现漏点，应排水修复，再灌水检查，至不漏为止。

2）排水管件不顺流。在弯头和三通处未采用顺流配件，增加了水流阻力。或者排水横管、两排水口水相向流至两口间的三通处汇集，从三通的侧端承口接管排走，其弊端不仅是水流不顺，而且该管段坡度不合理，极易堵塞。宜将此种"顶头T"的做法改为弯头加顺流三通相错开，避免不同方向的排水在平面上正交相遇。

3）吊顶内排水管坡度及检查维修问题多。吊顶的高度由建筑装修决定，其中管线设施密集，常出现排水管最小坡度也难满足的情况；装修一味追求美观，检查口和检修门的位置和数量均受限制，难以满足维修要求。水专业设计和施工部门应要求项目负责人全面考虑，以免造成排水堵塞及无法维修的不良后果。

4）柔性连接铸铁管接头未留间隙。工艺规定承插口之间应留约10mm间隙，以利伸缩，操作中多忽略此点而将承插口抵死。应事先做出标记，保证留有间隙。

5）汇合通气管的管径及坡度不够。未按最大一根通气管的截面积加其余通气管截面之和的0.25倍来设计汇合通气管，水平管未按排气方向"抬头走"，影响臭气顺利排除。

6）单纯地用吸气阀代替伸出屋面的通气管是违背规范的。因为吸气阀只能平衡负压，不能消除正压和排除有害气体。

（6）雨水系统问题

1）误用普通地漏代替雨水口，其过水能力差，易被垃圾堵塞。应采用带拱形罩格的标准雨水斗，排水时利用吸力加快下流；且能阻挡垃圾，不易堵塞。

2）天沟中有混凝土梁凸出时，预留过水管管径过小，或标高不正确，暴雨时难顺利排水。应使过水管截面积大于雨水立管，且管底与天沟底相平，也可并排设2根或改为方形过水断面。

3）天沟侧女儿墙未设溢流口，不能排除暴雨时屋面大量集水。应按规范设置，且其位置不应危害地面行人安全。

4）雨水立管底部或室内雨水悬吊管长度超过12m时未设检查口，影响垃圾清除。

（7）管道噪声问题

1）给水管道压力超过0.3～0.4MPa且管径≤20mm及管路较长时，管道会产生啸叫和振动，这主要由高速水流动力与管道系统产生共振所致。综合防治措施有适当加大管径、采用曲挠橡胶接头、支架与管道接触处加橡胶垫以及加装减压阀等。但注意减压阀本身也有噪声，要经反复调试，使噪声减至最小。

2）排水管道噪声问题。排水管的水流呈不充盈和重力流状态，噪声难免，且受管道材质影响。试验资料表明，DN100管当流量为2.7L/s时铸铁管噪声值为46.5dB，PVC－U管噪声值为58dB，故在要求安静的高档房间内（睡房除外），宜选用柔性连接铸铁管。新产品芯层发泡隔音PSP管，隔音效果好，价格略贵，也可选用。

二、排除动力站常见故障

1. 室内热水采暖的通热调试及故障排除

热水采暖系统调试所需材料一般有：水源、热源、阀门、胶皮管、管接头、石棉绳、铅油、麻丝、锯条、聚四氯乙烯生料带等。

所需机具一般有：管压力及工作台、活扳子、铰扳、钢锯、螺丝刀、温度计、压力表等。

（1）室内热水采暖系统调试操作程序

1）制定调试方案

先联系好热源，制定出相关调试方案、人员分工以及处理紧急情况的各项措施。准备修理、泄水等器具，并安装好压力表、温度计。

2）施工维修人员按分工各就各位，分别检查系统中的泄水阀门是否关闭，支管上的阀门是否打开。

3）向系统内充水，开始先打开系统最高点的排气阀，责成专人看管。缓慢打开系统回水干管的阀门，等最高点的排气阀有水流出后立即关闭。然后开启总进口供水管的阀门，并反复开关最高点的排气阀，直至系统中积存的冷风排净为止。

4）调节立、支管阀门的开启度，初调试时先调节各用户和大环路间的流量分配，然后调节室内各立管以及散热器间的流量分配。

调节时要注意，先将远处阀门全打开，然后关小近处的阀门；如为双立管系统要关小上层散热器支管的阀门，支管阀门越往下，开启度越大。

热水采暖管道系统调试故障的检查，一般采用手摸测温法和放水检查法。

手摸测温法：当阀门、管道或散热器的两侧有明显温差时，此部位即为堵塞处，手摸检查的重点是阀门、散热器。

放水检查法：在不热的管线中部取可拆卸处作为放水点放水，如放出热水，则堵塞处在放水点后部。如放出凉水或温水，则堵塞部位在放水点之前，如此即可大致确定下一步检查的方向，从放水点到堵塞段端部，再取一放水点放水检查，依次逐步缩小检查范围，即可找到污物的堵塞点。

需要注意，若为异程式系统要关小离主立管较近的立管阀门开启度。若为同程式系统则应适当关小离主立管最远以及最近立管上阀门的开启度。

通过调试，使各分支系统、立管环路或散热器组的温度达到均衡。

5）在巡视检查中，如遇有不热处要及时查明原因。如需冲洗检修，先关闭供回水阀，泄水后再先后打开供回水阀门，反复放水冲洗。冲洗完再按上述步骤通暖运行，直至运行正常为止。

6）供暖系统初调试完毕经验收后，即邀请有关单位检查验收，并签写验收手续，正式交付使用，转入正常运行。

（2）热水采暖系统故障检查与排除

热水供暖系统故障产生的原因一般有如下几方面，下边为其相应的排除故障方法。

1）水力失调引起的故障

水力失调引起的故障指因热水流动阻力不平衡，引起供热量不平衡的故障。

热用户离锅炉房的远近、室内各并联环路离入口的远近，均有远近环路流动阻力不平均的问题。近环路流动阻力小，通过热量大，室温多偏高。远环路流动阻力大，通过的热流量偏小，室温一般偏低。

其排除方法为：把近环路的阀门开启度适当调小或装调解阀，开启度调小后使流动阻力增大，远环路管径应适当加大，阀门开度调大，最不利环路阀门全开，使流动阻力减小。

当远近用户之间、系统各并联环路之间的流动阻力调整到接近平衡时，因水力失调引起的故障就有可能排除。

2）堵塞引起的故障

堵塞引起的故障指空气阻塞和污物堵塞两种情况。下边为其产生的原因及排除方法。

① 气阻

原因：上分式系统干管有倒坡现象，自动排气阀失灵或集气罐排气不畅，使靠近的立管环路不热或热得不足；下分式系统顶部空气排除不净，靠近顶部散热器不热或热得不足；或因顶部管坡度不良，或因顶部排气装置不够等原因造成；水平串联式每组散热器内空气排除不净，使自身或后部散热器供热不足或不热等现象，均为气阻塞造成的水力失调。

排除方法：管道安装应保证干管的坡度与坡向，使管道系统始终排气通畅。而支架安装的位置、标高及质量是保证干管坡度的关键条件。

② 污物及阀芯脱落堵塞

污物堵塞：铸铁散热器片内进入脏物清理不彻底，施工过程中杂质的带入，造成管道系统被淤塞，而引起流动阻力及热流量的不平衡，使系统供热的不足，甚至使某些环路不再循环，造成大部分环路不热。

阀芯（阀盘）脱落堵塞：管道系统中因阀门质量较差或使用不当或阀门长年失修造成阀芯脱落引起管道堵塞，造成管路系统循环不畅，供热不足。

排除方法：首先应检查并确定堵塞种类和部位，针对性地排除故障。排除故障的检查顺序是：先查气阻塞后查污物、阀芯阻塞。即系统先充分排气后，仍有不热、热得不足或不均现象，则可再查污物或阀芯脱落堵塞的部位。

检查方法：手摸测温法、放水检查法。对全管线管道检查堵塞故障部分时，应以阀门、过滤器、三通、弯头等阀部件为重点，其中尤其对阀门和过滤器更要仔细检查。

3）膨胀水箱及系统的故障

原因：

① 膨胀水箱高度不够（应距系统最高点 2～5m）、水箱自动控制装置失灵、补水不及时，造成系统不满水而使循环遭到破坏。

② 膨胀管与系统错误连接，如自然循环系统应接到供水总立管顶部，而错接于回水干管上，造成循环供水不利；机械循环系统应接到回水干管上，而错接到供水干管上，造成膨胀水箱溢水，而部分系统又不满水等。

③ 恒压点位置不当产生故障，若恒压点位置过于靠近锅炉房，系统将处于超压状况，部分用户散热器爆裂。恒压点位置离锅炉房过远，回水将使水泵抽空，造成系统循环遭受破坏。

排除方法：在管路水力失调、堵塞引起的故障有可能排除的基础上，再进一步查明膨胀水箱故障的类型，并有针对性地采取排除故障的方法。如抬高膨胀水箱安装高度，使其距系统最高点 2～5m、检修水箱中自控装置，正确连接膨胀管，通过计算改变恒压点位置。

4）系统回水温度过高或过低的故障

① 回水温度过低

原因：热源设备负荷小，供热量不足，水泵扬程不足，系统循环慢，外网漏水严重，保温结构不良或损坏，保温层浸水或泡水使系统热损失增大，供水管阀门开得过小，阀芯脱落堵塞等。

排除方法：查明故障类型，采取针对性措施排除故障。

② 回水温度过高

原因：供水管阀门开得过大，使供热量大于系统热负荷，外网或热用户阀门关不严，供回水有窜水现象。

排除方法：查明故障类型，采取针对性措施排除故障。当采取常规措施仍不能排除回水温度偏高事故，则应在锅炉运行中将火适当停开或调小，用降低炉温的方法降低送水温度等，改送低于正常送水温度的方法运行。

5）局部散热器不热及其他故障

原因：管道堵塞、阀门失灵、气阻及水平干管或散热器支管安装坡度不符合要求，有"塌腰"或倒坡现象。

排除方法：查明原因，采取针对性措施排除故障。

（3）热水采暖系统的调试划分

采暖系统在投入运行前，受诸多因素影响，尽管有良好的设计和正确的施工，总会有许多用户的室温不符合设计温度，在供热过程中，为了保证室内采暖的温度，节约能源，使系统均衡运行，必须对供热系统进行正确的调试。

1）热水采暖系统的调试可分成集中调试和局部调试。集中调试：根据室外温度的变化情况，调节锅炉房送出的热水流量和温度，以调节其总热量称为集中调试。局部调试：利用室内采暖系统支立管上的阀门，改变单组或单立管上所连接的几组散热器的散热量称为局部调试。

2）热水采暖系统调试又分初调节和运行调节。初调节：在系统通热后，交工验收前，由施工单位负责进行的首次投入运行的调节，称为初调节。调节以局部调节为主，是在供热总量基本不变的情况下，利用采暖系统阀门的开启度来调节各用户及各房间的供热量，以达到系统的平衡运行和设计要求的室内温度。运行调节：在运行过程中，使用单位根据季节和室外气象条件的变化而进行的系统调节称为运行调节。

（4）注意事项

1）高层建筑的供暖管道试压及通热调试，按区域、独立系统、分若干层等逐段进行。

2）冬季通暖时，必须采取临时供暖设施。室温应保持在5℃以上，并连续24h后方可进行正常运行。

3）系统充水前先关闭总供水阀门，开启外网循环管的阀门，使热力外网管道先预热循环。分路或分立管通暖时，先从向阳面的末端立管开始，打开总进水阀门，通水后关闭阀外网循环管的阀门。待已供热的立管上的散热器全部热了后，再依次逐根、逐个分环路通热一直到全系统正常运行为止。

4）调试后，阀门的位置应作上定位记号，正常运行中再不可随便拧动。

2. 蒸汽管道中的水击危害处理

为了消除蒸汽管道中的水击危害，送汽时应缓慢开启送汽阀，并进行暖管和疏水工作，在平时应加强管道系统的维护管理，当发生水击时，应停止送汽，打开管道上的疏水阀进行疏水，同时检查管道上的支吊架是否完好，管道坡度和坡向是否有利于疏水。

3. 法兰工作状态下发生泄漏原因分析

（1）当管道通入介质以后，法兰承受着温度应力和内压力，此时称为法兰的工作状态。在工作状态下，由于介质内压力的作用，会产生使两片法兰分开的轴向力和垫片的侧向推力，如果垫片的回弹力不足或法兰连接螺栓紧固不一致，就会发生泄漏。

（2）法兰连接的严密性取决于法兰螺栓的紧固力大小和各个螺栓紧固力的均匀性、垫片的性能和法兰密封面的形式。法兰密封面要对垫片具有一定的表面约束，使垫片不致发生移动。表面约束越好，接口严密性就越高。

4. 热力管道在安装中的问题：热力管道输送的热介质，具有温度高、压力大、流速快等特点，因而给管道带来了较大的膨胀力。在管道安装中必须解决好管道伸缩补偿、各种固定和活动支吊架的设置，以及管道坡度、疏、排水阀和放气装置等问题。

第十九章　工具设备维护

第一节　管工常用的施工机具、量具

管道安装工程所需工机具很多，其中有许多施工机具，尤其是一些通用工具，例如钳子、扳手、钢锯、手电钻等，读者一般都很熟悉，这里不再介绍。本节只介绍专业性较强，使用操作较为复杂的施工机具。

一、管子台虎钳

1. 管子台虎钳的用途

管子台虎钳又称管压钳、龙门台虎钳，如图 19-1 所示。主要用于夹持金属管，以便进行管子切割、螺纹制作、安装或拆卸管件等操作。

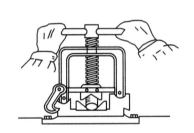

图 19-1　管子台虎钳夹持管子操作

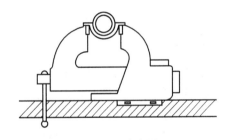

图 19-2　台虎钳

管子台虎钳应牢固安装在工作台上。底座直边与工作台的一边平行。安装时应注意不要离台边太远，以免套短丝时不便操作，但也不可太靠近边缘，以免固定不牢固。

2. 管子台虎钳规格型号及适用范围

使用管子台虎钳夹持管子时，管子规格一定要与管子台虎钳型号相适应，以免损坏管子及管子台虎钳。管子台虎钳规格型号及适用范围见表 19-1。

管子台虎钳规格型号及适用范围　　　　表 19-1

规格型号	适用管子范围 DN(mm)
1	15～50
2	25～65
3	50～100
4	65～125
5	100～150

二、台虎钳

台虎钳又称老虎钳，分固定式和转盘式两种，如图 19-2 所示。按钳口长度分为 75mm、110mm、125mm、150mm、200mm 几种规格。

三、管钳

管钳，又称管子扳手，用于安装或拆卸螺纹连接的钢管和管件，如图 19-3 所示。

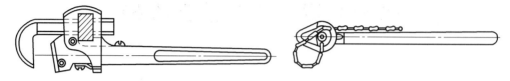

图 19-3　管钳　　　　　　　　　　　图 19-4　链钳子

管钳规格不同，每种规格均有一定的适用范围，见表 19-2，安装不同规格管子要使用相应规格的管钳。

管钳规格及适用范围（单位：mm）　　　　　　　表 19-2

规格	钳口宽度	适用管子范围
200	25	3～15
250	30	3～20
300	40	15～25
350	45	20～32
450	60	32～50
600	75	40～80
900	85	65～100
1050	100	80～125

四、链钳子

链钳子又称链条管钳，如图 19-4 所示。用于安装直径较大的螺纹连接的钢管和管件。在管道安装作业场所狭窄，无法使用管钳时，也常使用链钳子。链钳子有不同的规格，每种规格均有一定的适用范围见表 19-3。安装不同规格的管子要使用相应规格的链钳子。

链钳子规格及适用范围（单位：mm）　　　　　　　表 19-3

规格	适用管子规格
350	25～32
450	32～50
600	50～80
900	80～125
1200	100～200

五、管子割刀

管子割刀又叫割管器，如图 19-5 所示。用于切割壁厚不大于 5mm 的各种金属管道；管子割刀有不同规格，每种规格均有一定的适用范围，见表 19-4。切割不同规格的管子要使用相应规格的管子割刀。

管子割刀规格型号及适用范围　　表 19-4

规格型号	适用管子规格（mm）
1	≤25
2	15～50
3	25～80
4	50～100

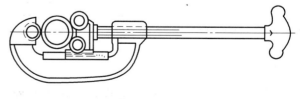

图 19-5　管子割刀

六、砂轮切割机

1. 砂轮切割机结构和用途

砂轮切割机是一种高速旋转切割机械。适宜切割各种碳素钢管、铸铁管、型钢，其结构如图 19-6 所示。

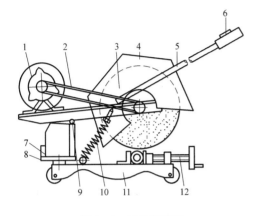

图 19-6　砂轮切割机

1—电动机；2—皮带；3—砂轮片；4—护罩；

5—操纵杆；6—手柄（带开关）；

7—配电盒；8—扭转轴；9—中心轴；

10—弹簧；11—四轮底座；12—夹钳

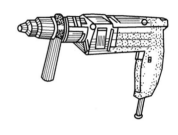

图 19-7　冲击电钻

2. 砂轮切割机规格型号

砂轮切割机规格型号见表 19-5。

砂轮切割机规格型号 　　　　　　　　　　　　　　　　　　表 19-5

规格型号	薄片砂轮外径(mm)	额定输出功率(W)	切割圆钢直径(mm)
J1G—200	200	≥600	20
J1G—250	250	≥700.	25
J1G—300	300	≥800	30
J1G—350	350	≥900	35
J1G—400	400	≥1100	50
J3G—400	400	≥2000	50

注：电源电压 J1G 型为 220V，J3G 型为 380V。

七、冲击电钻

冲击电钻又名电动冲击钻，俗称冲击钻，如图 19-7 所示。用于对金属、木材、塑料等材料或工件钻孔。冲击钻可以通过工作头上的调节手柄实现钻头的只旋转不冲击或既旋转又冲击的工况。

将冲击钻调至旋转待冲击位置，装上冲击钻头（头部有硬质合金）。适用于混凝土、砖墙等钻孔。

冲击电钻规格型号见表19-6。

冲击电钻规格型号

表 19-6

规格型号	Z1J—10	Z1J—12	Z1J—16	Z1J—20
功率（W）	≥160	≥200	≥240	≥280
冲击次数（次/min）	≥17600	≥13600	≥11200	≥9600
重量（kg）	1.6	1.7	2.6	3.0

八、千斤顶

千斤顶是用来使物体沿垂直、水平等方向移动的设备。种类很多，管道工程施工中常用的是螺旋式和液压式千斤顶。

1. 螺旋式千斤顶

螺旋式千斤顶有固定式和移动式两种。

（1）固定式螺旋千斤顶的操作如图19-8所示，首先用手直接转动棘轮组2，使升降套筒4上升，直至顶盘与重物底面接触为止。然后插入手柄，往返扳动摇把1，棘爪即推动棘轮组2间歇回转，通过1对圆锥齿轮3与6传动，使丝杆5旋转，从而顶起重物。

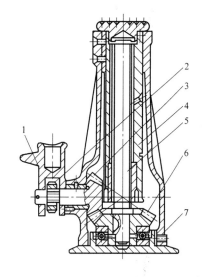

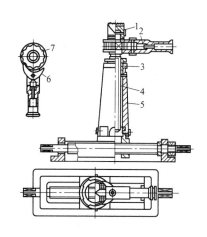

图 19-8　固定式螺旋千斤顶

1—摇把；2—棘轮组；3—小圆锥齿轮；4—升降套筒；5—丝杆；6—大圆锥齿轮；7—底座

图 19-9　移动式螺旋千斤顶

1—头部；2—棘轮手柄；3—青铜轴套；4—螺杆；5—壳体；6—制动爪；7—棘轮

若重物要下降时：先拔出手柄，然后将棘爪推向下降方向，再插入手柄并往返扳动即可。

（2）移动式螺旋千斤顶的操作如图19-9所示，将重物放在千斤顶头部1上，扳动棘轮手柄2，通过制动爪6带动棘轮7，棘轮与螺杆4相对运动，使螺杆上升，往返拨动棘轮手柄时，即可将重物顶起。如按所需的方向，把棘爪放在某一极端位置时，则弹簧将销子顶向棘爪，使棘爪支撑在所需要的位置上，即可支撑重物；若需将千斤顶和其支撑的重物一起水平移动，只需用手柄转动横向螺杆即可。

2. 油压千斤顶

油压千斤顶如图 19-10 所示。使用前应检查油路是否畅通、是否有漏油现象，各零部件工作是否正常。发现故障及时排除，严禁带故障工作。

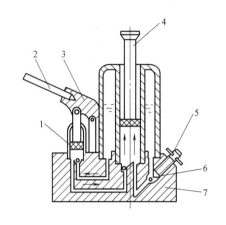

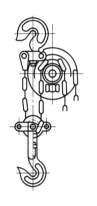

图 19-10　油压千斤顶

1—油泵活塞；2—手柄；3—掀手；4—活塞杆；

5—开关螺钉；6—回油阀；7—底座

图 19-11　捯链

图 19-12　捯链起吊重物示意

九、捯链

捯链又称拉链葫芦，由链条、链轮及差动齿轮（或蜗杆、蜗轮）等组成，如图 19-11 和 19-12 所示。常用来吊装小型设备和大直径管道。

十、试压泵

试压泵是管道系统进行水压试验的加压设备，有手动和电动两种，图 19-13 所示是手动试压泵。规格型号见表 19-7。

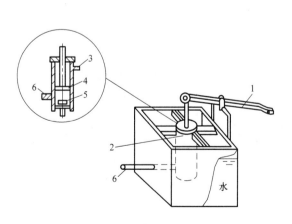

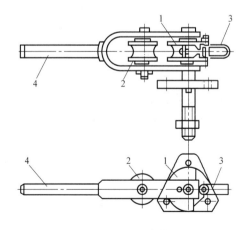

图 19-13　手动试压泵

1—摇柄；2—唧筒；3—气管；

4—活塞；5—逆止阀；6—出水口

图 19-14　手动弯管器

1—定胎轮；2—动胎轮；

3—管子夹持器；4—杠杆

275

手动试压泵规格型号 表 19-7

规格型号	最大工作压力（MPa）	排水量（L/次）	外形尺寸（mm）（长×宽×高）
立式 SB—60	6	0.030	410×288×250
立式 SB—100	10	0.019	410×288×250
卧式高压	20	0.175	960×140×1190
卧式低压	0.5	0.015	960×140×1190

十一、手动弯管器

手动弯管器是冷弯小直径金属管道的工具，结构形式很多，图 19-14 所示就是其中一种。

十二、手动液压弯管机

手动液压弯管机用于管道冷弯。规格型号和适用范围见表 19-8。

手动液压弯管机规格型号和适用范围 表 19-8

规格型号	最大弯曲角度	适用范围 DN（mm）
Ⅰ型		15、20、25
Ⅱ型	90°	25、32、40、50
Ⅲ型		78、89、114、127

十三、管子铰板

管子铰板，又称管用铰板，是手工制作管螺纹（外螺纹）的工具。有轻便式和普通式两种形式，如图 19-15 所示。规格型号见表 19-9。

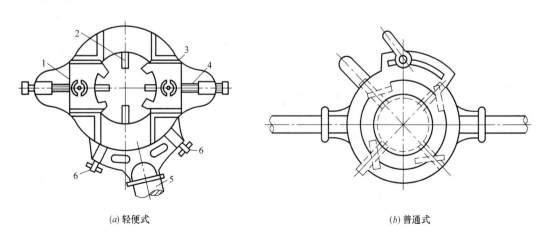

(a) 轻便式　　　　　　　　　　　　　　(b) 普通式

图 19-15　管子铰板
1—螺母；2—顶杆；3—板牙；4—定位螺钉；5—扳手；6—调位销

管子铰板规格型号及适用范围

表 19-9

形式	规格型号	螺纹种类	规格(in)	板牙数(副)	适用管径范围(in)
轻便式	Q74-1	圆锥	1	5	1/4、3/8、1/2、3/4、1
	SH-76	圆柱	11/2	5	1/2、3/4、1、1¼、1½
普通式	114	圆锥	2	3	1/2、3/4、1、1¼、1½、2
	117	圆锥	4	2	2¼～3、3½～4

十四、套丝机

套丝机是一种制作管螺纹的小型机械设备，因同时具有切管的功能，故又名套丝切管机。

十五、常用测量工具

常用测量工具见表 19-10。

常用测量工具

表 19-10

测量工具名称	规格型号	用途
不锈钢直尺	长度：150、300 、500、1000mm	量取直线长度
钢卷尺	自卷式，长度：1000、2000mm 盒式，长度：2500 、10000、20000mm	
皮卷尺	长度：5、10、15、20、30、50m	
平板角尺	长边：60、100、160、250、400mm 短边：40、60 、100、160、250mm	校直材料及划线
宽底角尺	长边：60、100、160、250、400、600、1000、1600mm 短边：40、60 、100 、160 、250 、400 、630 、1000mm	
量角器		放角、验角
木水平尺	长度：100、150、200mm	检测水平度
铁水平尺	长度：150 、200、250 、300 、350、400 、450、500、550、600mm 精度：0.5、2mm/m	测水平度和垂直度
方水平尺(框式水平仪)	框架长度：150 、200、250、300mm 精度：0.02、0.025、0.03、0.04、0.05mm	测水平度和垂直度
塞尺(厚薄规)	长度：100 、200mm 标准：0.02、0.03、0.04、0.05、0.06、0.07、0.08、 0.09、0.1、0.15、0.2、0.25、0.3、0.35、0.4、0.45、0.5、0.55、 0.6、0.65、0.7、0.75、0.8、0.85、0.9、0.95、1.0mm	测量间隙值
线坠	重量：100 、200、400、600、1000、1500g	检测工件 或设备安装垂直度

第二节　施工机具、量具的使用维护保养

一、管子台虎钳使用与维护

1. 制作管螺纹或切割管子时，如果管子较长，应在未夹持的一端加以支撑，否则容易损坏管子台虎钳。

2. 使用管子台虎钳前，应检查下钳口是否牢固，上钳口是否灵活，并定时向滑道注入机油润滑。夹紧管子或工件操作中，只能用手转动把手，不得锤击、不得套上长管扳动，否则，很容易损坏管子台虎钳。

3. 夹紧脆、软工件时，应用布或铁皮加以包裹，以免损坏工件。

二、台虎钳使用与维护

1. 台虎钳用螺栓牢固地安装在钳台上。安装时，必须将固定钳身的钳口工作面处于钳台边缘之外。

2. 用台虎钳夹持工件时，只能用手旋转手柄，不能锤击手柄，也不能在手柄上套长管扳动手柄，以免损坏台虎钳。也不能在可滑动钳身的光滑平面上进行敲击操作。

三、砂轮切割机使用与维护

1. 切割管子时，将管子用夹钳夹紧固定，右手握紧手柄，并按住开关接通电源，砂轮片开始转动（一定要正转）。待砂轮转速稳定后，对准管上切割线，稍用力压砂轮片，使之与管壁接触，即开始切割。不断向下轻按手柄，钢管即可被切断。管子切断后，即可松开手柄和开关，砂轮停止旋转，弹簧使之复位。

2. 砂轮片安装时，应使之与转动轴同心。砂轮片局部破损时不能使用。

3. 实施切割时，操作人员不可正对砂轮，以防火花伤人，更要防止砂轮破碎伤人。

四、倒链的使用与维护

1. 使用倒链吊装物体时，应首先根据物体重量检查倒链起重量是否满足要求。并检查吊钩、起重链条及制动机件有无变形或损坏，传动部分是否灵活，有无滑链和掉链现象。

2. 图9-12所示是利用倒链起吊重物的示意图。操作者应站在与手链轮同一平面内拽动手链条，否则，容易产生卡链条的故障或造成倒链的扭动现象。

3. 操作时，应慢慢起升，待链条张紧后，停止拽动链条，检查倒链有无异常，确认安全可靠后，方可继续操作。

4. 起吊过程中，无论重物是上升还是下降，均要均匀和缓的拽拉链条，不可忽快忽慢、用力过猛。如发生拉不动链条现象时，应停止拉动，进行检查，排除故障后方可继续操作。决不可增加人力，强行拽拉。

五、油压千斤顶的使用与维护

1. 操作时，首先关闭回油阀 6，即将开关螺钉 5 拧紧（顺时针旋转）。然后将手柄 2 插入掀手 3 孔内，并上、下往复扳动手柄，活塞杆 4 即被顶起，从而使重物被顶起。

2. 如果要重物落下，只要打开回油阀，即逆时针旋转开关螺钉即可。此时，活塞在重物作用下，将油压回贮油箱，重物即逐渐下落。

六、手动弯管器的使用与维护

手动弯管器用螺栓固定在工作台上，弯管时，将管子插入定胎轮和动胎轮之间，管子一端夹持固定，然后推动撬杠，带动管子绕定胎轮转动，直至弯曲到要求角度为止。该弯管器一对胎轮只能弯曲一种规格的管子。

参 考 文 献

1. 建筑专业《职业技能鉴定教材》编审委员会. 管道工. 北京：中国劳动社会保障出版社，2000.

2. 华北地区建筑设计标准化办公室. 建筑设备施工安装通用图集.

3. 徐至钧. 管道工程设计与施工手册. 北京：中国石化出饭社，2005.

4. 刘庆山. 管道安装工程. 北京：中国建筑工业出版社，2010.

5. 建设部人事教育司. 管道工. 北京：中国建筑工业出版社，2006.

6. 国家标准. 建筑工程施工质量验收统一标准 GB50300—2013. 北京：中国建筑工业出版社，2014.

7. 国家标准. 通风与空调工程施工质量验收规范 GB50204—2002. 北京：中国建筑工业出版社，2003.

8. 国家标准. 建筑给水排水及采暖工程施工质量验收规范 GB50242—2002. 北京：中国建筑工业出版社，2003.